人造板材幕墙三维节点构造

计富元　刘绍军　编著

江苏凤凰科学技术出版社 · 南京

图书在版编目（CIP）数据

人造板材幕墙三维节点构造 / 计富元，刘绍军编著
. -- 南京：江苏凤凰科学技术出版社，2024.5
ISBN 978-7-5713-3837-4

Ⅰ．①人… Ⅱ．①计… ②刘… Ⅲ．①板材－幕墙－
建筑结构－结构设计 Ⅳ．① TU227

中国国家版本馆 CIP 数据核字 (2023) 第 210044 号

人造板材幕墙三维节点构造

编　　　著	计富元　刘绍军
项 目 策 划	凤凰空间
责 任 编 辑	赵　研　刘屹立
特 约 编 辑	彭　娜

出 版 发 行	江苏凤凰科学技术出版社
出版社地址	南京市湖南路 1 号 A 楼，邮编：210009
出版社网址	http://www.pspress.cn
总 经 销	天津凤凰空间文化传媒有限公司
总经销网址	http://www.ifengspace.cn
印　　　刷	北京博海升彩色印刷有限公司

开　　　本	787 mm×1 092 mm　1 / 16
印　　　张	11.5
字　　　数	90 000
版　　　次	2024 年 5 月第 1 版
印　　　次	2024 年 5 月第 1 次印刷

标 准 书 号	ISBN 978-7-5713-3837-4
定　　　价	98.00 元

前言

近年来，我国建筑幕墙行业得到了飞速发展，建筑幕墙建造量已位居世界前列。随着各种新材料的研制与生产，瓷板、陶板、微晶玻璃板、石材蜂窝板、高压热固化木纤维板、纤维水泥板等人造板材，由于其轻质和独特的装饰效果，得到了广泛应用。本书通过三维图示的手段，直观地表达这些板材幕墙的构造设计。

本书根据国家建筑标准设计图集《人造板材幕墙》（13J103—7）与中华人民共和国行业标准《人造板材幕墙工程技术规范》（JGJ 336—2016）编写。主要包括瓷板、微晶玻璃板、陶板、石材蜂窝板、纤维水泥板、高压热固化木纤维板幕墙系统，介绍了人造板材幕墙面板的连接构造及建筑设计要点，分别给出了不同种类人造板材幕墙系统的标准部位、层间部位、门窗部位、转角部位、收边收口部位、与其他材质幕墙相接部位等的典型构造三维立体详图。

建筑师一方面可以将本书内容直接用于建筑幕墙专业施工图设计，另一方面能够以此为基础开展建筑幕墙构造设计的创新。建筑师不仅要重视建筑方案设计，也应该特别重视建筑构造节点设计。完善的建筑构造节点设计也将成为精湛技艺的体现，甚至成为艺术。

希望本书能够引起建筑师对于建筑构造的关注，不断对其进行深入研究，在传承和创新方面下足精力，促进建筑设计行业全面健康发展。

编著者

目 录

CONTENTS

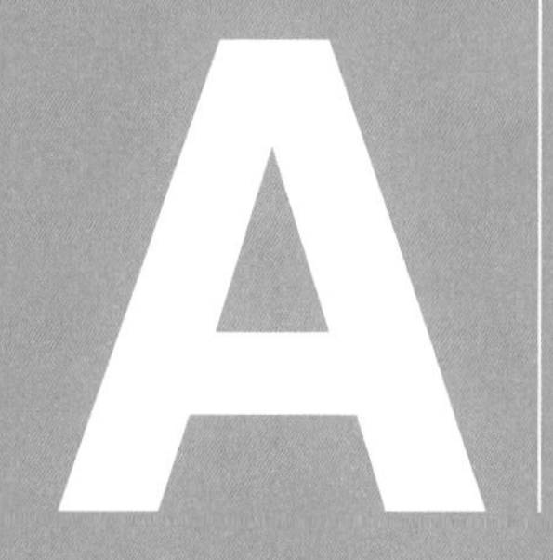

A

瓷板、微晶玻璃板幕墙

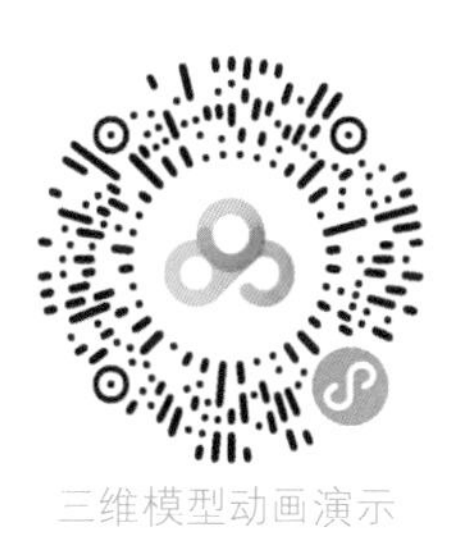

三维模型动画演示

A.1 短挂件连接瓷板、微晶玻璃板幕墙

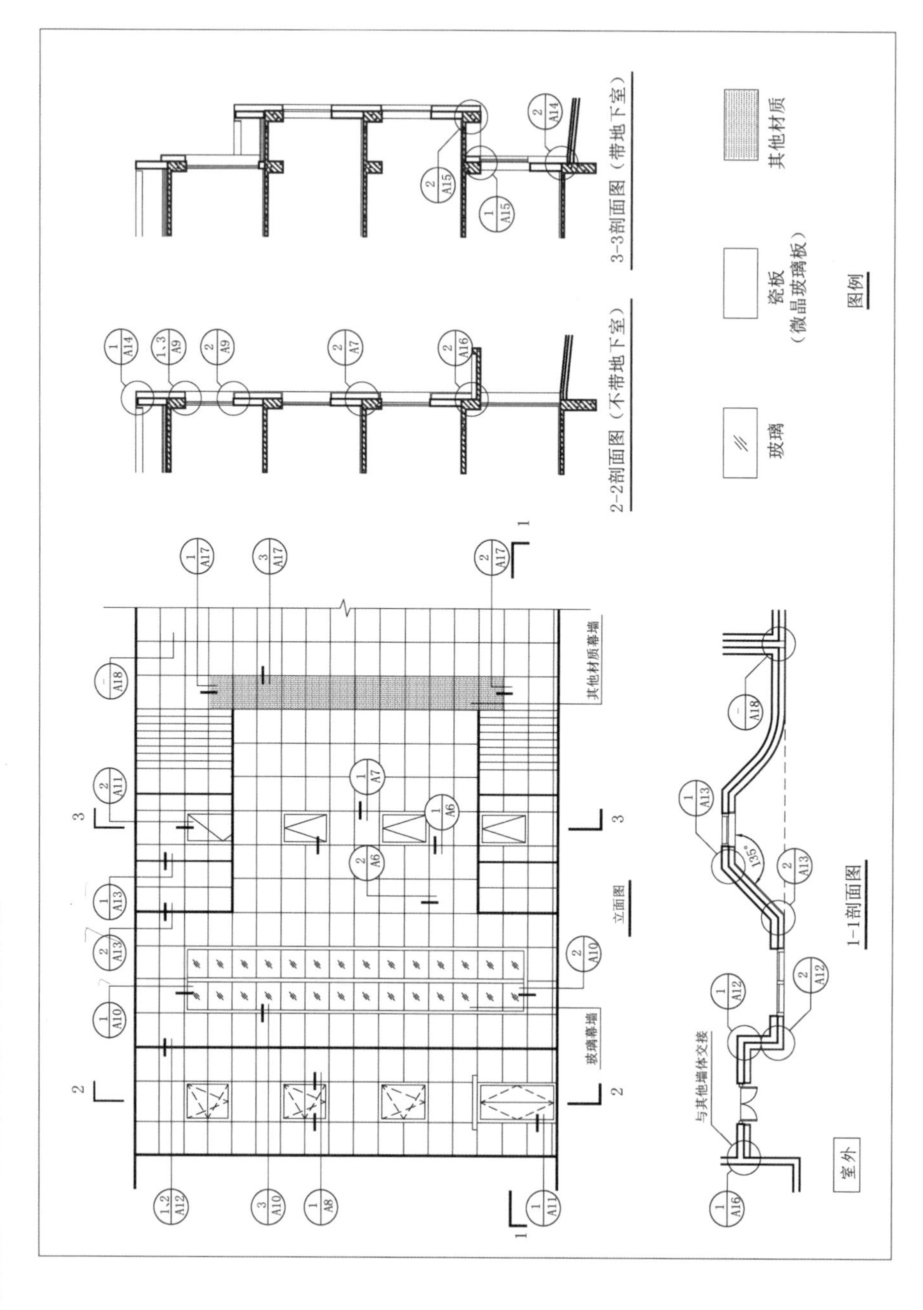

图例

其他材质

瓷板（微晶玻璃板）

玻璃

1-1剖面图

2-2剖面图（不带地下室）

3-3剖面图（带地下室）

立面图

标准横竖剖节点图 A6

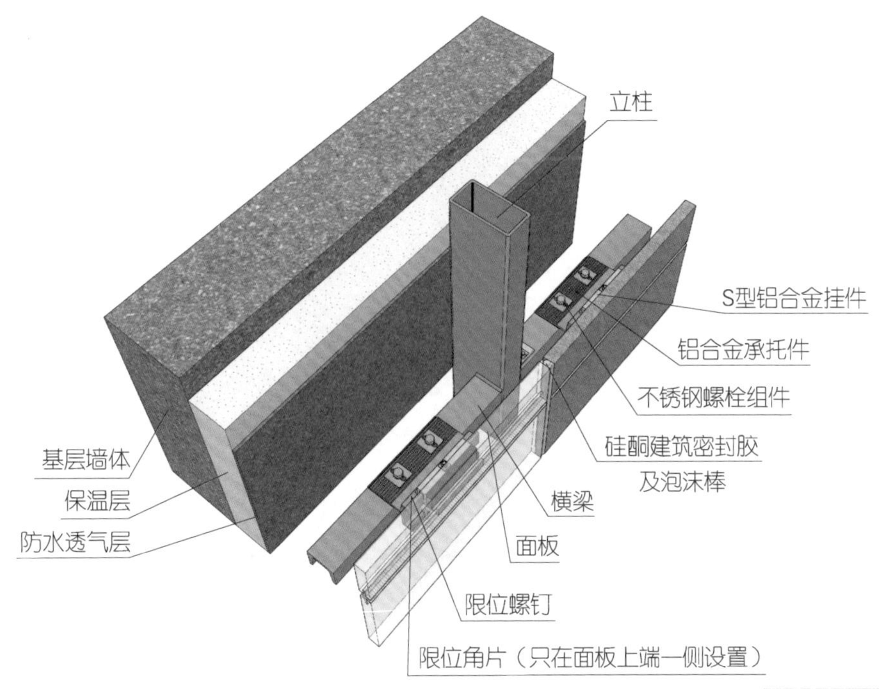

立柱

S型铝合金挂件

铝合金承托件

不锈钢螺栓组件

硅酮建筑密封胶及泡沫棒

横梁

面板

限位螺钉

限位角片（只在面板上端一侧设置）

基层墙体

保温层

防水透气层

标准横剖节点图

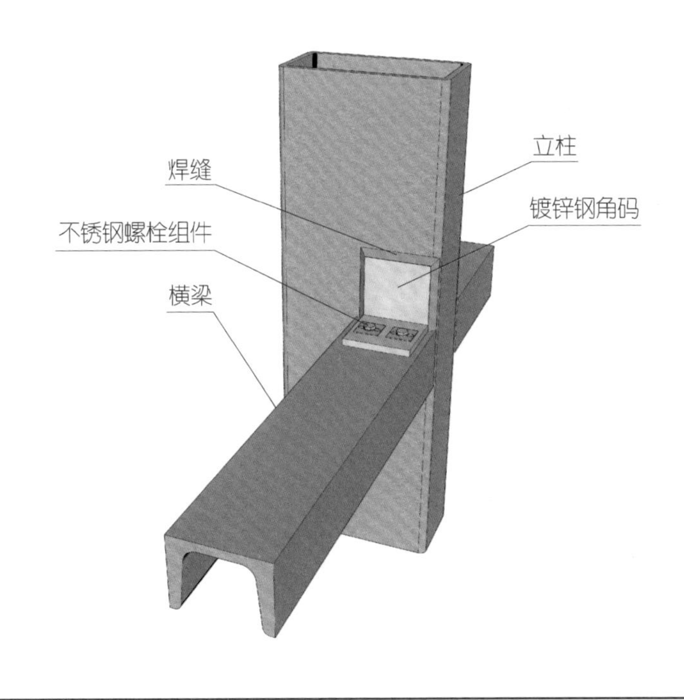

焊缝

立柱

不锈钢螺栓组件

镀锌钢角码

横梁

剖面图

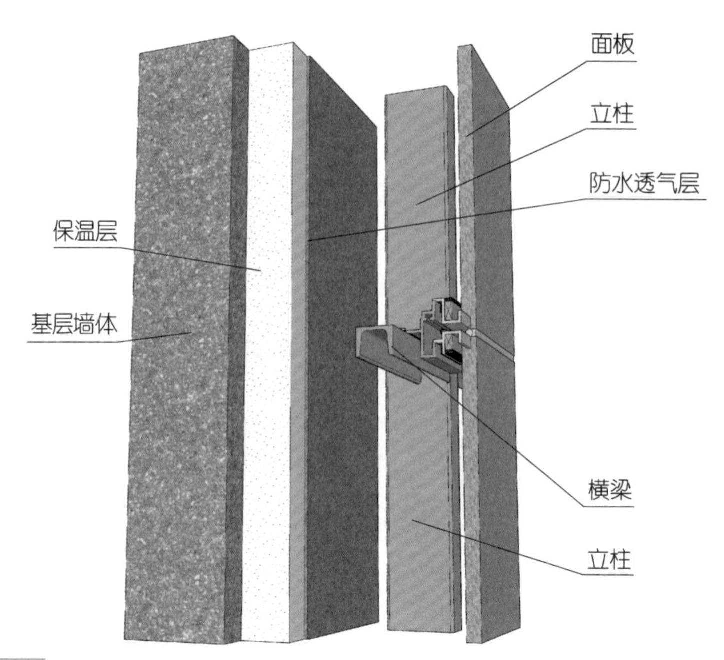

面板

立柱

防水透气层

保温层

基层墙体

横梁

立柱

标准竖剖节点图

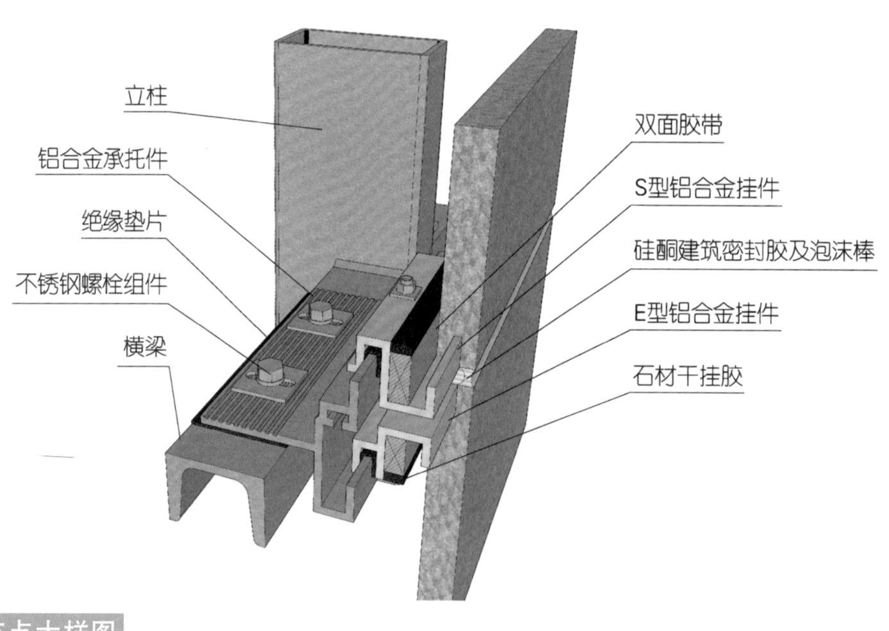

立柱

铝合金承托件

绝缘垫片

不锈钢螺栓组件

横梁

双面胶带

S型铝合金挂件

硅酮建筑密封胶及泡沫棒

E型铝合金挂件

石材干挂胶

细部节点大样图

层间横竖剖节点图 A7

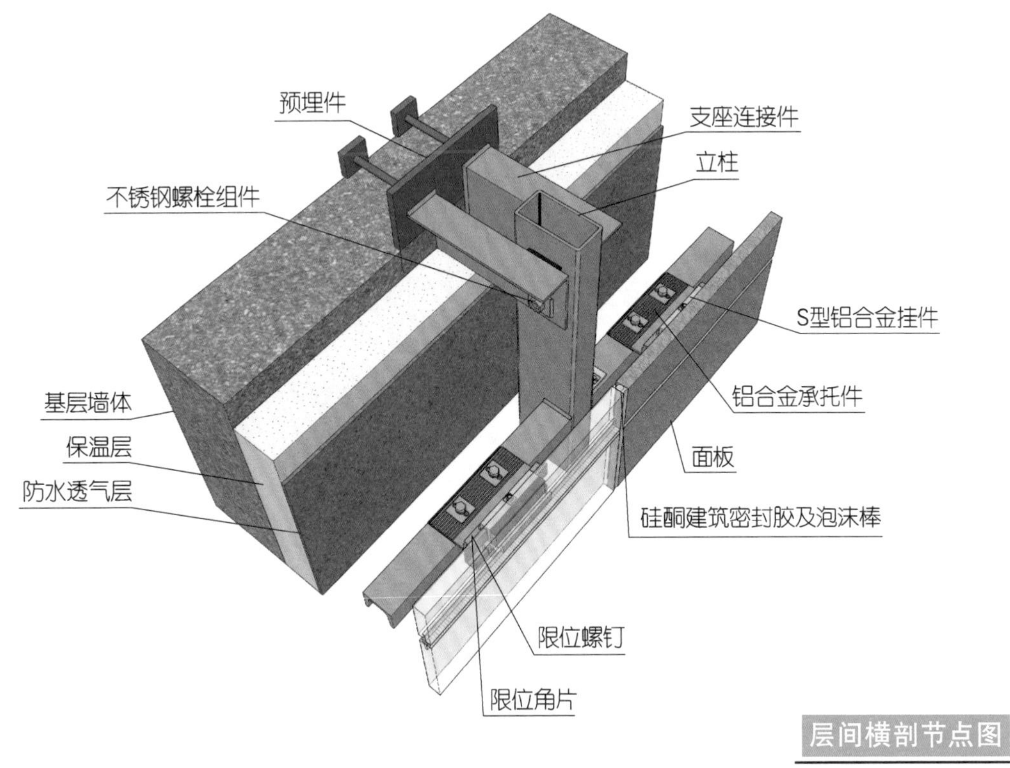

预埋件

支座连接件

立柱

不锈钢螺栓组件

S型铝合金挂件

铝合金承托件

基层墙体

保温层

防水透气层

面板

硅酮建筑密封胶及泡沫棒

限位螺钉

限位角片

层间横剖节点图

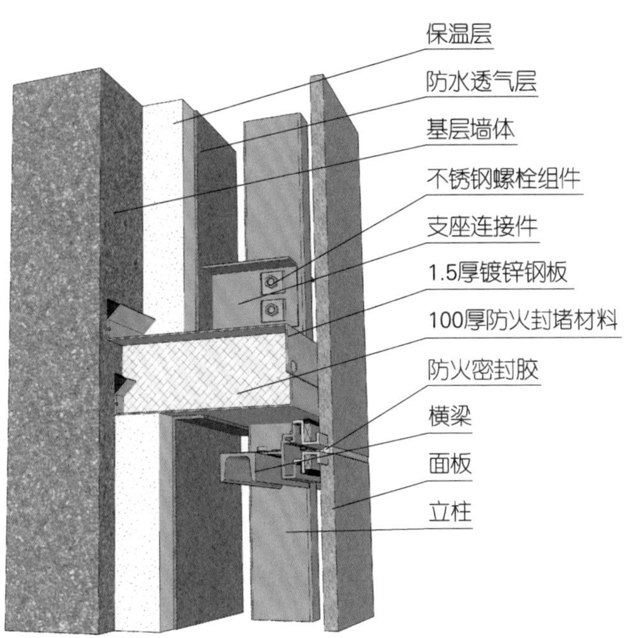

保温层

防水透气层

基层墙体

不锈钢螺栓组件

支座连接件

1.5厚镀锌钢板

100厚防火封堵材料

防火密封胶

横梁

面板

立柱

层间竖剖节点图

注:本书图中所注尺寸单位均为毫米(mm)。

凹窗横剖节点图 A8

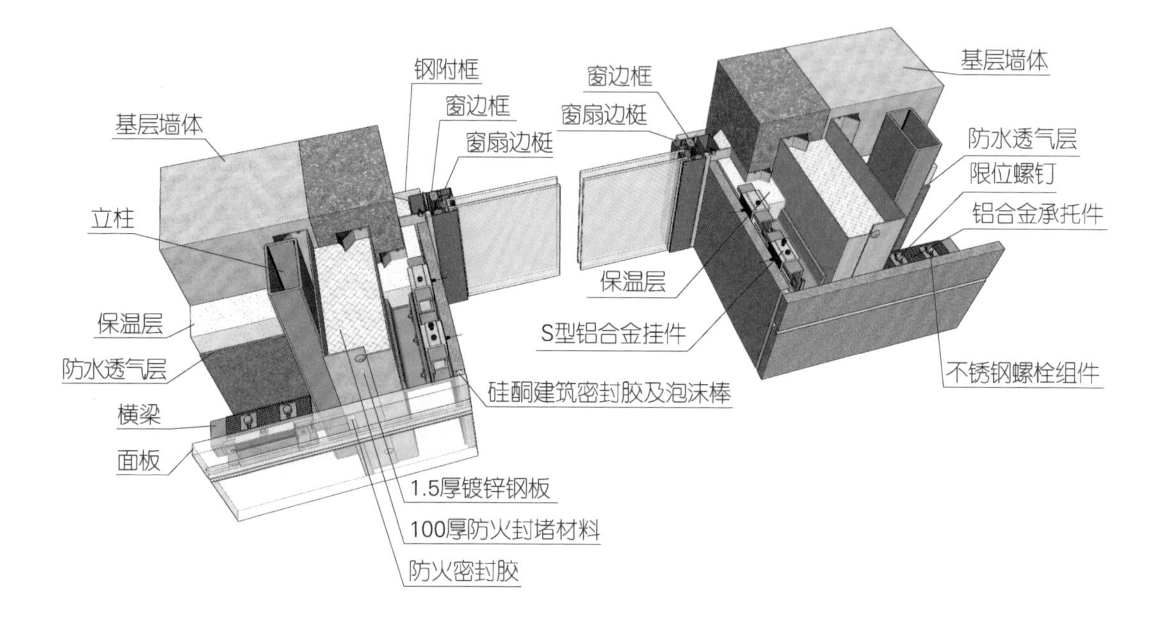

基层墙体

立柱

保温层

防水透气层

横梁

面板

钢附框
窗边框
窗扇边桩

窗边框
窗扇边桩

基层墙体

防水透气层

限位螺钉

铝合金承托件

保温层

S型铝合金挂件

硅酮建筑密封胶及泡沫棒

不锈钢螺栓组件

1.5厚镀锌钢板

100厚防火封堵材料

防火密封胶

凹窗竖剖节点图 A9

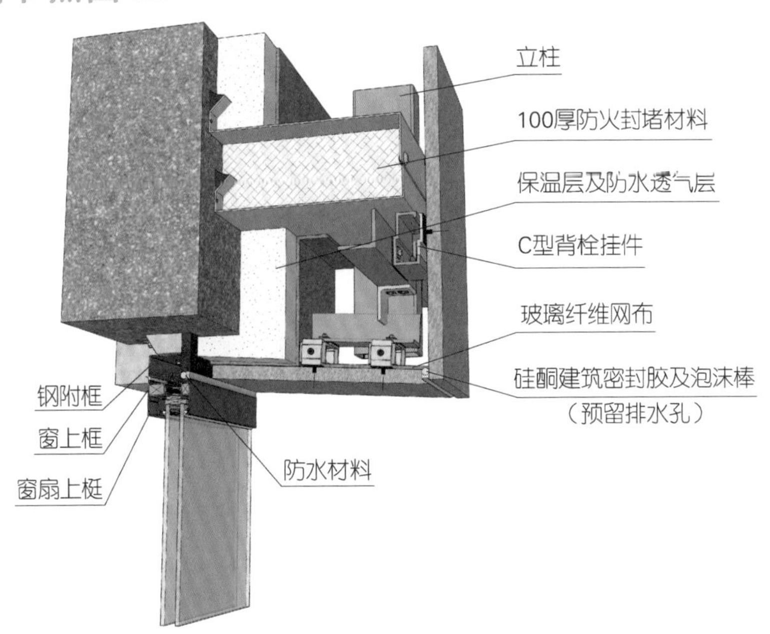

立柱

100厚防火封堵材料

保温层及防水透气层

C型背栓挂件

玻璃纤维网布

硅酮建筑密封胶及泡沫棒
（预留排水孔）

钢附框

窗上框

窗扇上梃

防水材料

窗上口(一)

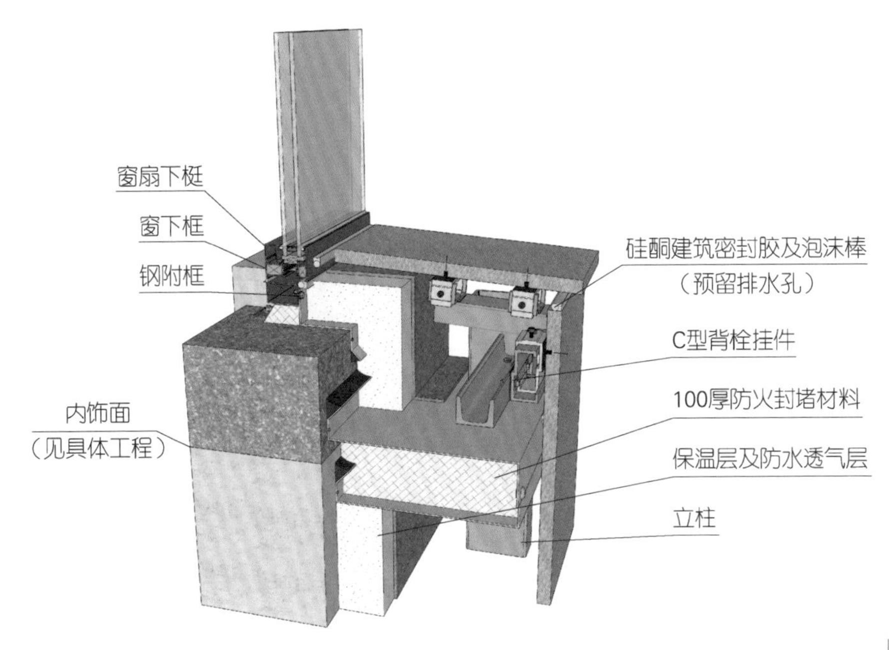

窗扇下梃

窗下框

钢附框

硅酮建筑密封胶及泡沫棒
（预留排水孔）

C型背栓挂件

100厚防火封堵材料

内饰面
（见具体工程）

保温层及防水透气层

立柱

窗下口

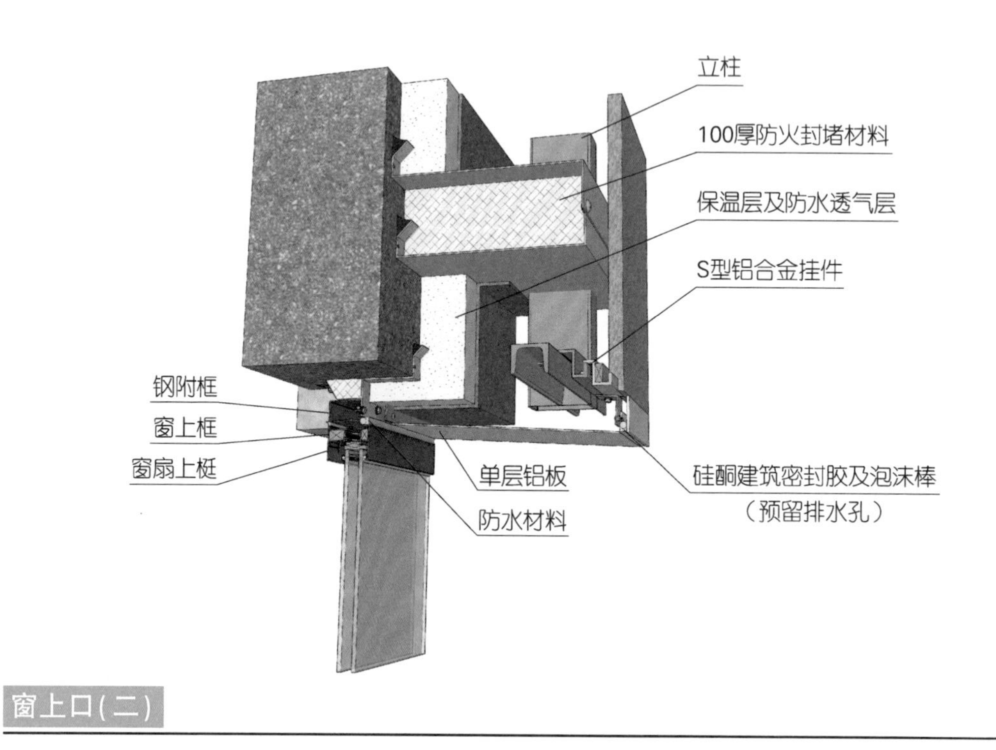

立柱

100厚防火封堵材料

保温层及防水透气层

S型铝合金挂件

钢附框

窗上框

窗扇上梃

单层铝板

防水材料

硅酮建筑密封胶及泡沫棒
（预留排水孔）

窗上口(二)

平窗横竖剖节点图（固定扇）A10

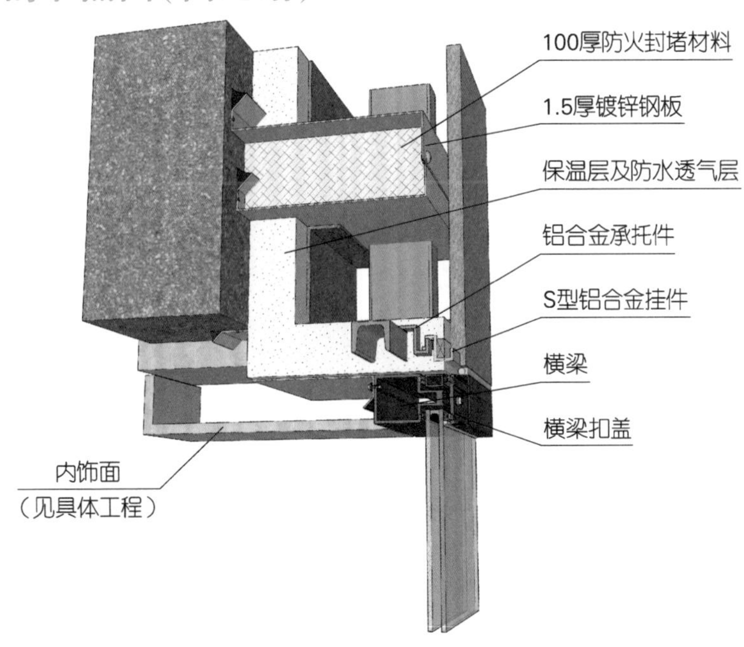

100厚防火封堵材料

1.5厚镀锌钢板

保温层及防水透气层

铝合金承托件

S型铝合金挂件

横梁

横梁扣盖

内饰面
（见具体工程）

窗上口

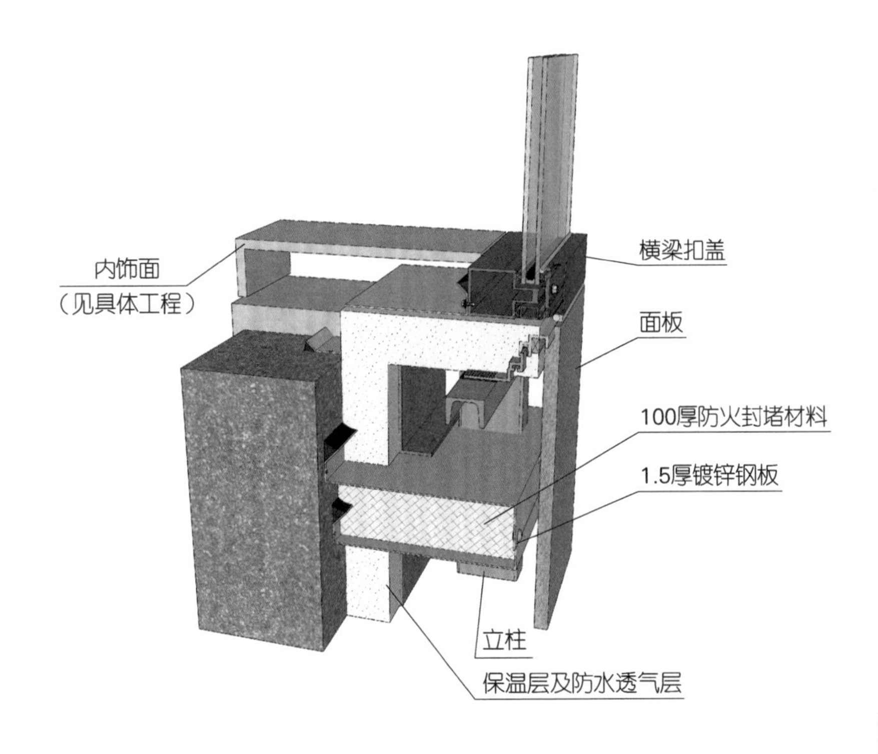

内饰面
（见具体工程）

横梁扣盖

面板

100厚防火封堵材料

1.5厚镀锌钢板

立柱

保温层及防水透气层

窗下口

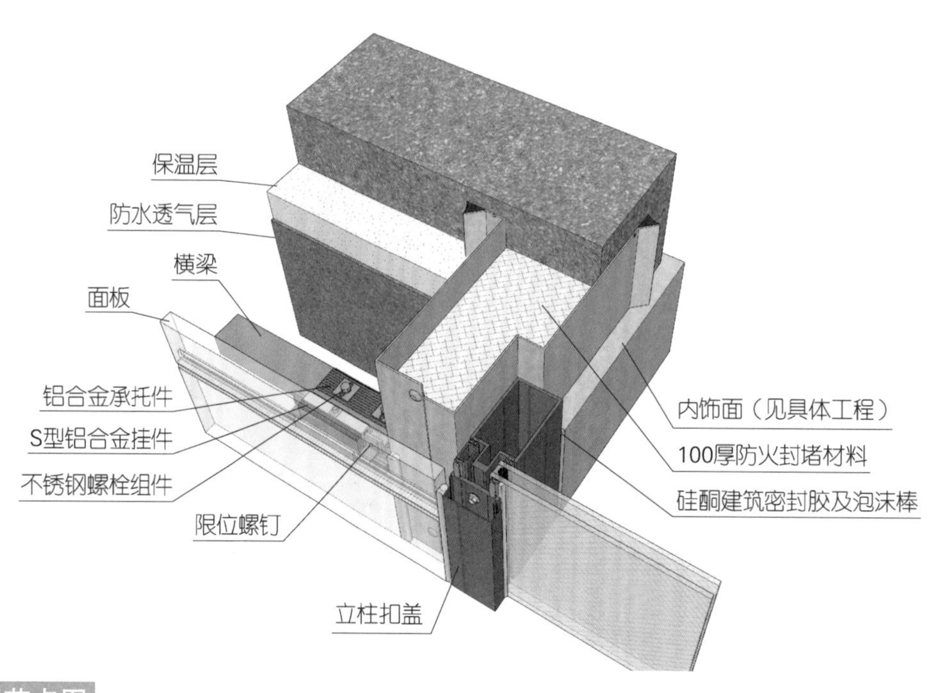

保温层

防水透气层

横梁

面板

铝合金承托件

S型铝合金挂件

不锈钢螺栓组件

限位螺钉

立柱扣盖

内饰面（见具体工程）

100厚防火封堵材料

硅酮建筑密封胶及泡沫棒

横剖节点图

门横竖剖节点图 A11

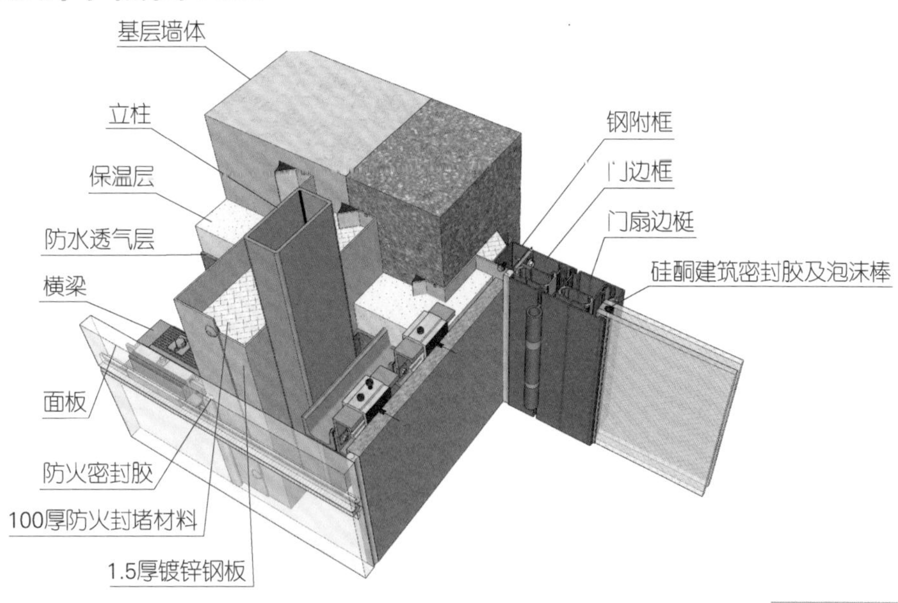

基层墙体

立柱

保温层

防水透气层

横梁

面板

防火密封胶

100厚防火封堵材料

1.5厚镀锌钢板

钢附框

门边框

门扇边梃

硅酮建筑密封胶及泡沫棒

门侧横剖节点图

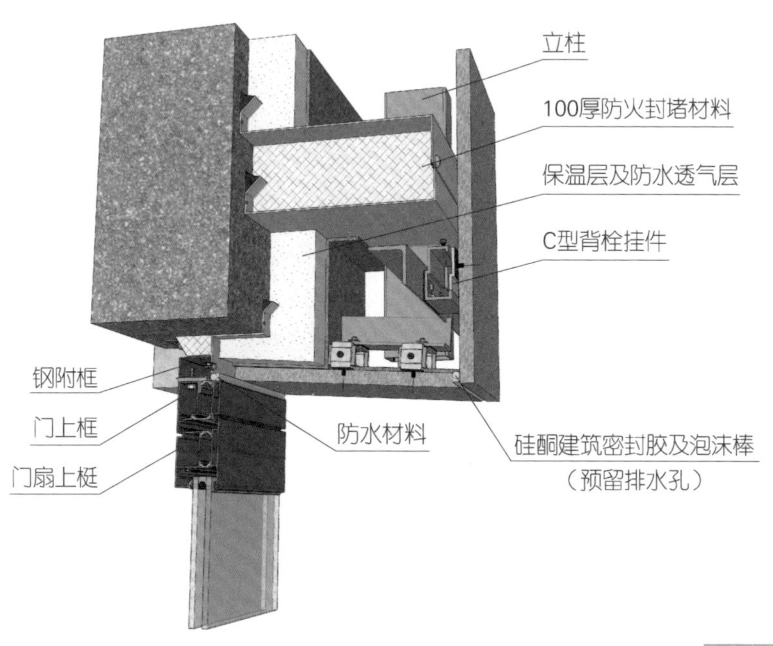

立柱

100厚防火封堵材料

保温层及防水透气层

C型背栓挂件

硅酮建筑密封胶及泡沫棒
（预留排水孔）

防水材料

钢附框

门上框

门扇上梃

门顶竖剖节点图

90°转角横剖节点图 A12

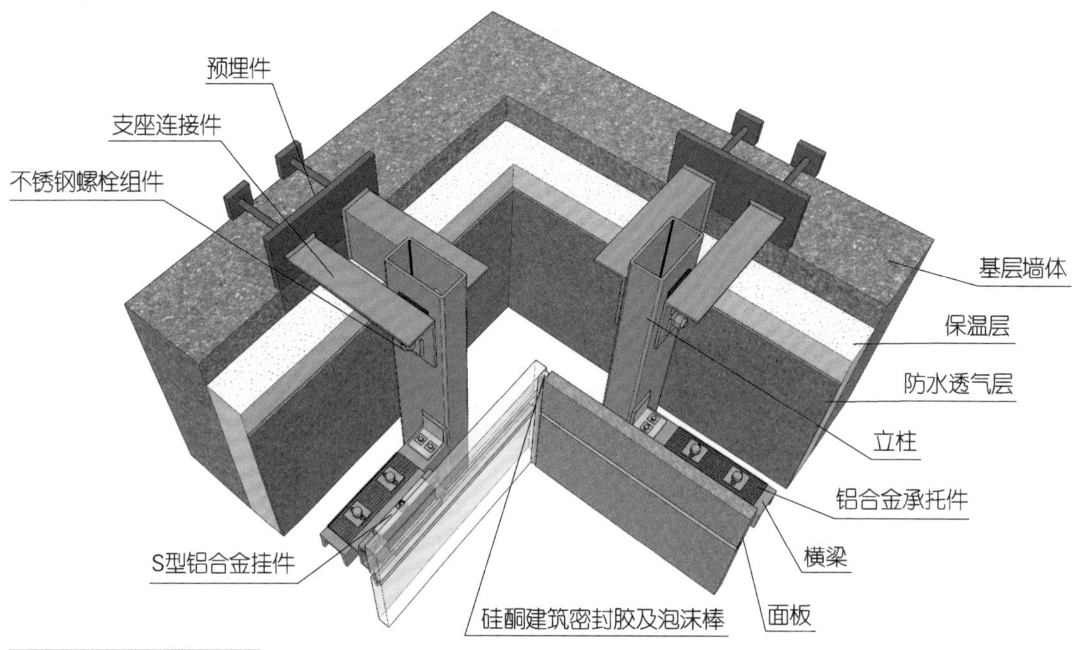

预埋件
支座连接件
不锈钢螺栓组件
基层墙体
保温层
防水透气层
立柱
铝合金承托件
横梁
面板
S型铝合金挂件
硅酮建筑密封胶及泡沫棒

90°阴角横剖节点图

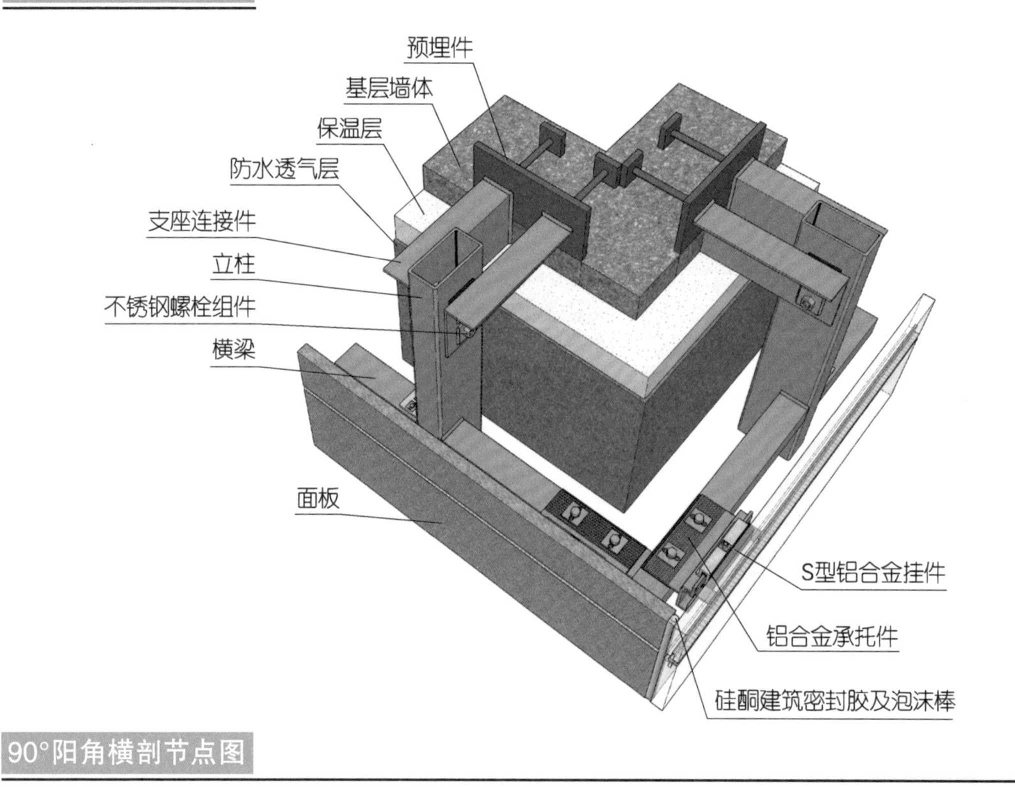

预埋件
基层墙体
保温层
防水透气层
支座连接件
立柱
不锈钢螺栓组件
横梁
面板
S型铝合金挂件
铝合金承托件
硅酮建筑密封胶及泡沫棒

90°阳角横剖节点图

135°转角横剖节点图 A13

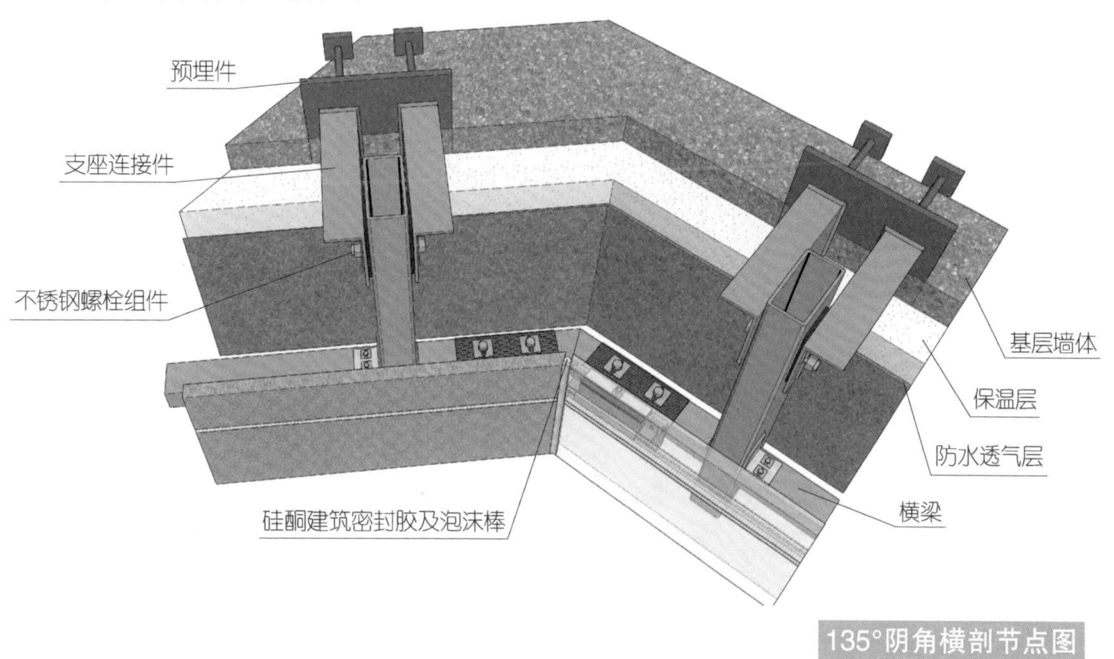

预埋件

支座连接件

不锈钢螺栓组件

基层墙体

保温层

防水透气层

横梁

硅酮建筑密封胶及泡沫棒

135°阴角横剖节点图

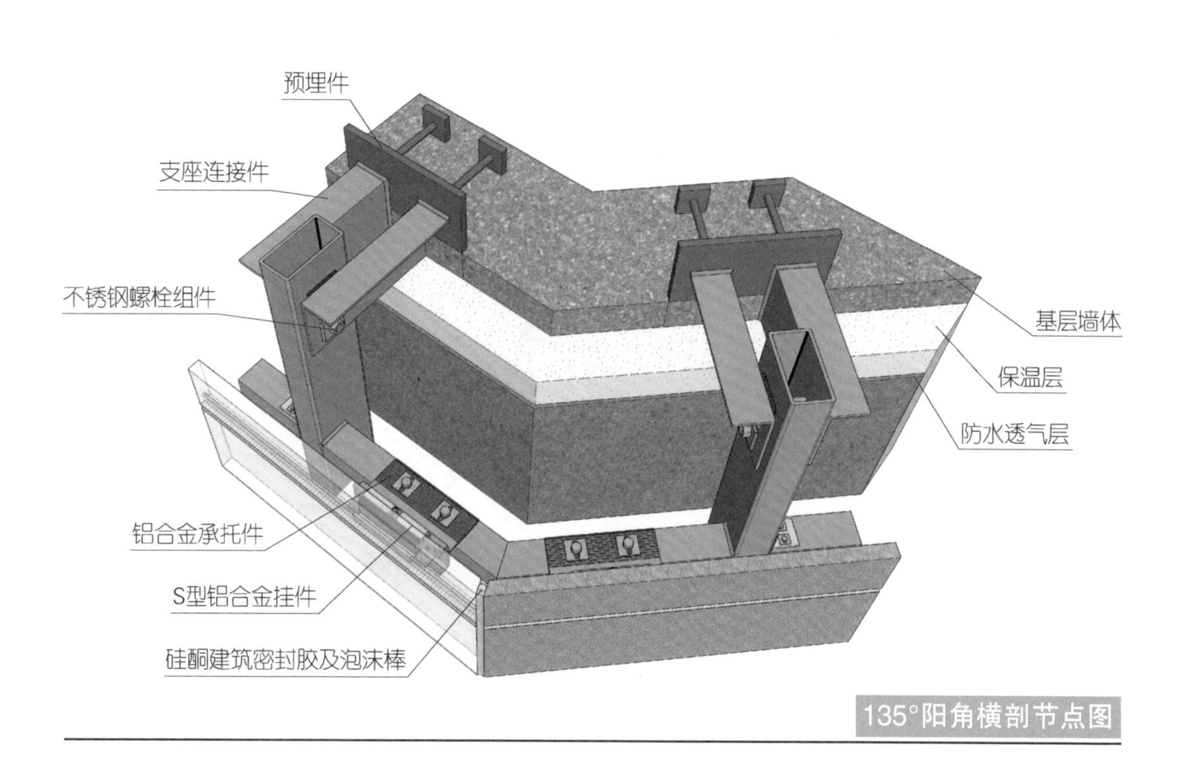

预埋件

支座连接件

不锈钢螺栓组件

基层墙体

保温层

防水透气层

铝合金承托件

S型铝合金挂件

硅酮建筑密封胶及泡沫棒

135°阳角横剖节点图

女儿墙收口、勒脚收口节点图 A14

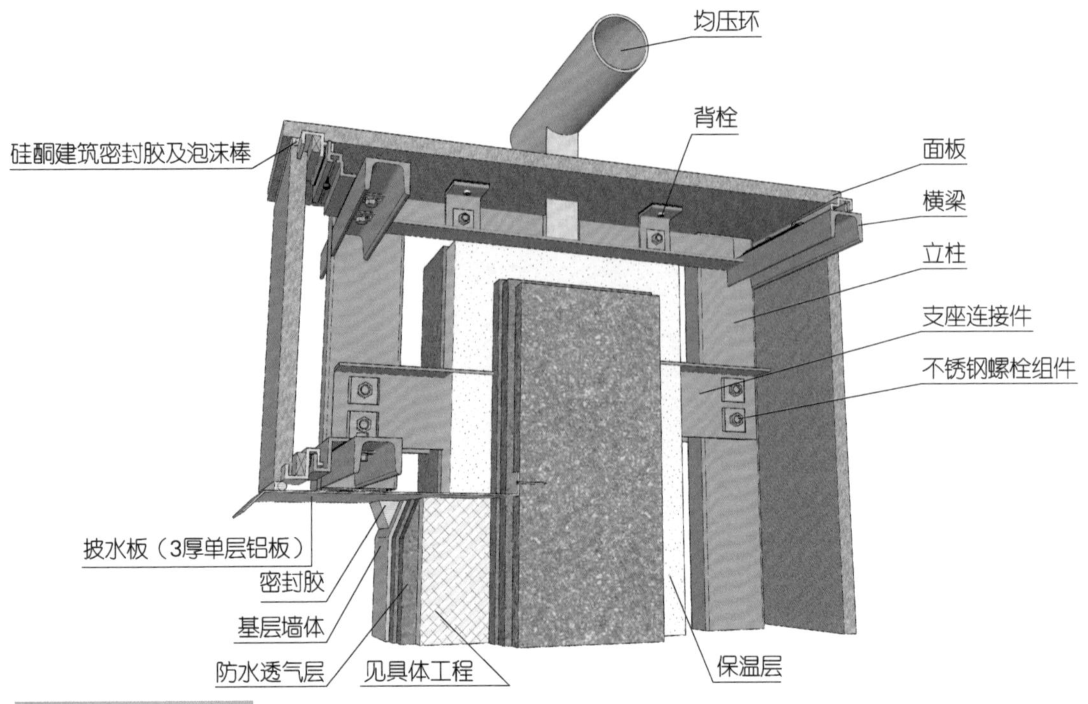

均压环

背栓

硅酮建筑密封胶及泡沫棒

面板

横梁

立柱

支座连接件

不锈钢螺栓组件

披水板（3厚单层铝板）

密封胶

基层墙体

防水透气层　见具体工程

保温层

女儿墙收口节点图

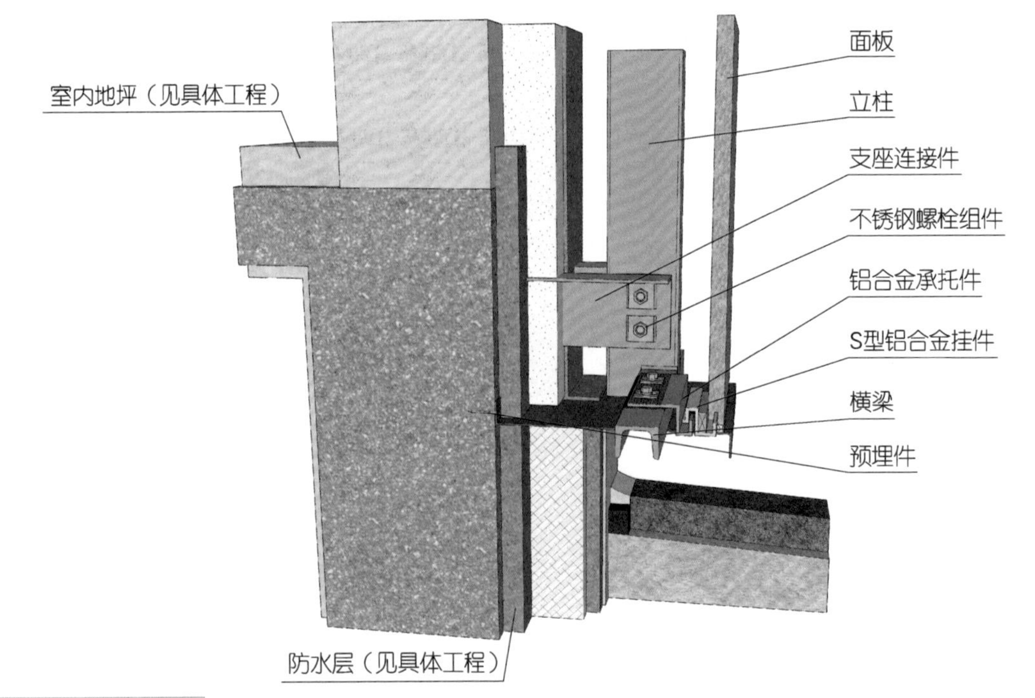

室内地坪（见具体工程）

面板

立柱

支座连接件

不锈钢螺栓组件

铝合金承托件

S型铝合金挂件

横梁

预埋件

防水层（见具体工程）

勒脚收口节点图

与室外吊顶相接竖剖节点图 A15

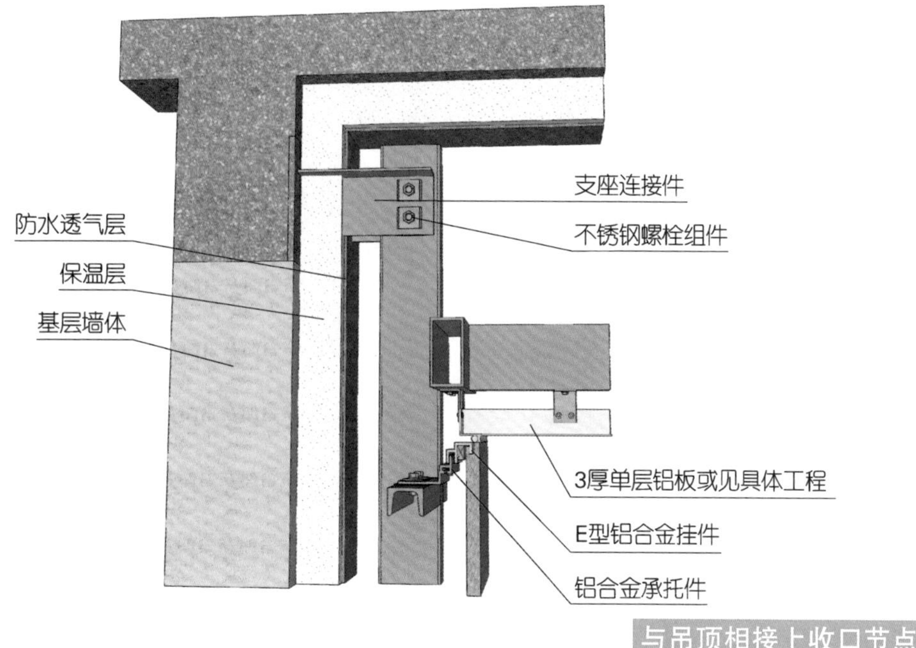

防水透气层

保温层

基层墙体

支座连接件

不锈钢螺栓组件

3厚单层铝板或见具体工程

E型铝合金挂件

铝合金承托件

与吊顶相接上收口节点图

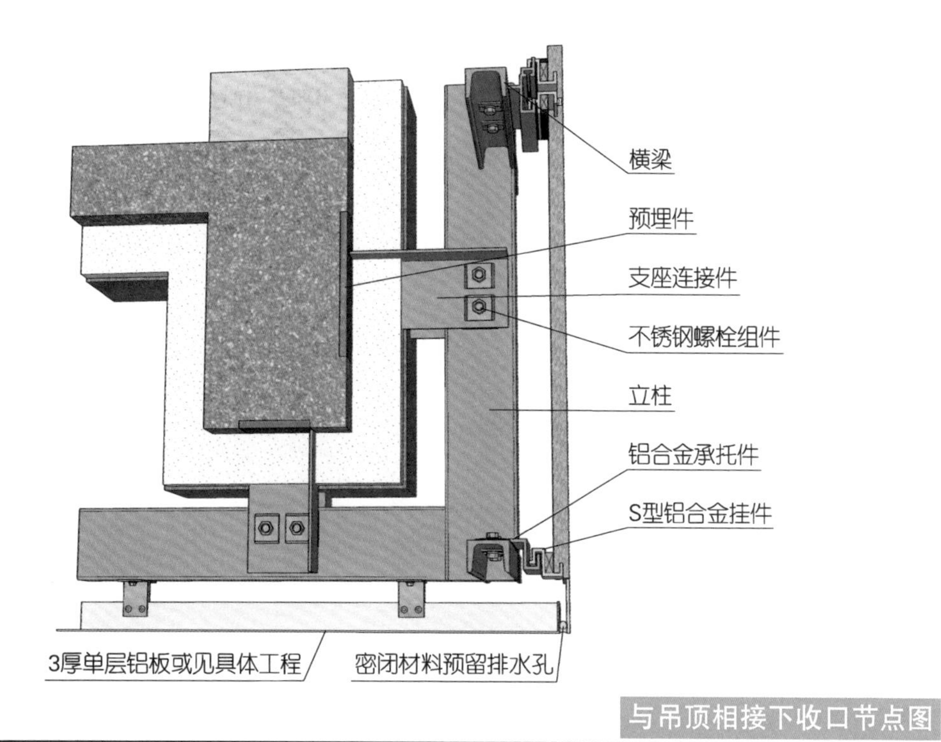

横梁

预埋件

支座连接件

不锈钢螺栓组件

立柱

铝合金承托件

S型铝合金挂件

3厚单层铝板或见具体工程   密闭材料预留排水孔

与吊顶相接下收口节点图

侧封边、与雨篷相接节点图 A16

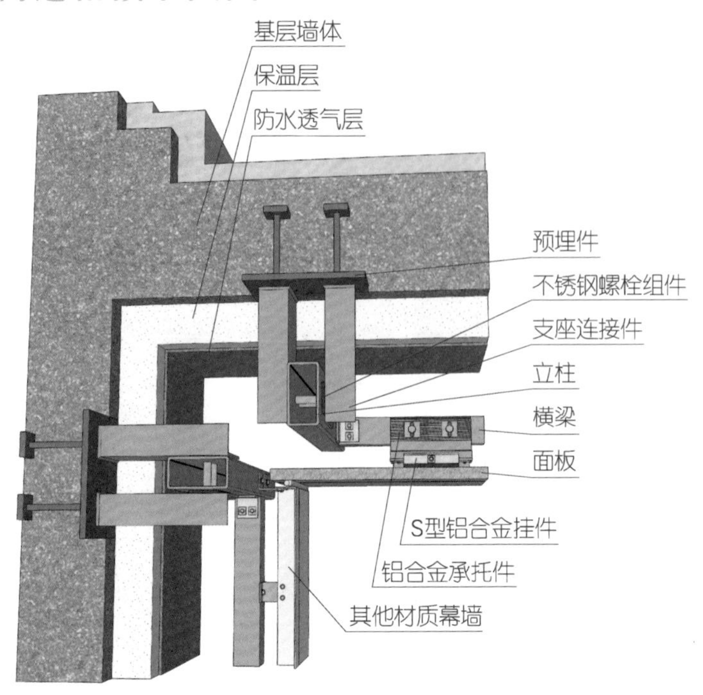

基层墙体
保温层
防水透气层

预埋件
不锈钢螺栓组件
支座连接件
立柱
横梁
面板

S型铝合金挂件
铝合金承托件

其他材质幕墙

侧封边横剖节点图

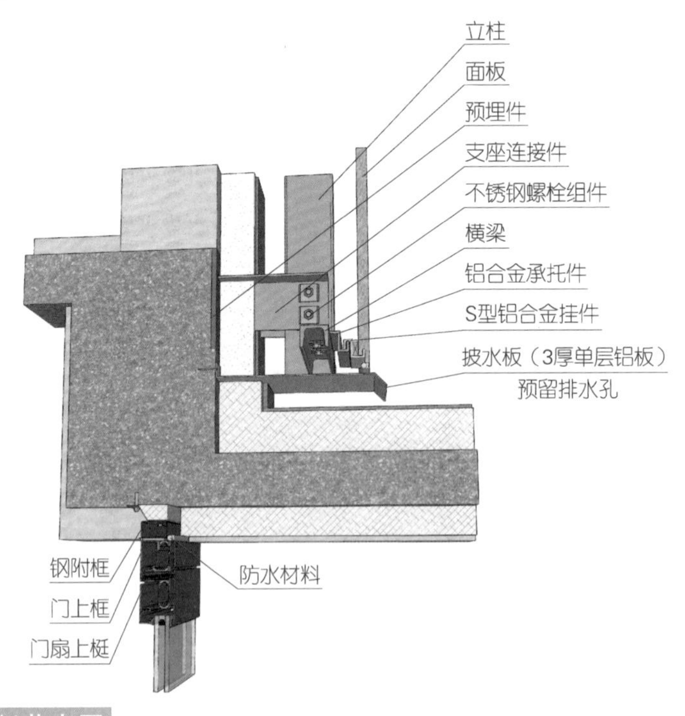

立柱
面板
预埋件
支座连接件
不锈钢螺栓组件
横梁
铝合金承托件
S型铝合金挂件
披水板（3厚单层铝板）
预留排水孔

钢附框
门上框
门扇上梃

防水材料

与雨篷相接竖剖节点图

与其他材质幕墙相接横竖剖节点图 A17

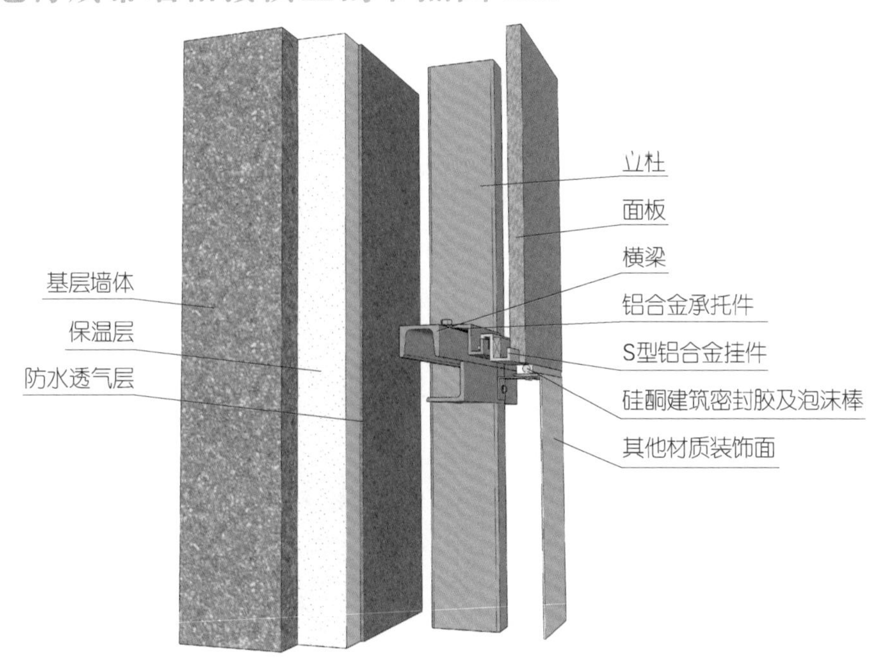

立柱

面板

横梁

铝合金承托件

S型铝合金挂件

硅酮建筑密封胶及泡沫棒

其他材质装饰面

基层墙体

保温层

防水透气层

上接口

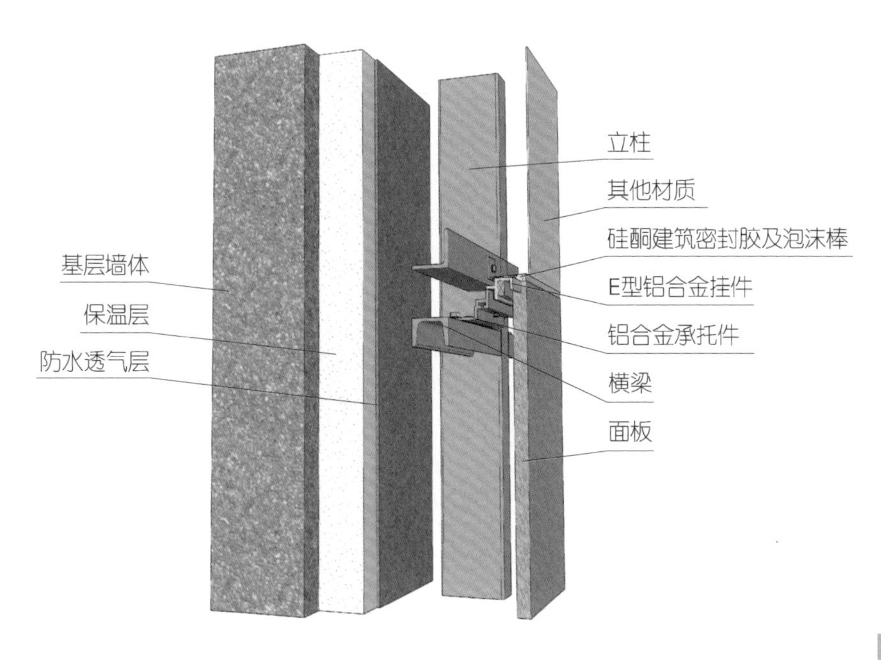

立柱

其他材质

硅酮建筑密封胶及泡沫棒

E型铝合金挂件

铝合金承托件

横梁

面板

基层墙体

保温层

防水透气层

下接口

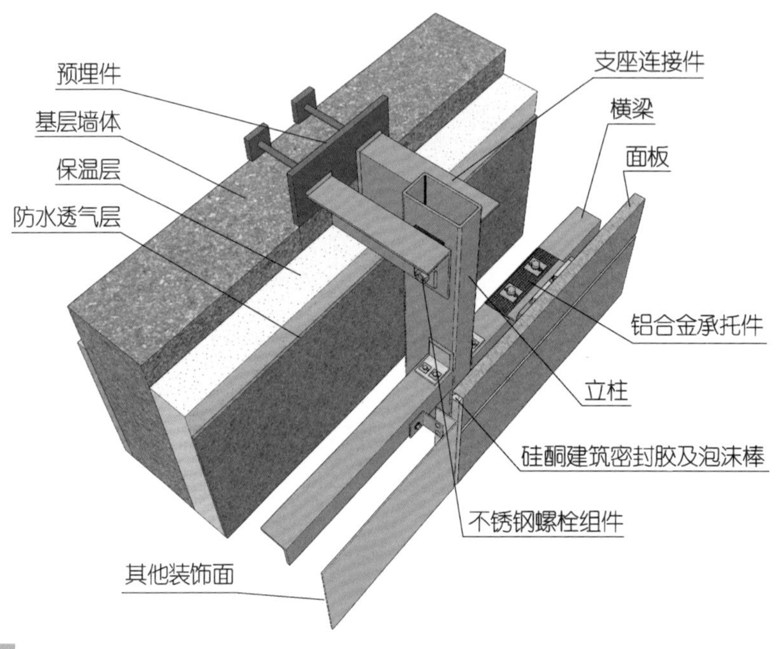

预埋件

基层墙体

保温层

防水透气层

支座连接件

横梁

面板

铝合金承托件

立柱

硅酮建筑密封胶及泡沫棒

不锈钢螺栓组件

其他装饰面

横剖节点图

变形缝节点图 A18

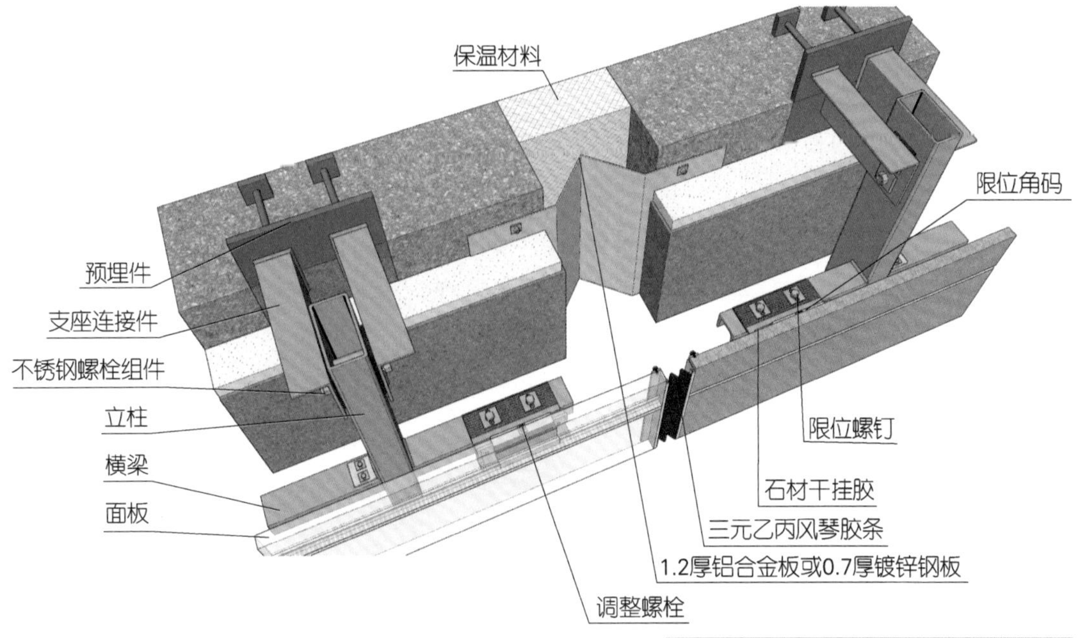

保温材料

限位角码

预埋件

支座连接件

不锈钢螺栓组件

立柱

横梁

面板

限位螺钉

石材干挂胶

三元乙丙风琴胶条

1.2厚铝合金板或0.7厚镀锌钢板

调整螺栓

短挂件连接变形缝横剖节点图①

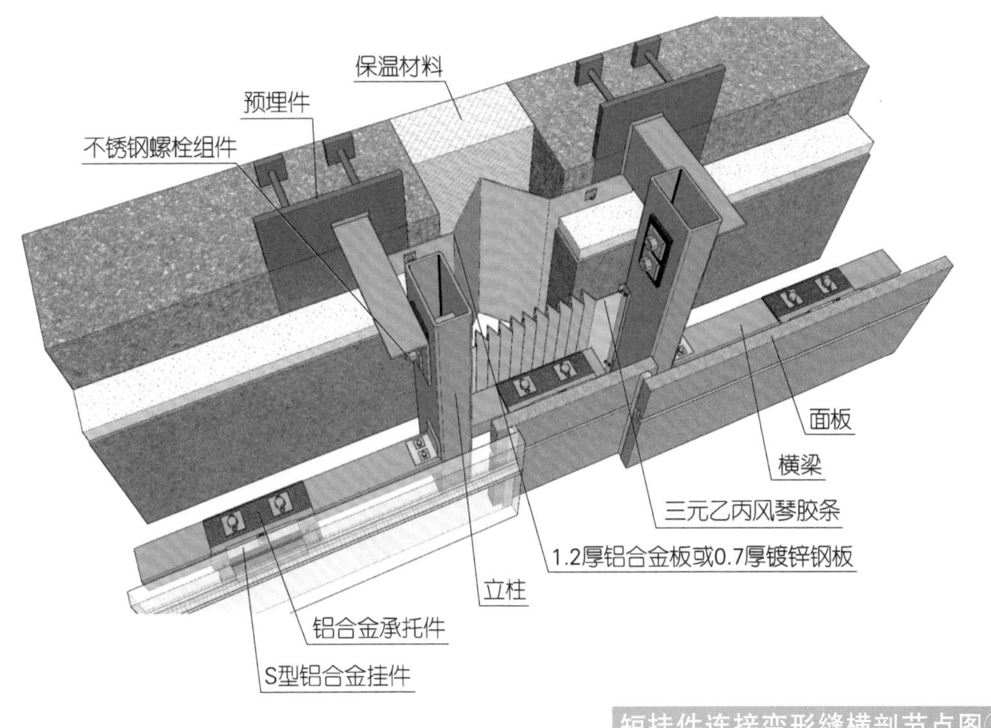

保温材料

预埋件

不锈钢螺栓组件

面板

横梁

三元乙丙风琴胶条

1.2厚铝合金板或0.7厚镀锌钢板

立柱

铝合金承托件

S型铝合金挂件

短挂件连接变形缝横剖节点图②

A.2 通长挂件连接瓷板、微晶玻璃板幕墙

通长挂件连接瓷板、微晶玻璃板幕墙系引图A19

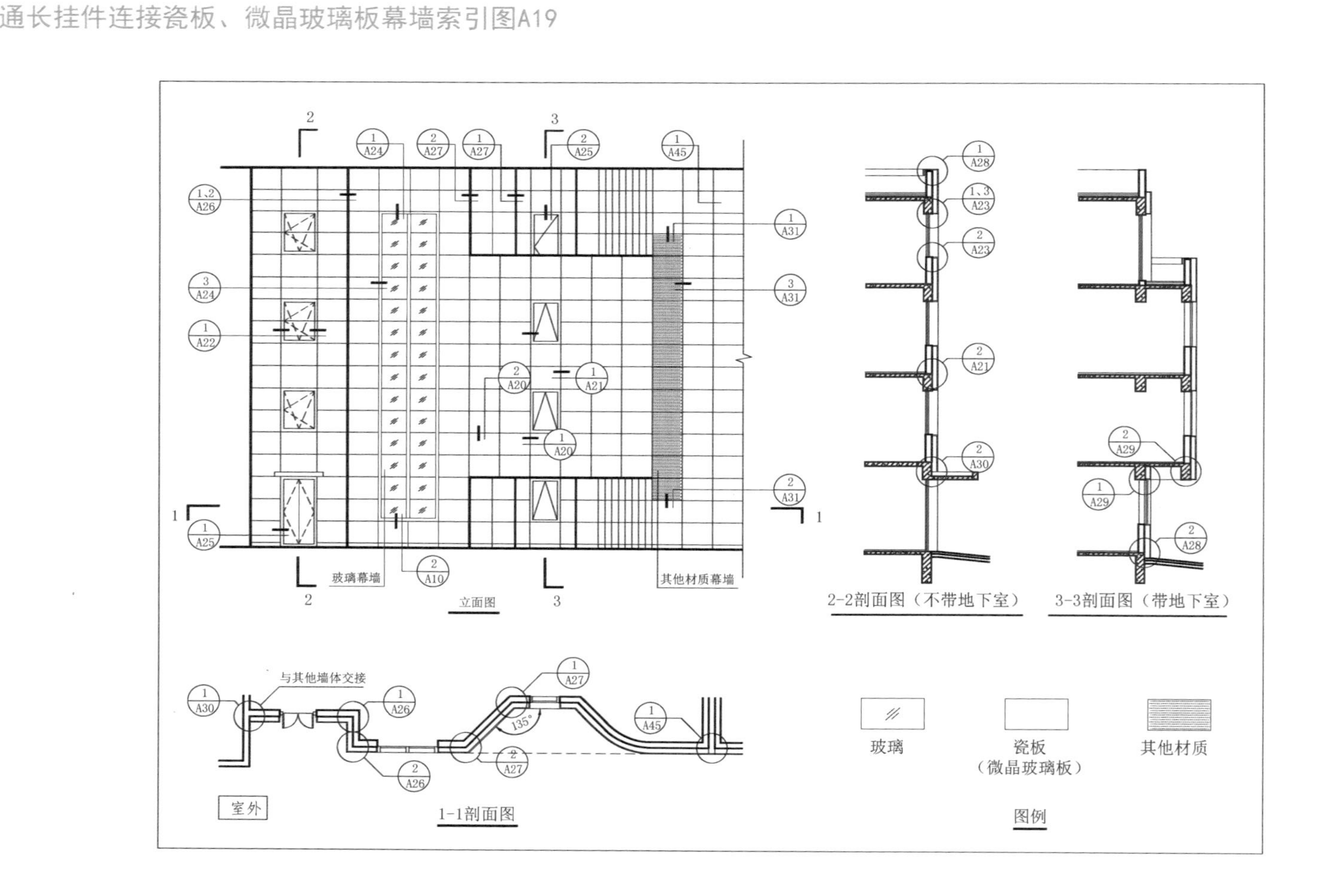

标准横竖剖节点图 A20

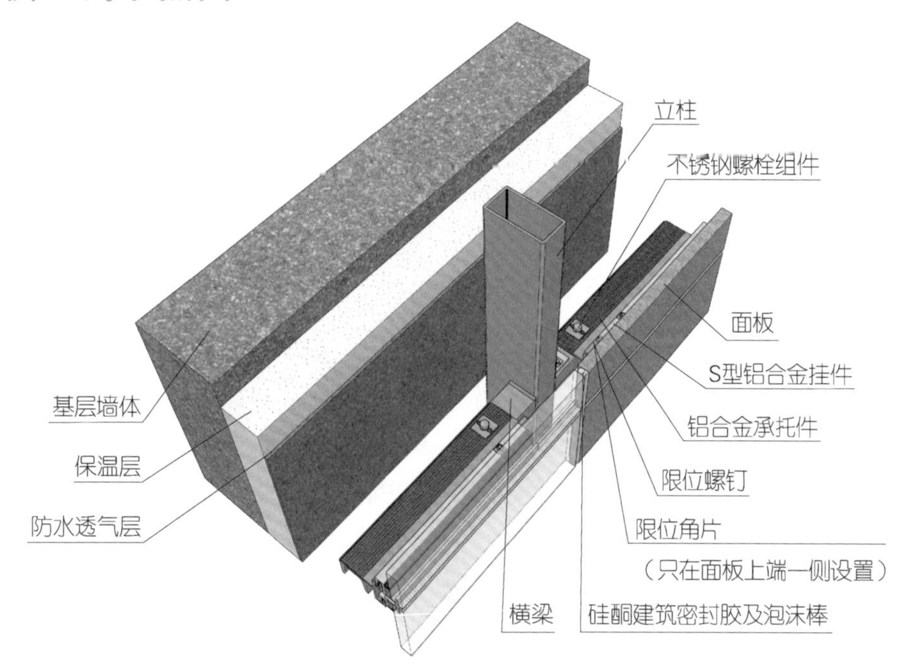

立柱

不锈钢螺栓组件

面板

S型铝合金挂件

铝合金承托件

限位螺钉

限位角片

（只在面板上端一侧设置）

硅酮建筑密封胶及泡沫棒

横梁

基层墙体

保温层

防水透气层

标准横剖节点图

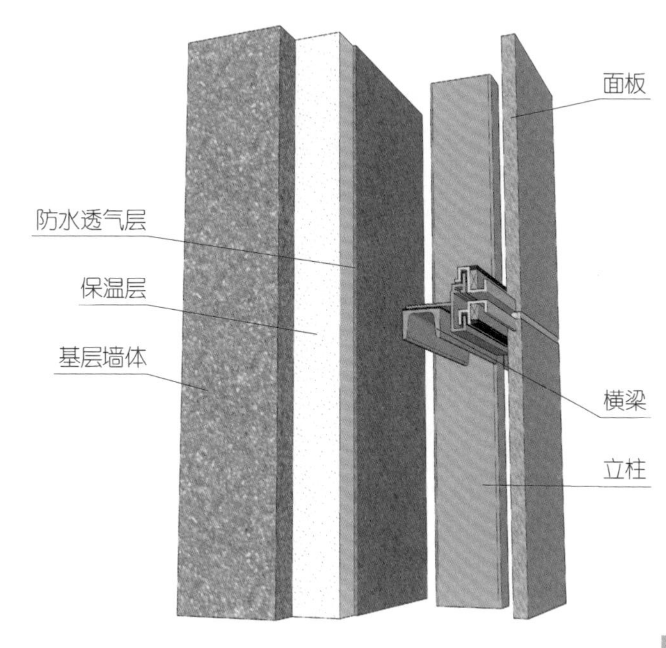

面板

防水透气层

保温层

基层墙体

横梁

立柱

标准竖剖节点图

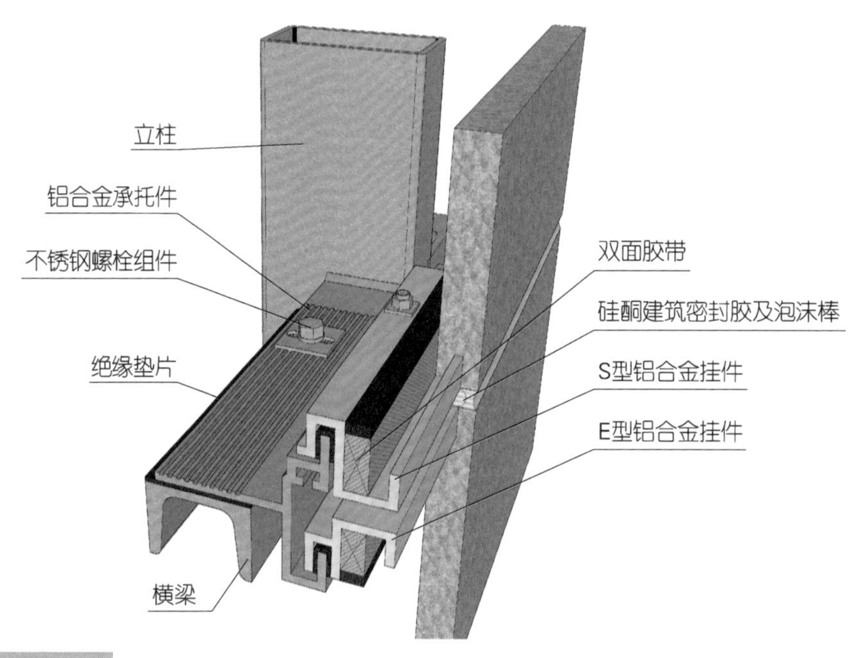

立柱

铝合金承托件

不锈钢螺栓组件

双面胶带

硅酮建筑密封胶及泡沫棒

绝缘垫片

S型铝合金挂件

E型铝合金挂件

横梁

细部节点大样图

层间横竖剖节点图 A21

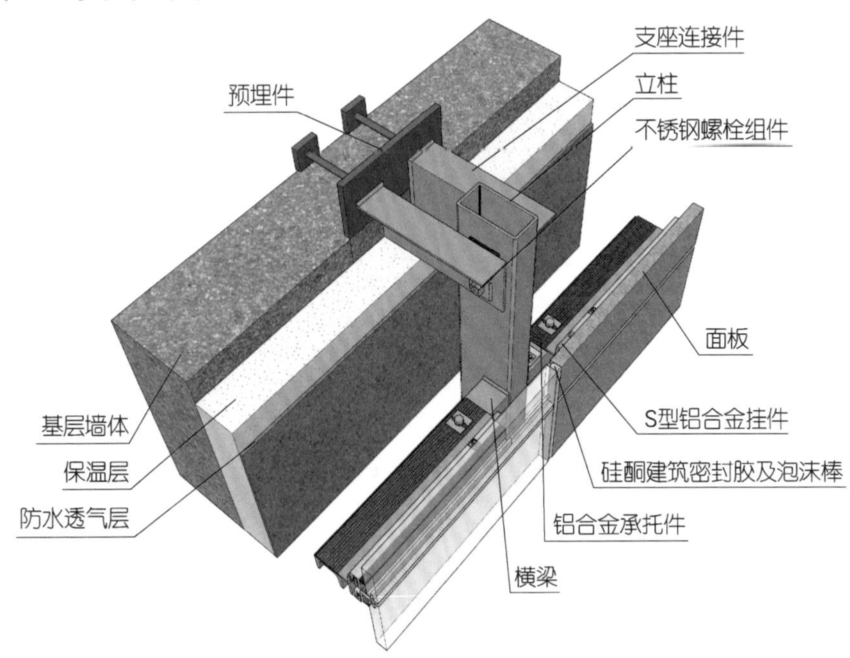

支座连接件
预埋件
立柱
不锈钢螺栓组件
面板
基层墙体
保温层
防水透气层
S型铝合金挂件
硅酮建筑密封胶及泡沫棒
铝合金承托件
横梁

层间横剖节点图

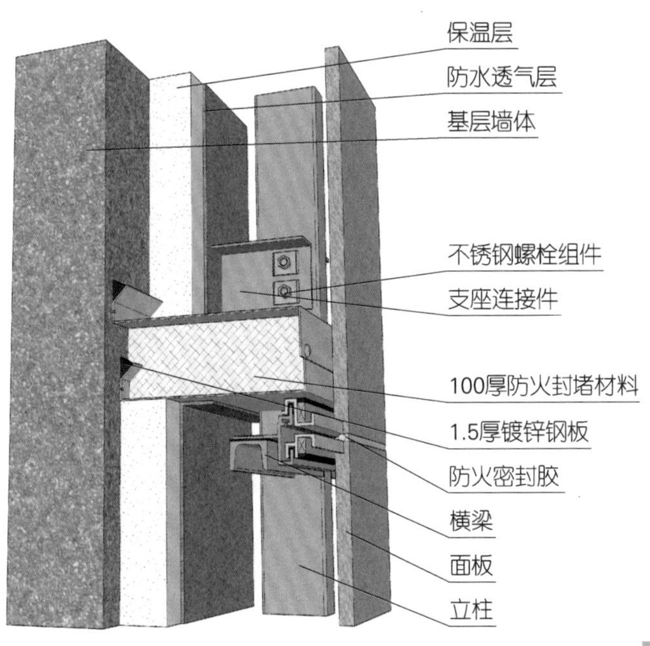

保温层
防水透气层
基层墙体
不锈钢螺栓组件
支座连接件
100厚防火封堵材料
1.5厚镀锌钢板
防火密封胶
横梁
面板
立柱

层间竖剖节点图

凹窗横剖节点图 A22

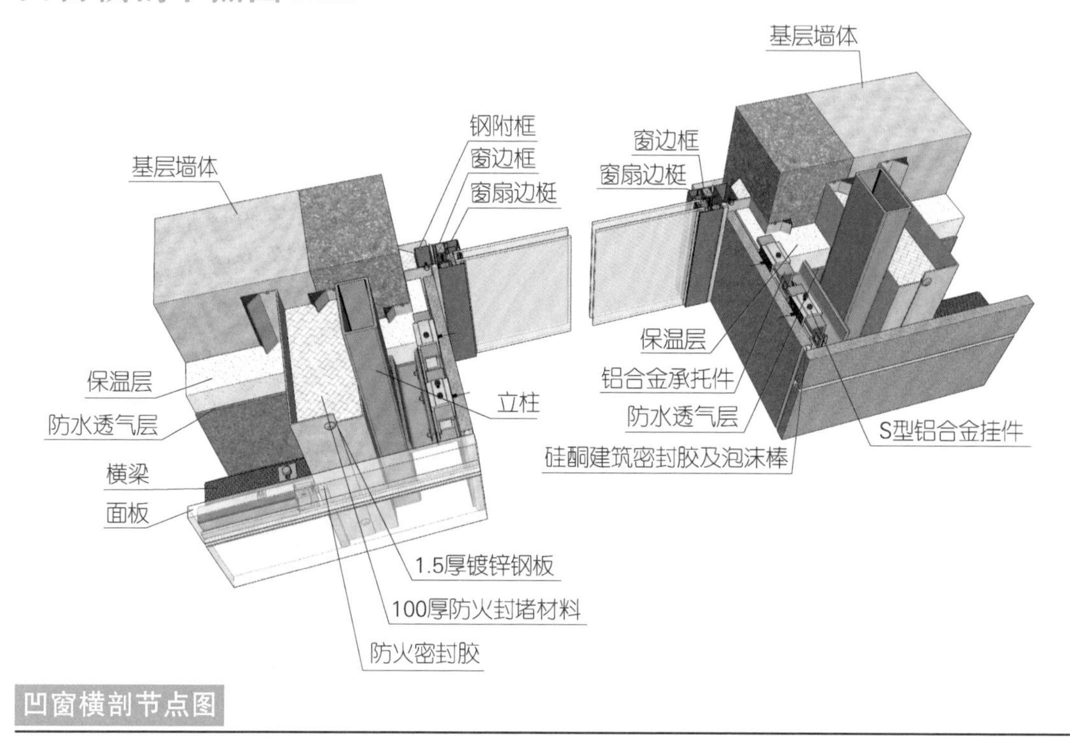

基层墙体

钢附框
窗边框
窗扇边梃

窗边框
窗扇边梃

基层墙体

保温层
防水透气层

横梁
面板

立柱

保温层
铝合金承托件
防水透气层
硅酮建筑密封胶及泡沫棒

S型铝合金挂件

1.5厚镀锌钢板
100厚防火封堵材料
防火密封胶

凹窗横剖节点图

凹窗竖剖节点图 A23

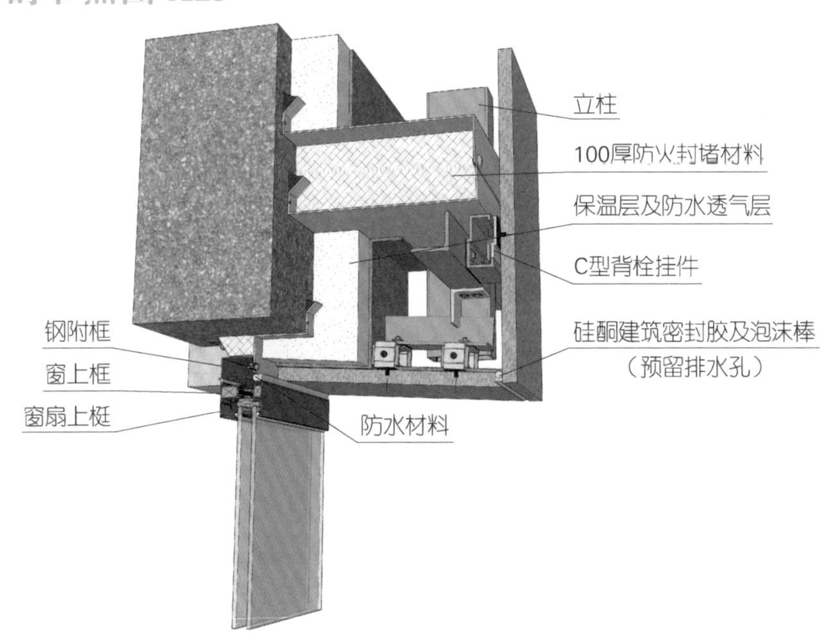

立柱

100厚防火封堵材料

保温层及防水透气层

C型背栓挂件

硅酮建筑密封胶及泡沫棒
（预留排水孔）

钢附框

窗上框

窗扇上梃

防水材料

窗上口

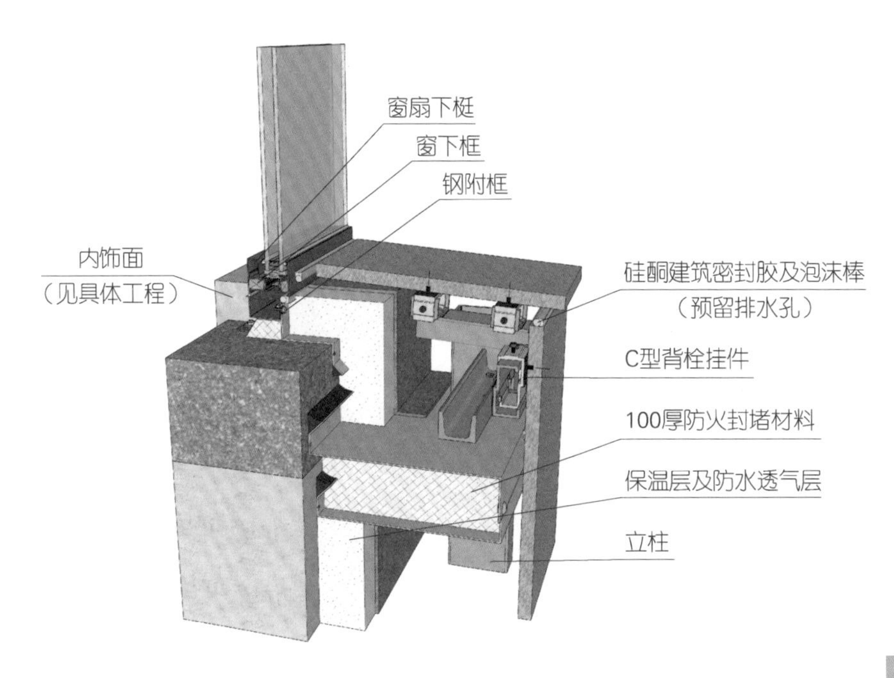

窗扇下梃

窗下框

钢附框

内饰面
（见具体工程）

硅酮建筑密封胶及泡沫棒
（预留排水孔）

C型背栓挂件

100厚防火封堵材料

保温层及防水透气层

立柱

窗下口

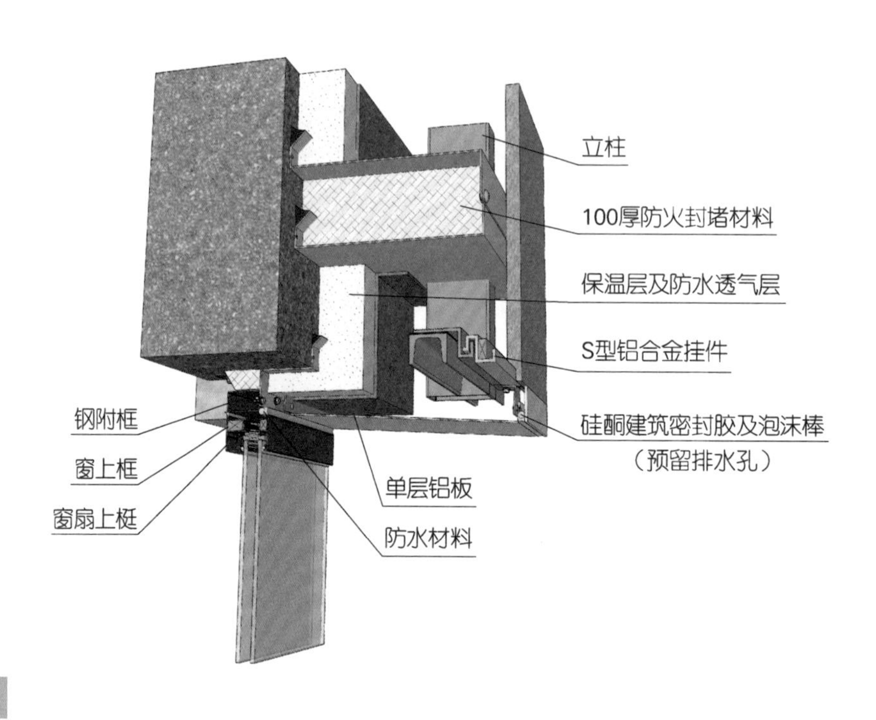

立柱

100厚防火封堵材料

保温层及防水透气层

S型铝合金挂件

硅酮建筑密封胶及泡沫棒
（预留排水孔）

钢附框

窗上框

窗扇上梃

单层铝板

防水材料

窗上口

平窗横竖剖节点图（固定扇）A24

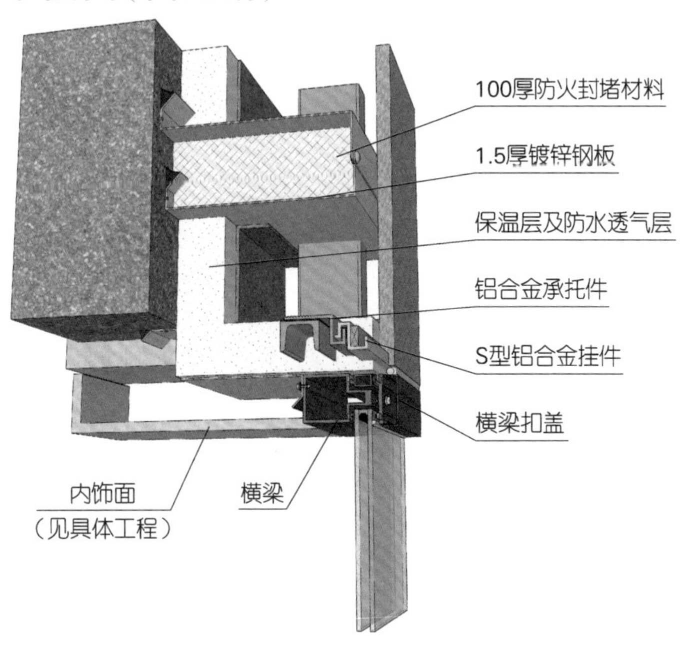

100厚防火封堵材料

1.5厚镀锌钢板

保温层及防水透气层

铝合金承托件

S型铝合金挂件

横梁扣盖

内饰面
（见具体工程）

横梁

窗上口

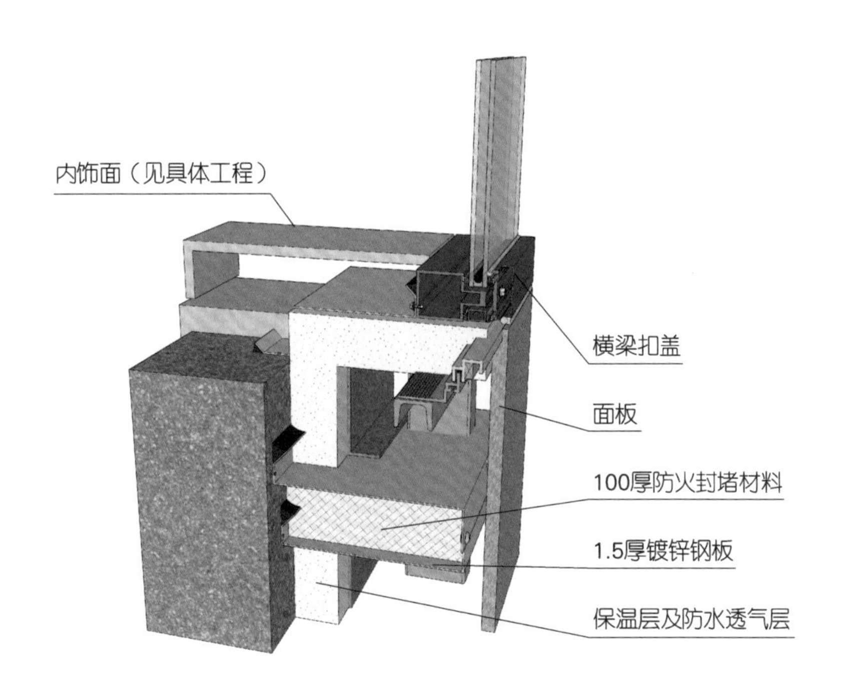

内饰面（见具体工程）

横梁扣盖

面板

100厚防火封堵材料

1.5厚镀锌钢板

保温层及防水透气层

窗下口

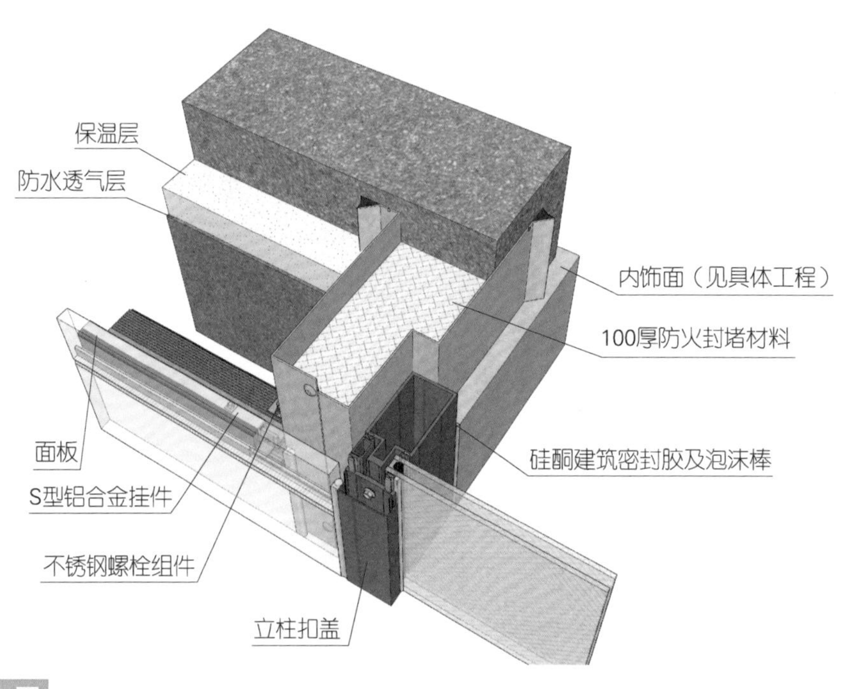

保温层

防水透气层

内饰面（见具体工程）

100厚防火封堵材料

面板

S型铝合金挂件

硅酮建筑密封胶及泡沫棒

不锈钢螺栓组件

立柱扣盖

横剖节点图

门横竖剖节点图 A25

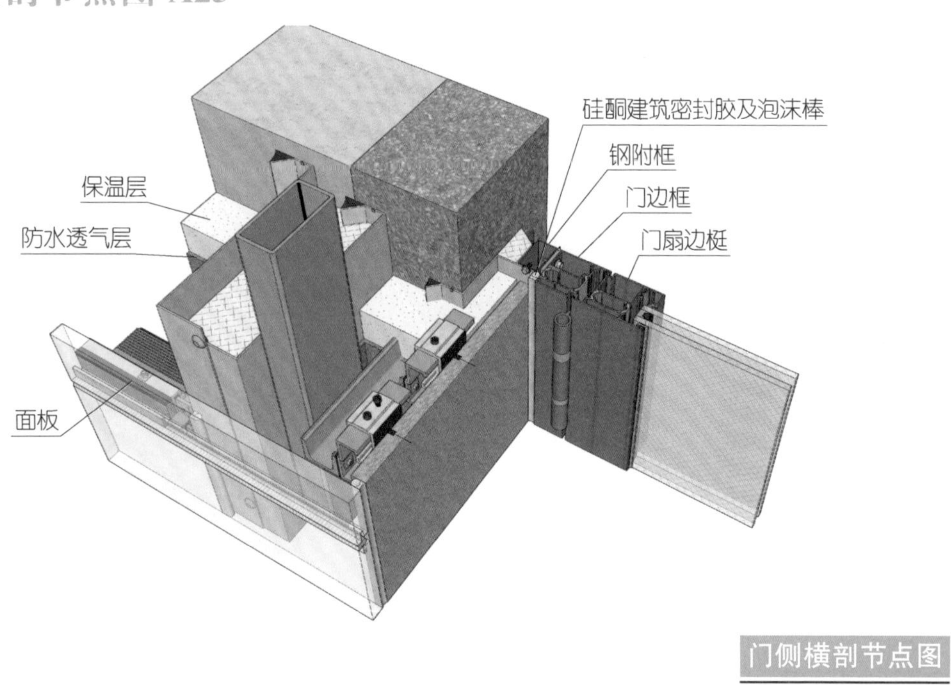

硅酮建筑密封胶及泡沫棒
钢附框
门边框
门扇边梃

保温层
防水透气层

面板

门侧横剖节点图

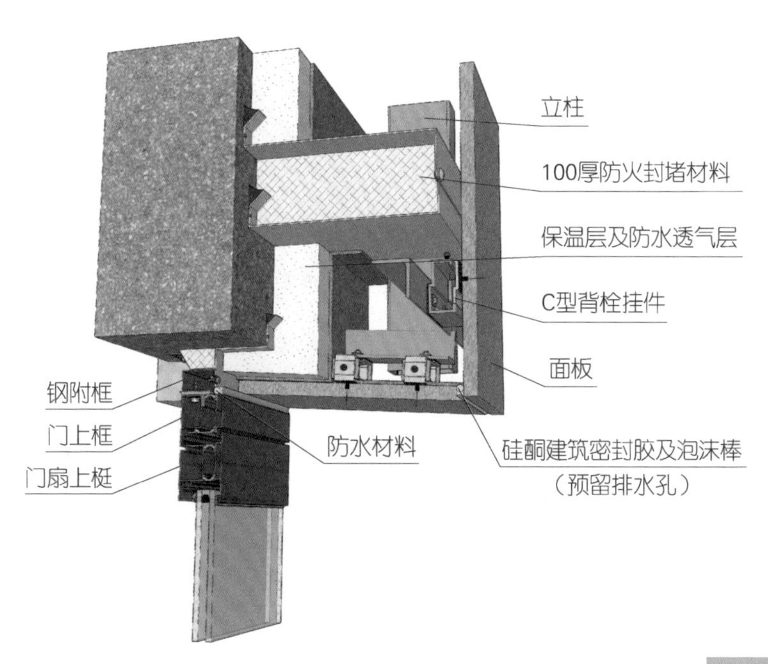

立柱
100厚防火封堵材料
保温层及防水透气层
C型背栓挂件
面板

钢附框
门上框
门扇上梃
防水材料
硅酮建筑密封胶及泡沫棒
（预留排水孔）

门顶竖剖节点图

90°转角横剖节点图 A26

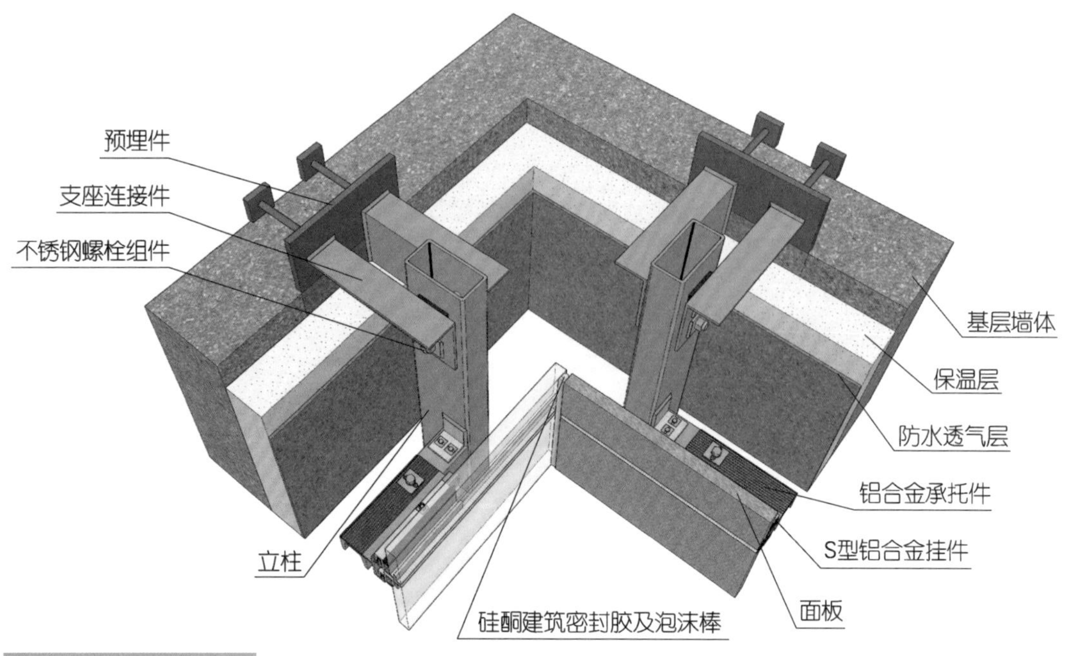

预埋件
支座连接件
不锈钢螺栓组件
立柱
基层墙体
保温层
防水透气层
铝合金承托件
S型铝合金挂件
面板
硅酮建筑密封胶及泡沫棒

90°阴角横剖节点图

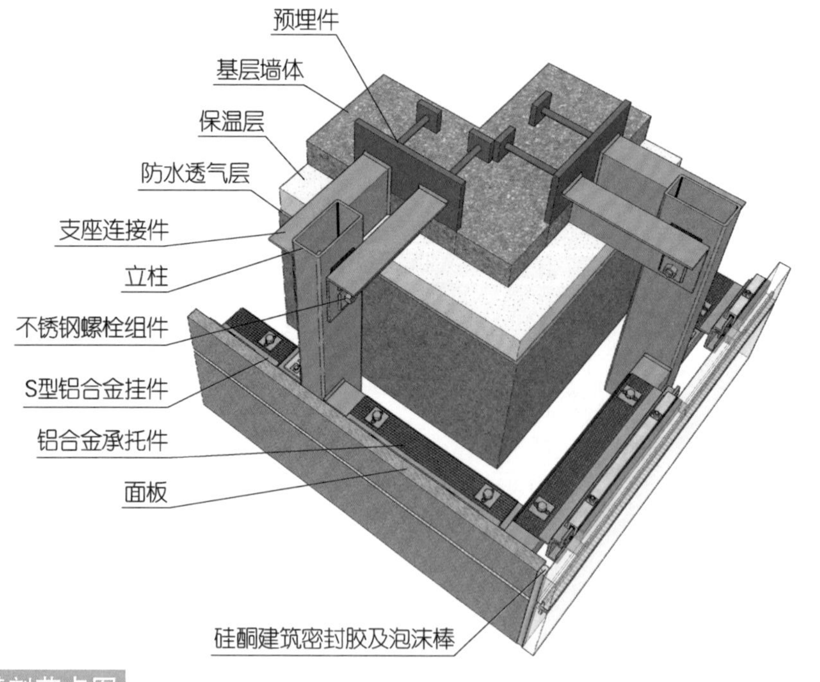

预埋件
基层墙体
保温层
防水透气层
支座连接件
立柱
不锈钢螺栓组件
S型铝合金挂件
铝合金承托件
面板
硅酮建筑密封胶及泡沫棒

90°阳角横剖节点图

135°转角横剖节点图 A27

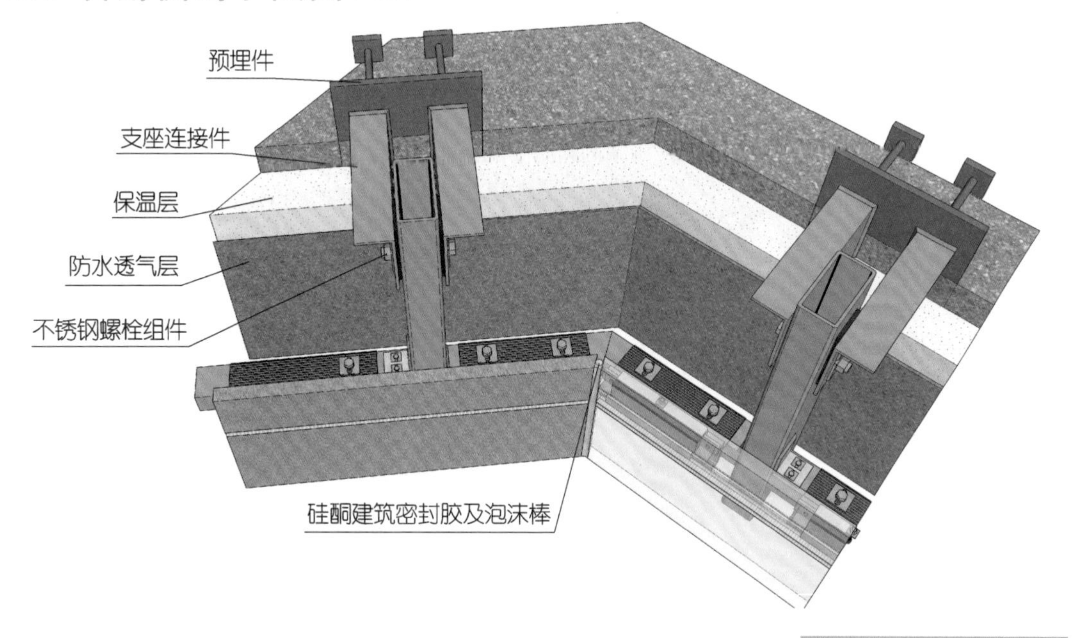

预埋件

支座连接件

保温层

防水透气层

不锈钢螺栓组件

硅酮建筑密封胶及泡沫棒

135°阴角横剖节点图

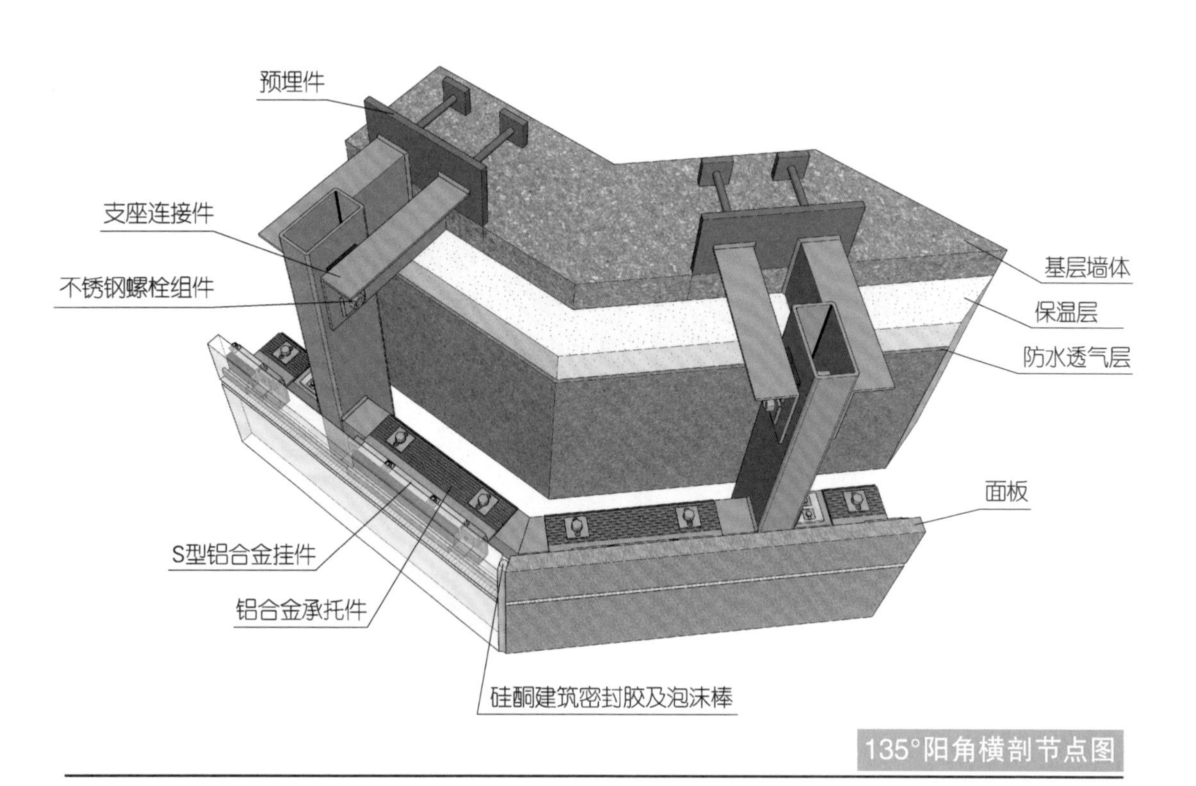

预埋件

支座连接件

不锈钢螺栓组件

基层墙体

保温层

防水透气层

面板

S型铝合金挂件

铝合金承托件

硅酮建筑密封胶及泡沫棒

135°阳角横剖节点图

女儿墙收口、勒脚收口节点图 A28

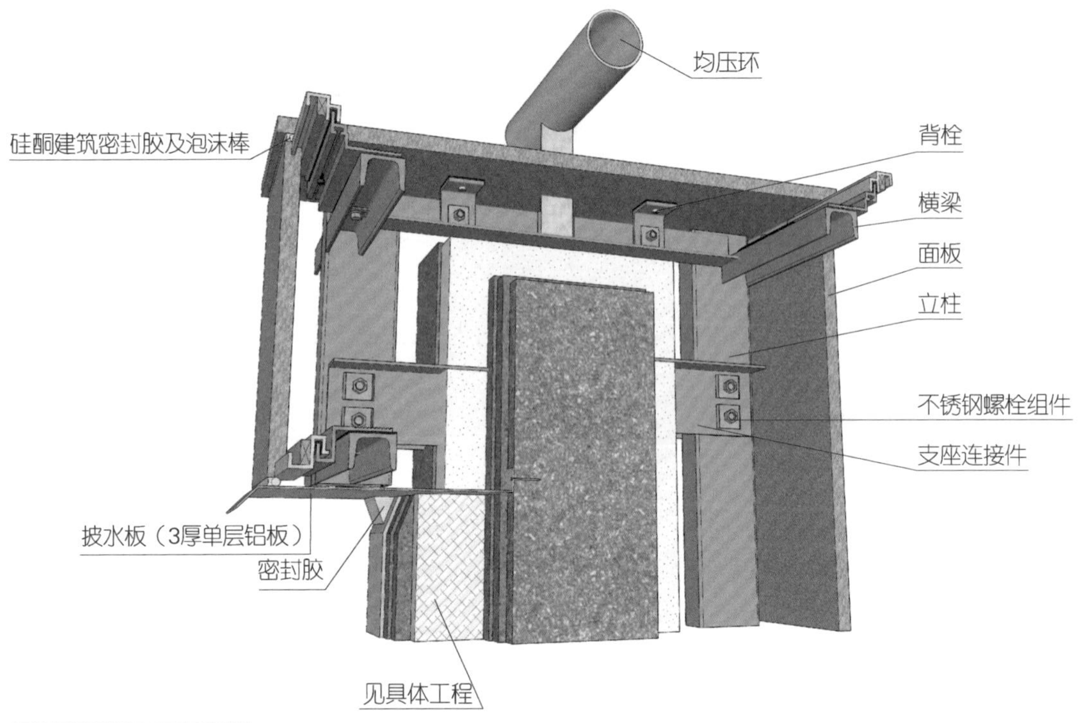

均压环

硅酮建筑密封胶及泡沫棒

背栓

横梁

面板

立柱

不锈钢螺栓组件

支座连接件

披水板（3厚单层铝板）

密封胶

见具体工程

女儿墙收口节点图

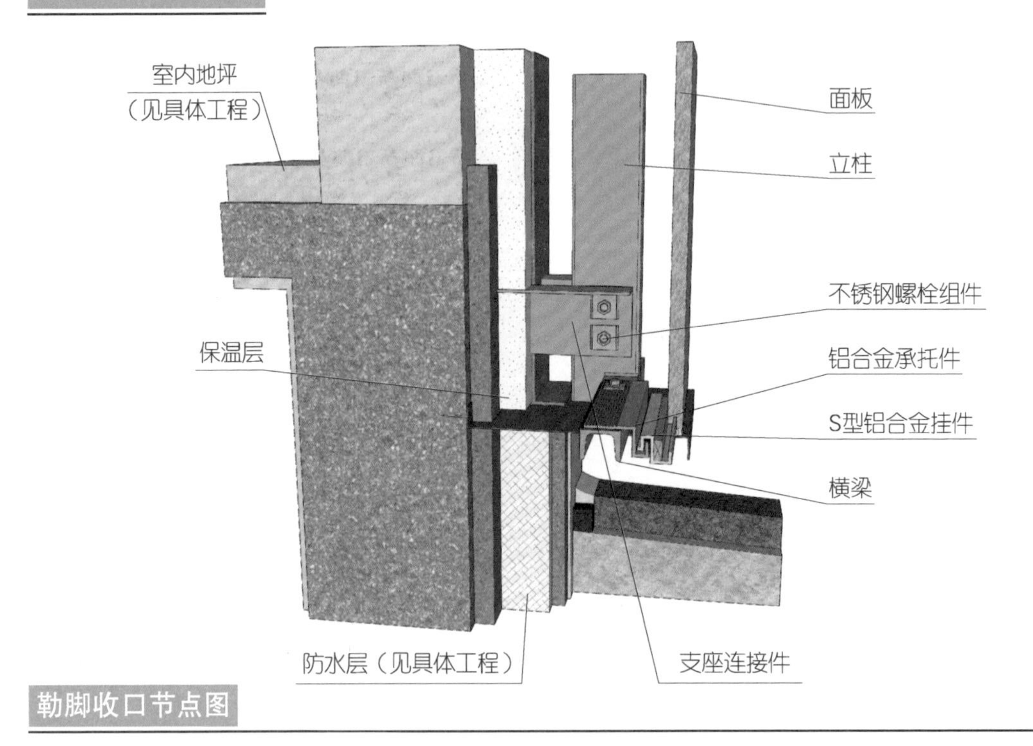

室内地坪
（见具体工程）

面板

立柱

不锈钢螺栓组件

铝合金承托件

S型铝合金挂件

横梁

保温层

防水层（见具体工程）

支座连接件

勒脚收口节点图

与室外吊顶相接竖剖节点图 A29

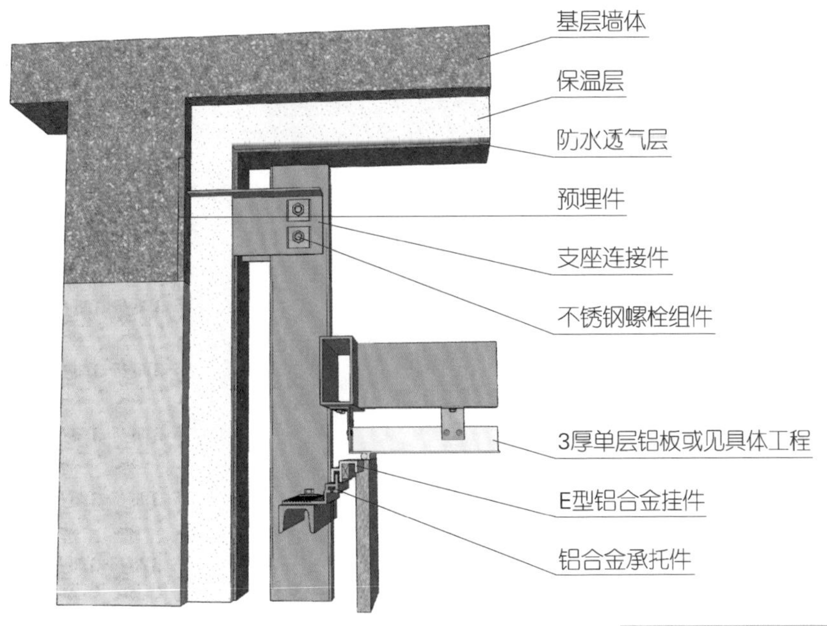

基层墙体

保温层

防水透气层

预埋件

支座连接件

不锈钢螺栓组件

3厚单层铝板或见具体工程

E型铝合金挂件

铝合金承托件

与吊顶相接上收口节点图

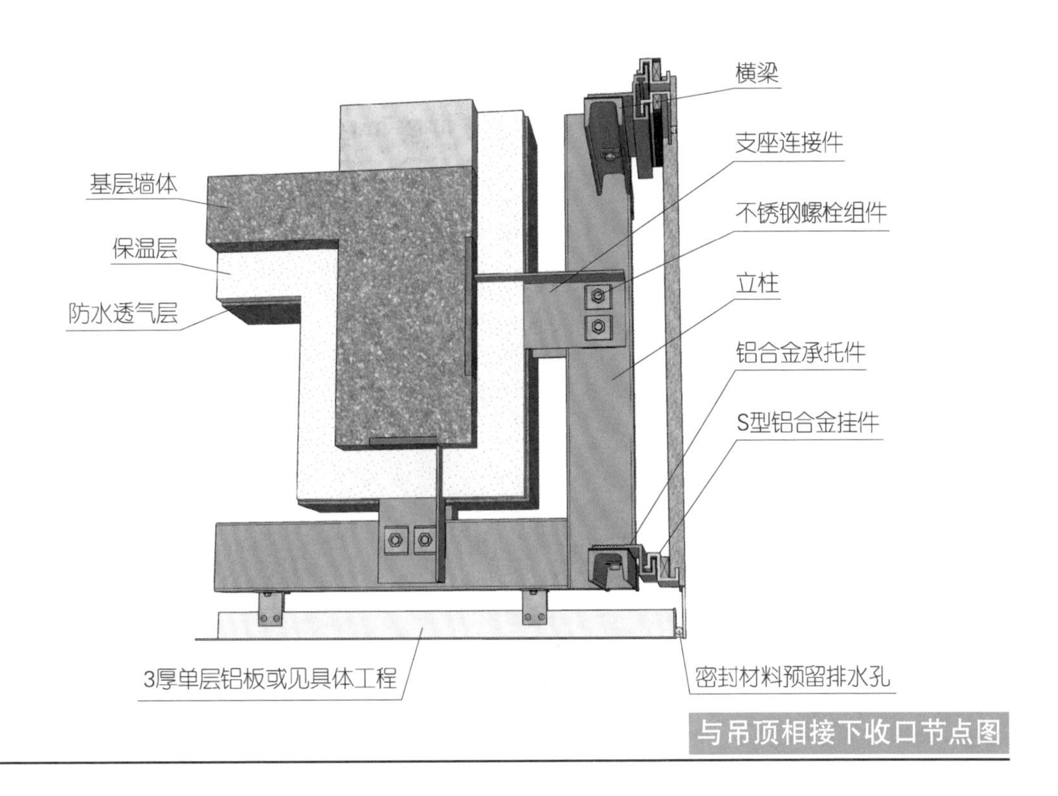

横梁

支座连接件

不锈钢螺栓组件

立柱

铝合金承托件

S型铝合金挂件

基层墙体

保温层

防水透气层

3厚单层铝板或见具体工程

密封材料预留排水孔

与吊顶相接下收口节点图

侧封边、与雨篷相接节点图 A30

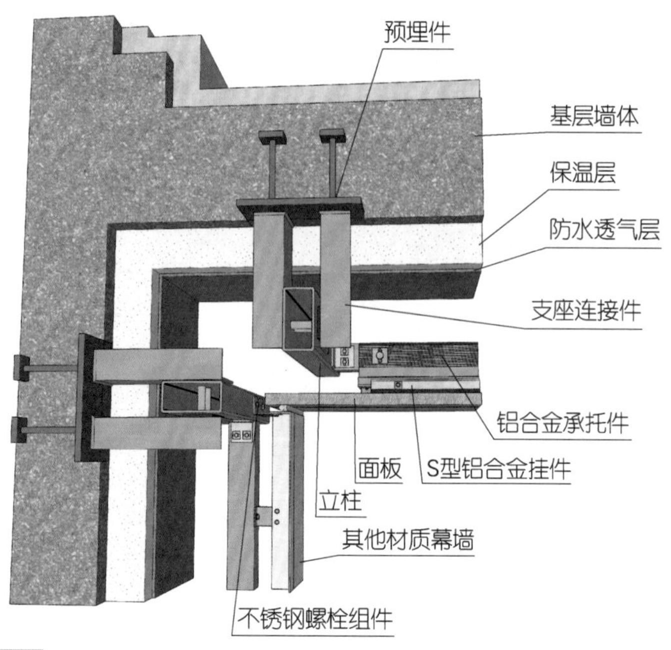

预埋件
基层墙体
保温层
防水透气层
支座连接件
铝合金承托件
面板
立柱
S型铝合金挂件
其他材质幕墙
不锈钢螺栓组件

侧封边横剖节点图

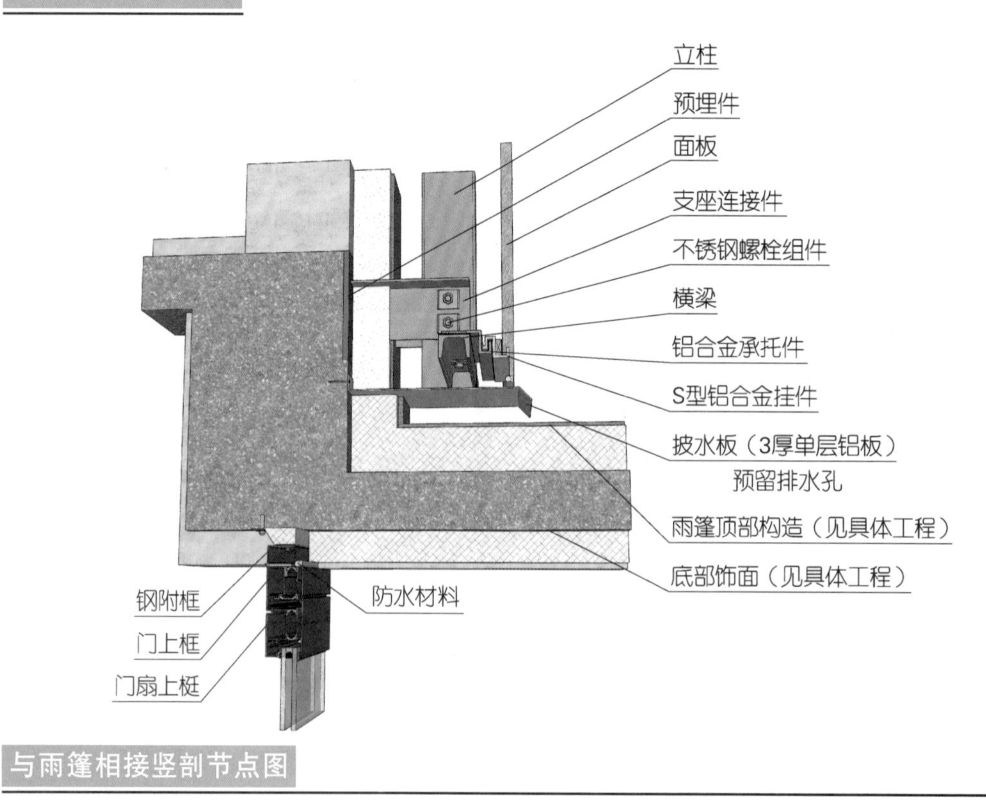

立柱
预埋件
面板
支座连接件
不锈钢螺栓组件
横梁
铝合金承托件
S型铝合金挂件
披水板（3厚单层铝板）
预留排水孔
雨篷顶部构造（见具体工程）
底部饰面（见具体工程）
钢附框
防水材料
门上框
门扇上梃

与雨篷相接竖剖节点图

与其他材质幕墙相接横竖剖节点图 A31

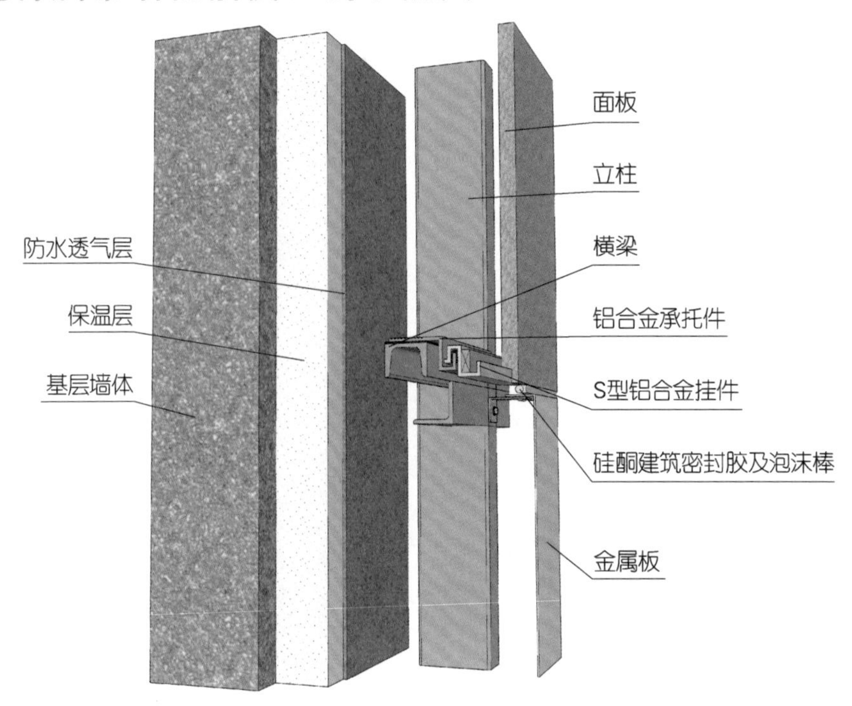

面板

立柱

横梁

铝合金承托件

S型铝合金挂件

硅酮建筑密封胶及泡沫棒

金属板

防水透气层

保温层

基层墙体

上接口

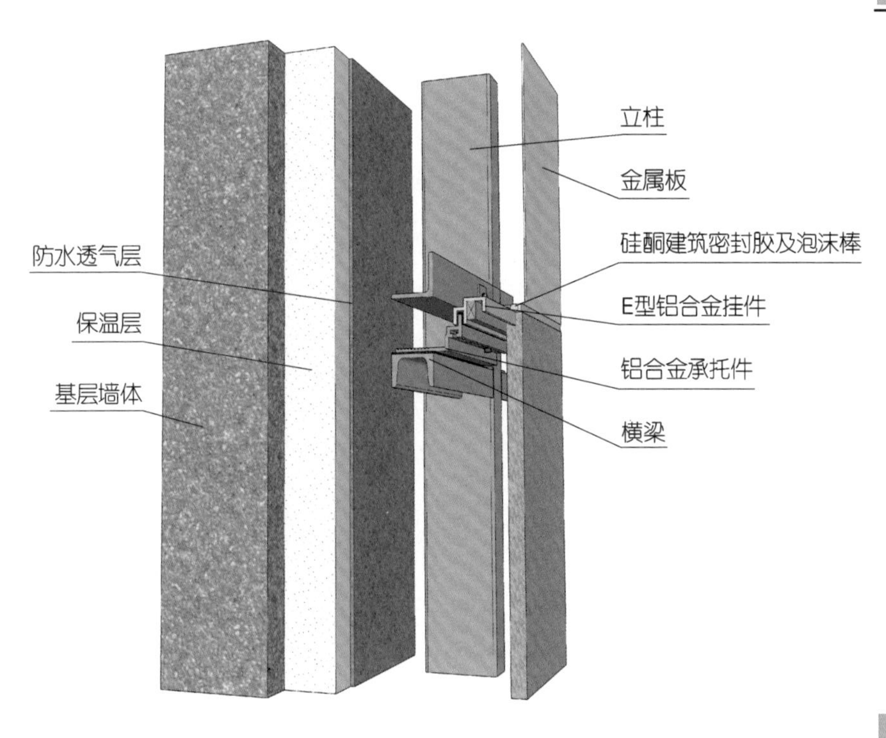

立柱

金属板

硅酮建筑密封胶及泡沫棒

E型铝合金挂件

铝合金承托件

横梁

防水透气层

保温层

基层墙体

下接口

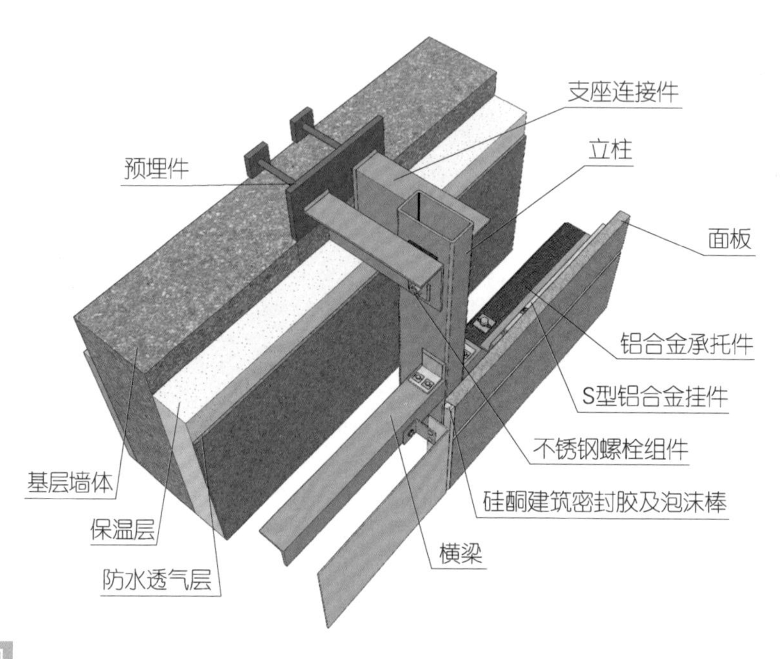

支座连接件

立柱

面板

预埋件

铝合金承托件

S型铝合金挂件

不锈钢螺栓组件

硅酮建筑密封胶及泡沫棒

基层墙体

保温层

防水透气层

横梁

横剖节点图

A.3 背栓连接瓷板、微晶玻璃板幕墙

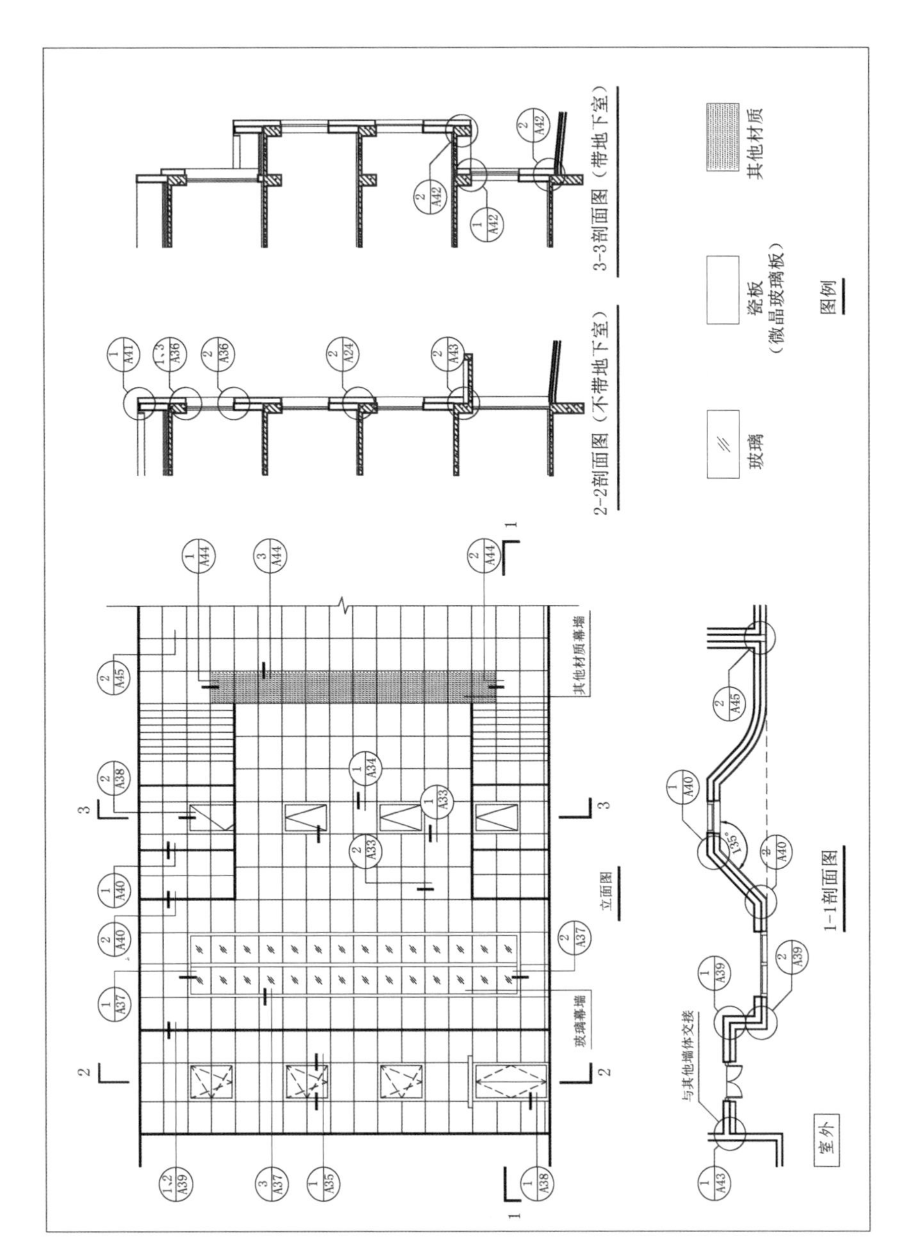

背栓连接瓷板、微晶玻璃板幕墙索引图A32

标准横竖剖节点图 A33

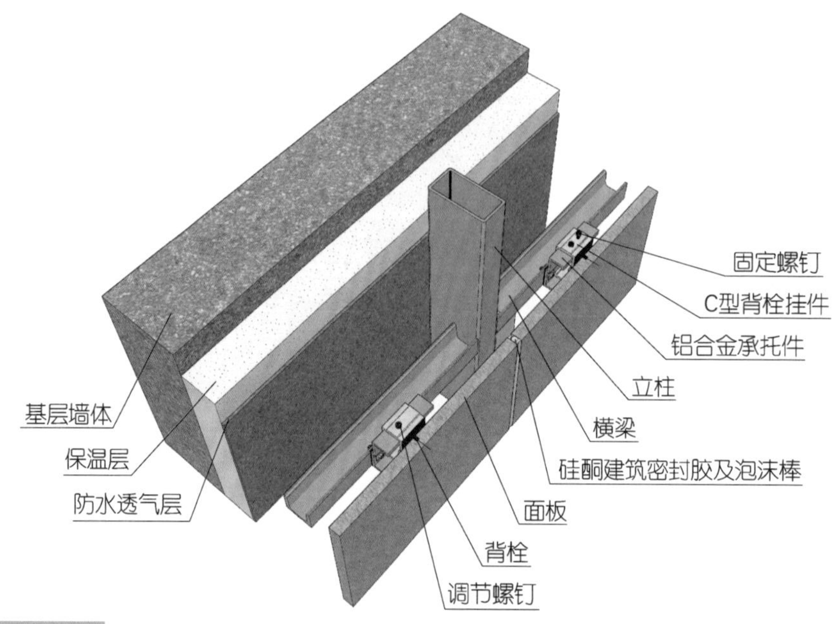

基层墙体
保温层
防水透气层

固定螺钉
C型背栓挂件
铝合金承托件
立柱
横梁
硅酮建筑密封胶及泡沫棒
面板
背栓
调节螺钉

标准横剖节点图

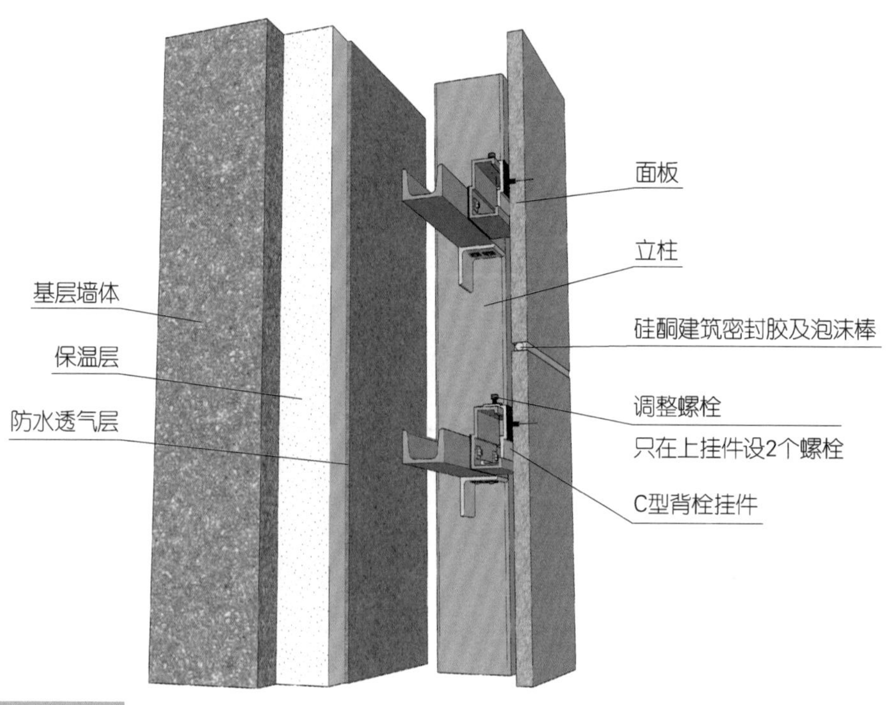

基层墙体
保温层
防水透气层

面板
立柱
硅酮建筑密封胶及泡沫棒
调整螺栓
只在上挂件设2个螺栓
C型背栓挂件

标准竖剖节点图

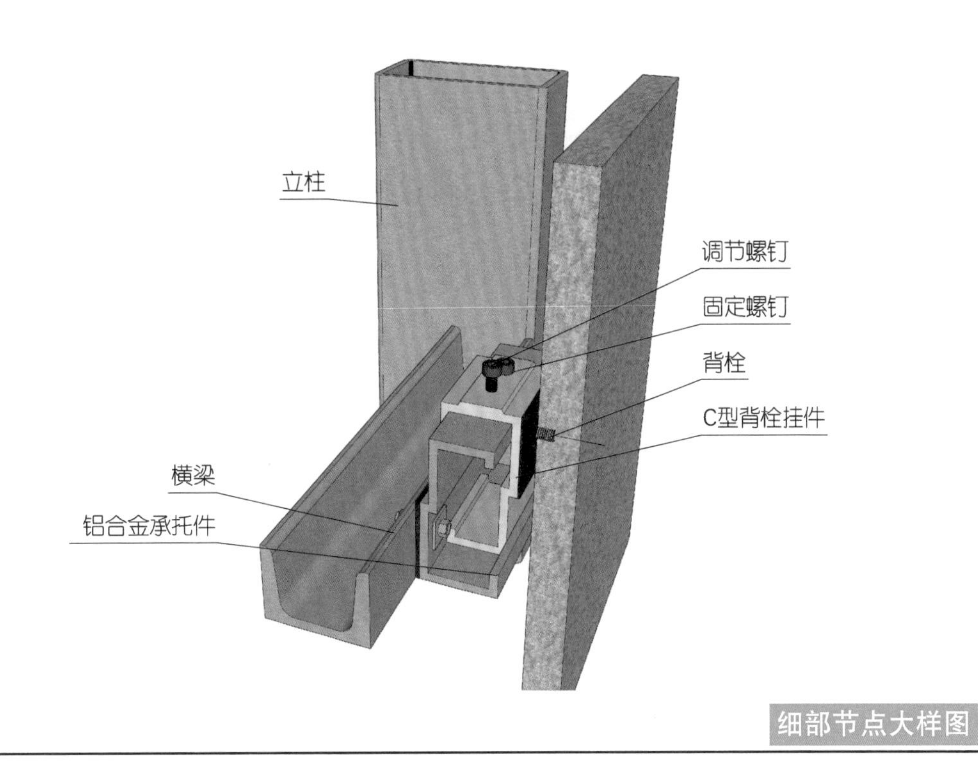

立柱

调节螺钉

固定螺钉

背栓

C型背栓挂件

横梁

铝合金承托件

细部节点大样图

层间横竖剖节点图 A34

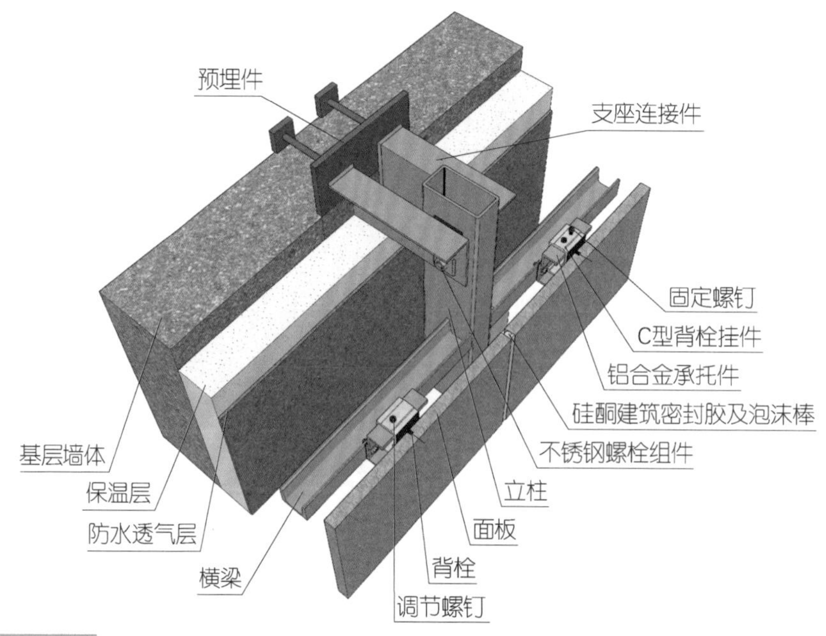

预埋件
支座连接件
固定螺钉
C型背栓挂件
铝合金承托件
硅酮建筑密封胶及泡沫棒
不锈钢螺栓组件
基层墙体
保温层
防水透气层
横梁
立柱
面板
背栓
调节螺钉

层间横剖节点图

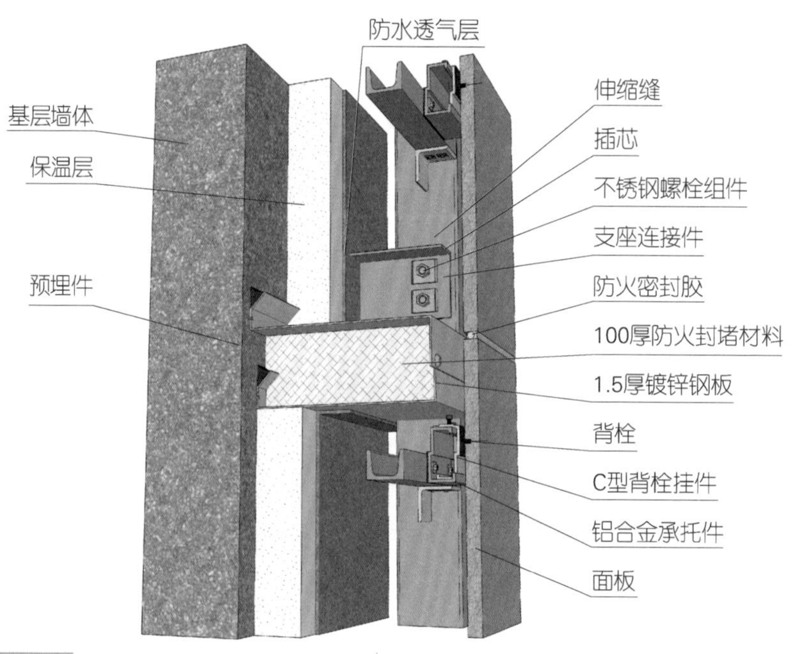

防水透气层
基层墙体
保温层
预埋件
伸缩缝
插芯
不锈钢螺栓组件
支座连接件
防火密封胶
100厚防火封堵材料
1.5厚镀锌钢板
背栓
C型背栓挂件
铝合金承托件
面板

层间竖剖节点图

凹窗横剖节点图 A35

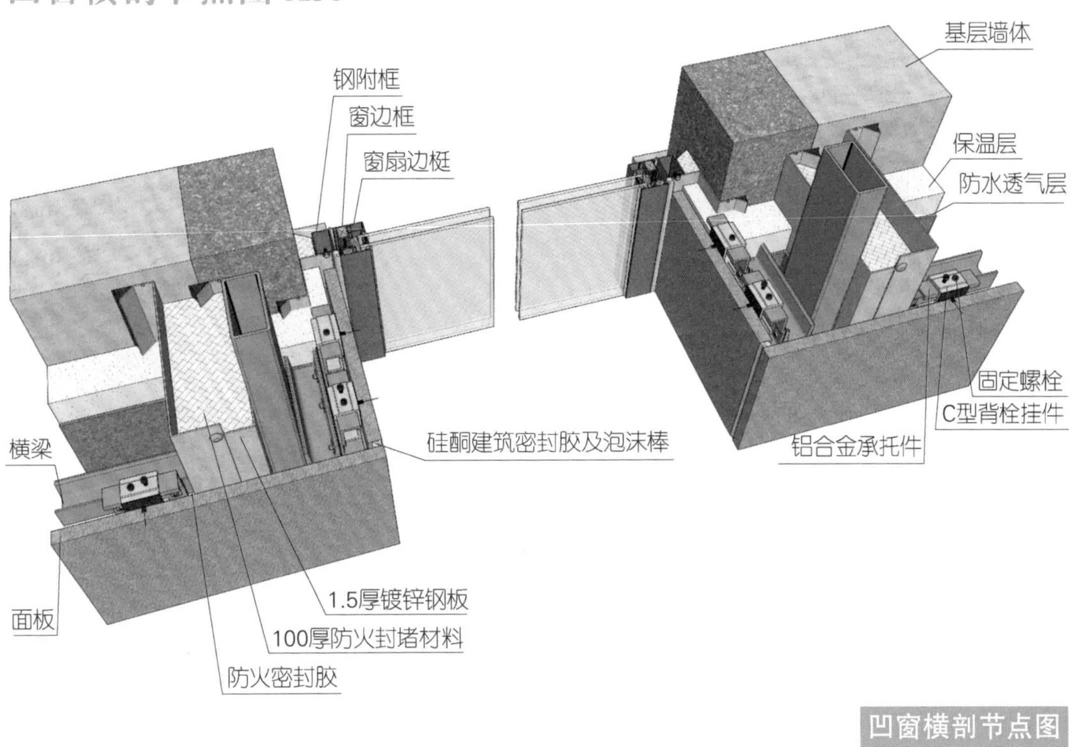

钢附框
窗边框
窗扇边梃

基层墙体

保温层
防水透气层

硅酮建筑密封胶及泡沫棒

固定螺栓
C型背栓挂件

铝合金承托件

横梁

面板

1.5厚镀锌钢板
100厚防火封堵材料
防火密封胶

凹窗横剖节点图

凹窗竖剖节点图 A36

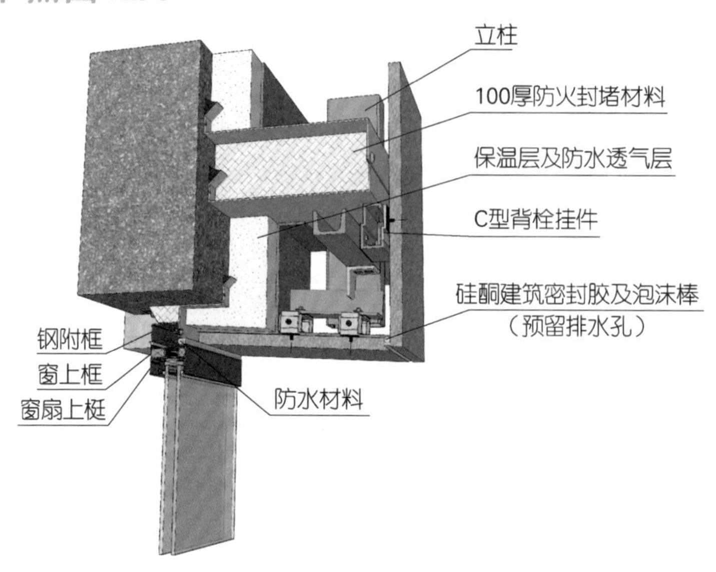

立柱

100厚防火封堵材料

保温层及防水透气层

C型背栓挂件

硅酮建筑密封胶及泡沫棒
（预留排水孔）

钢附框

窗上框

窗扇上梃

防水材料

窗上口(一)

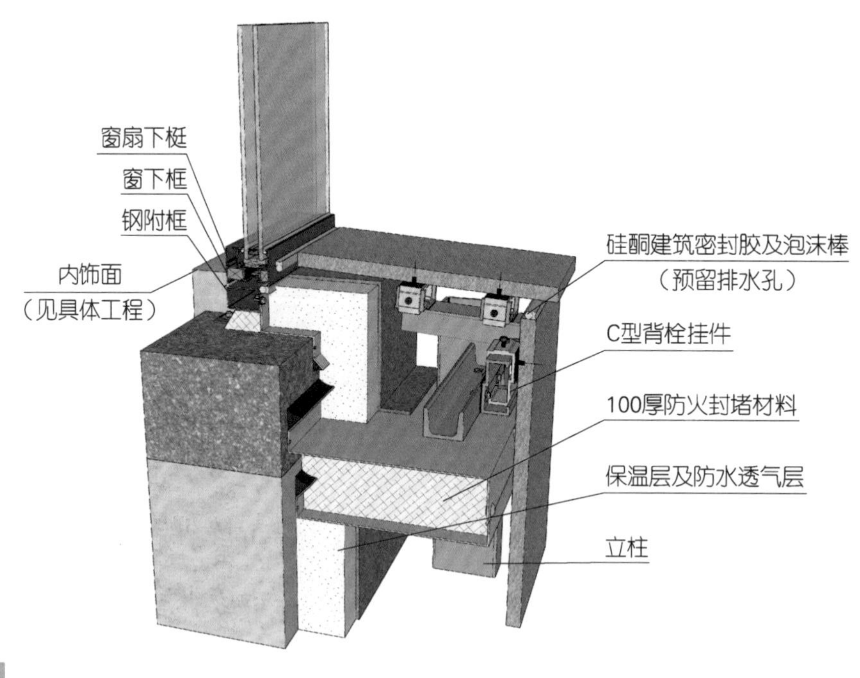

窗扇下梃

窗下框

钢附框

内饰面
（见具体工程）

硅酮建筑密封胶及泡沫棒
（预留排水孔）

C型背栓挂件

100厚防火封堵材料

保温层及防水透气层

立柱

窗下口

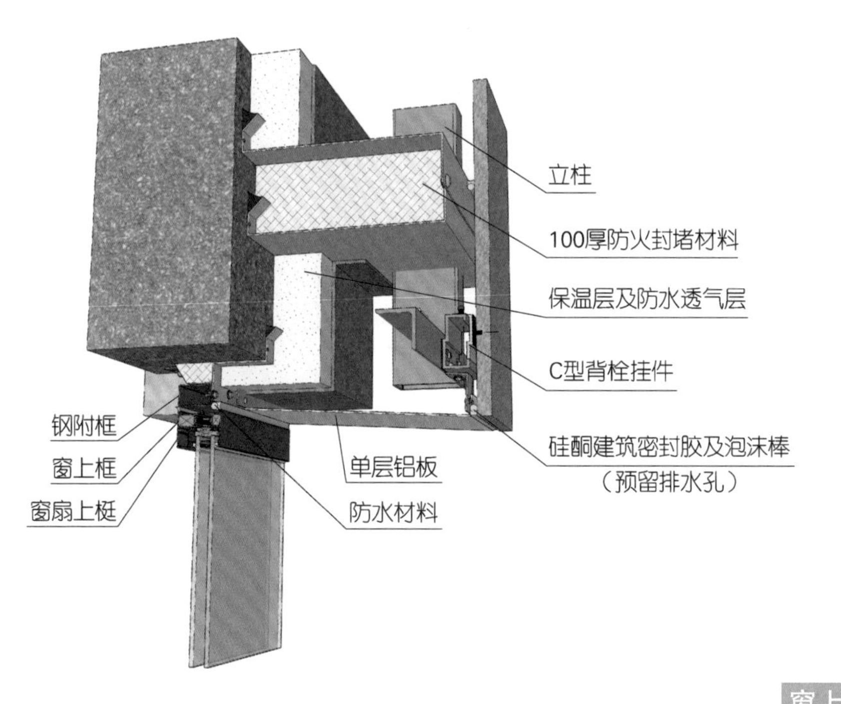

立柱

100厚防火封堵材料

保温层及防水透气层

C型背栓挂件

硅酮建筑密封胶及泡沫棒
（预留排水孔）

钢附框

窗上框

窗扇上梃

单层铝板

防水材料

窗上口(二)

平窗横竖剖节点图（固定扇）A37

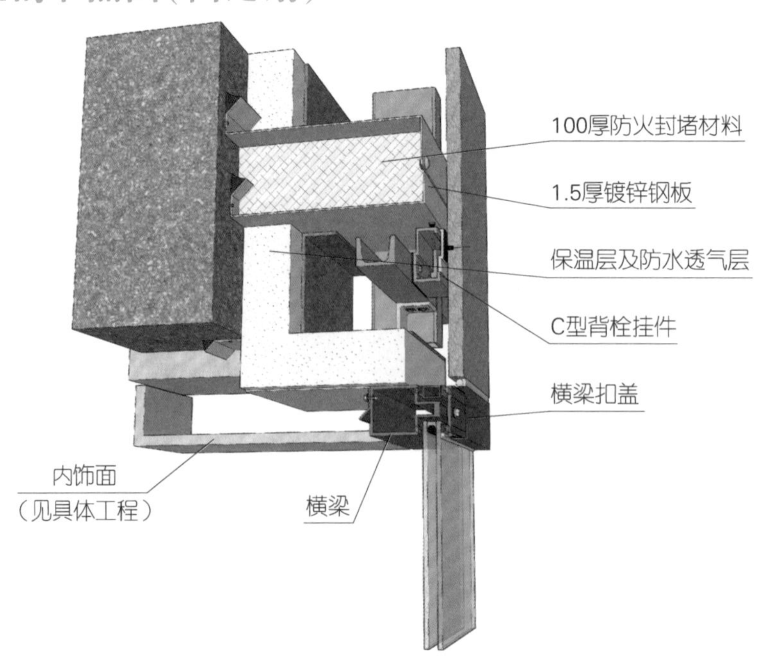

100厚防火封堵材料

1.5厚镀锌钢板

保温层及防水透气层

C型背栓挂件

横梁扣盖

内饰面
（见具体工程）

横梁

窗上口

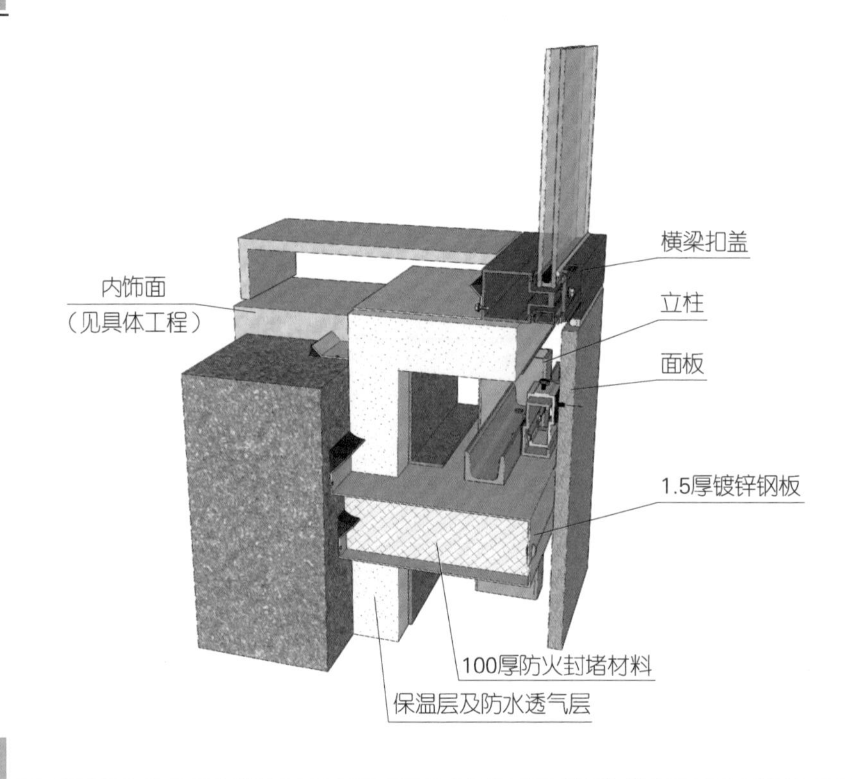

横梁扣盖

立柱

面板

内饰面
（见具体工程）

1.5厚镀锌钢板

100厚防火封堵材料

保温层及防水透气层

窗下口

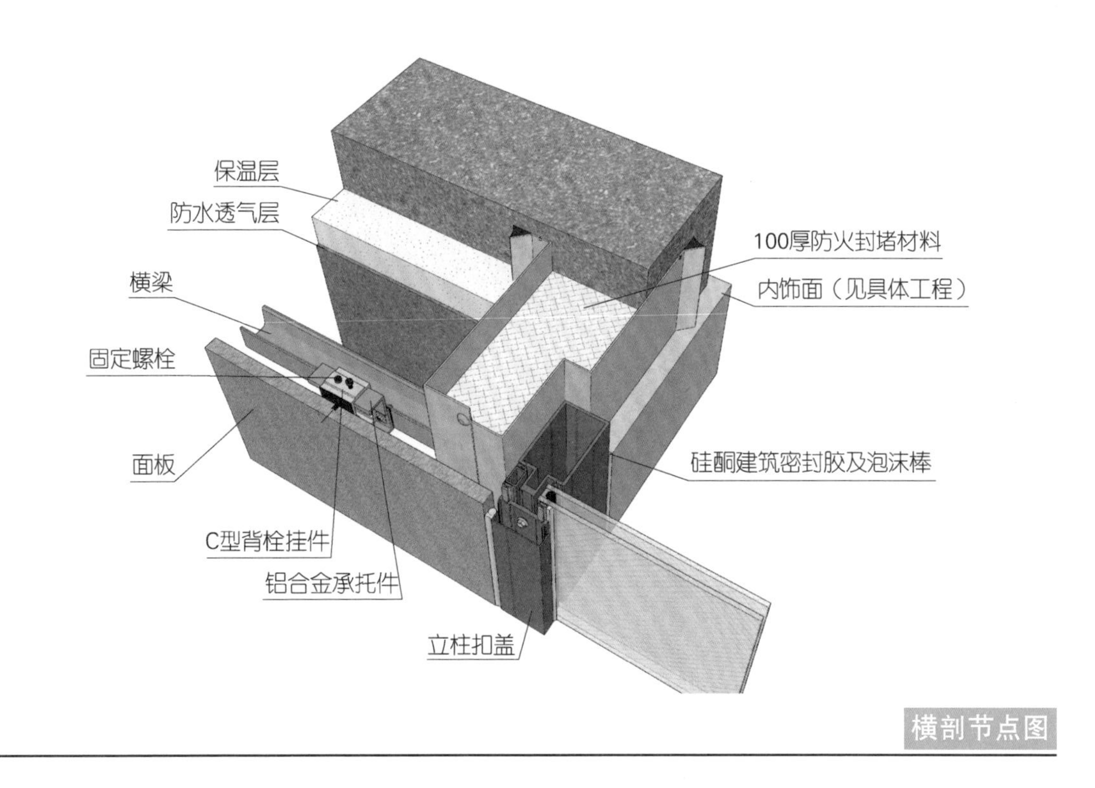

保温层

防水透气层

横梁

固定螺栓

面板

C型背栓挂件

铝合金承托件

立柱扣盖

100厚防火封堵材料

内饰面（见具体工程）

硅酮建筑密封胶及泡沫棒

横剖节点图

门横竖剖节点图 A38

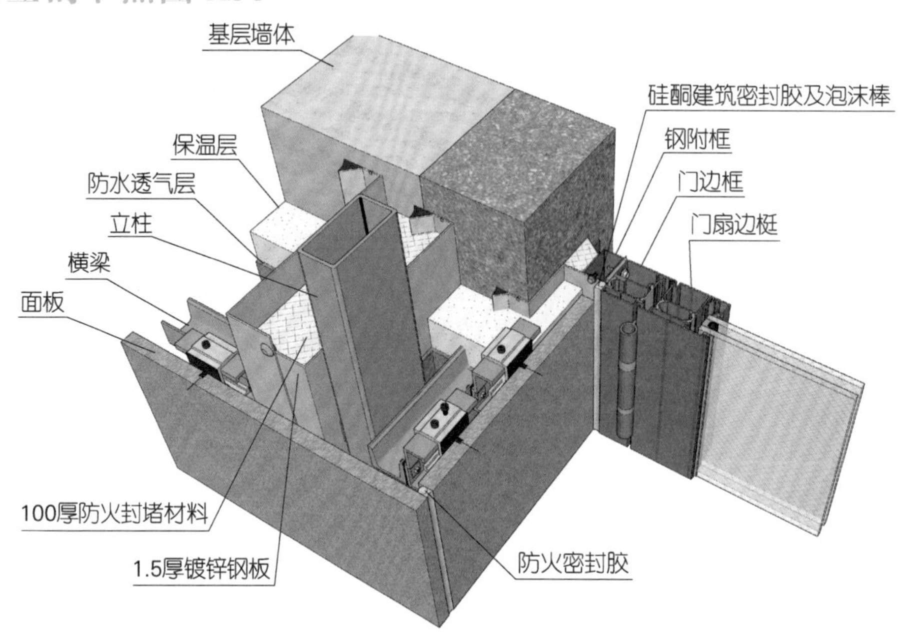

基层墙体

硅酮建筑密封胶及泡沫棒

保温层

钢附框

防水透气层

门边框

立柱

门扇边梃

横梁

面板

100厚防火封堵材料

1.5厚镀锌钢板

防火密封胶

门侧横剖节点图

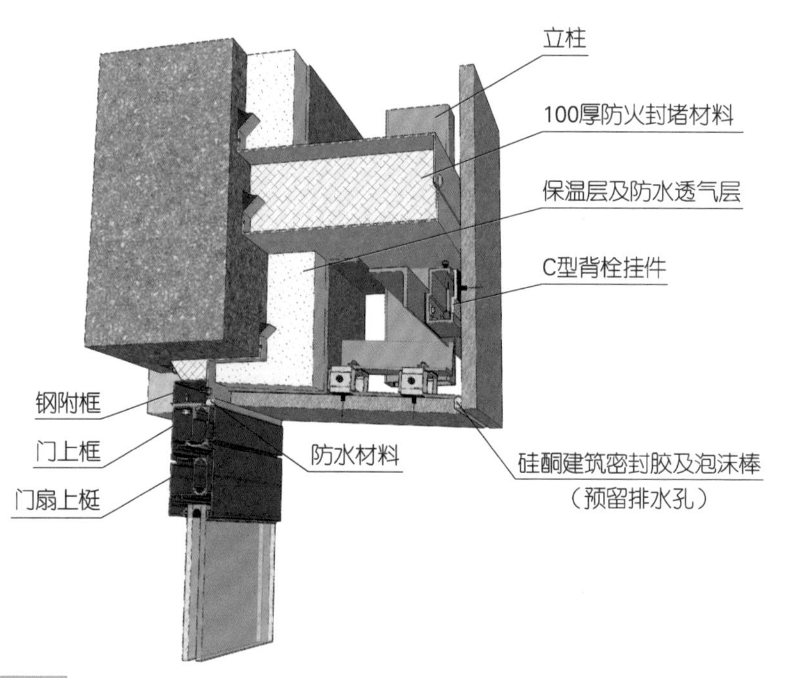

立柱

100厚防火封堵材料

保温层及防水透气层

C型背栓挂件

钢附框

门上框

防水材料

门扇上梃

硅酮建筑密封胶及泡沫棒
（预留排水孔）

门顶竖剖节点图

90°转角横剖节点图 A39

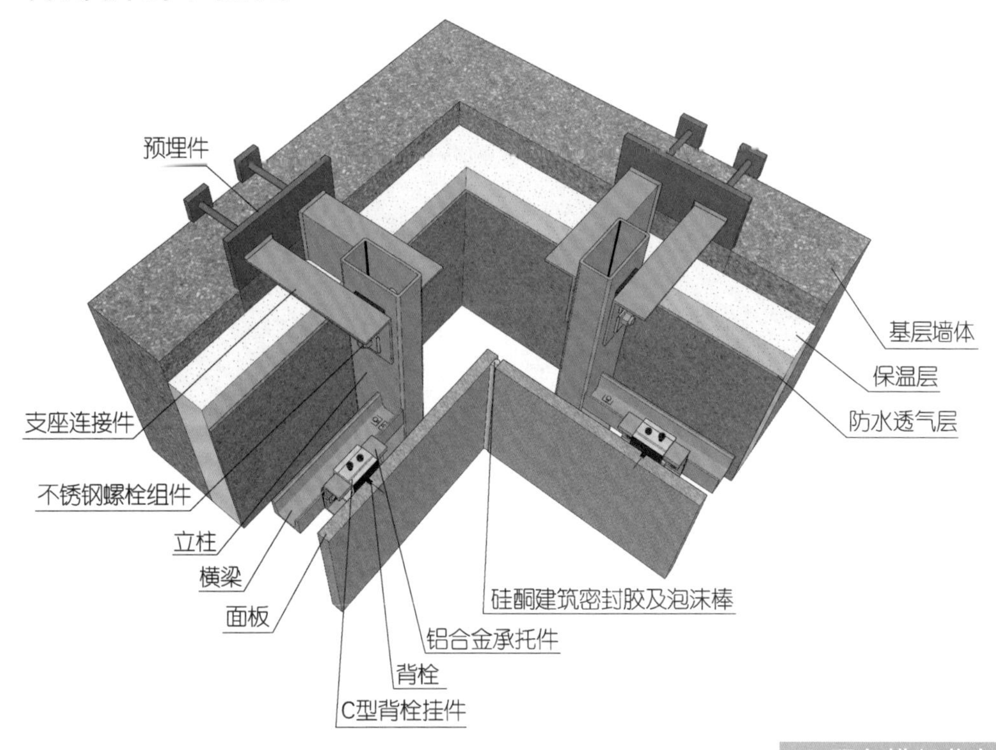

预埋件

支座连接件

不锈钢螺栓组件

立柱

横梁

面板

C型背栓挂件

背栓

铝合金承托件

硅酮建筑密封胶及泡沫棒

基层墙体

保温层

防水透气层

90°阴角横剖节点图

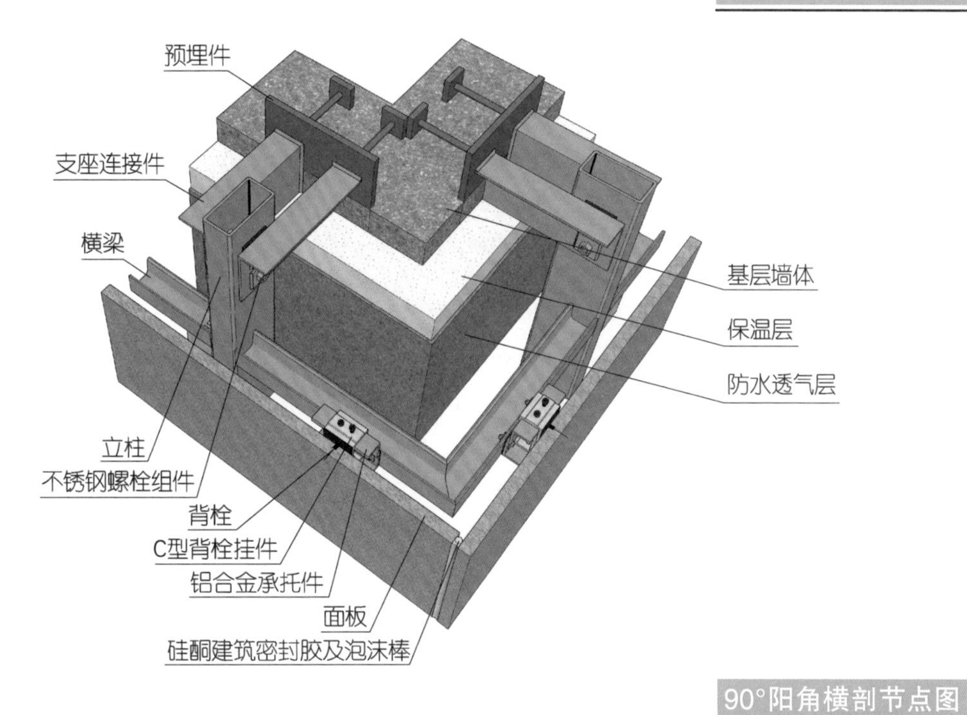

预埋件

支座连接件

横梁

基层墙体

保温层

防水透气层

立柱

不锈钢螺栓组件

背栓

C型背栓挂件

铝合金承托件

面板

硅酮建筑密封胶及泡沫棒

90°阳角横剖节点图

135°转角横剖节点图 A40

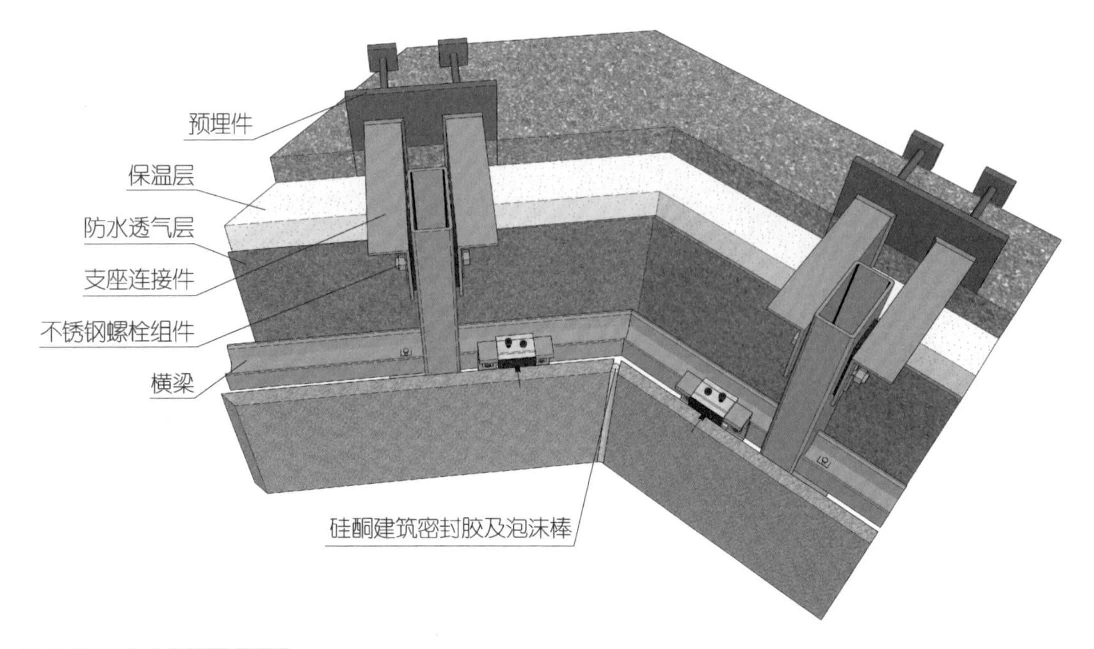

预埋件
保温层
防水透气层
支座连接件
不锈钢螺栓组件
横梁

硅酮建筑密封胶及泡沫棒

135°阴角横剖节点图

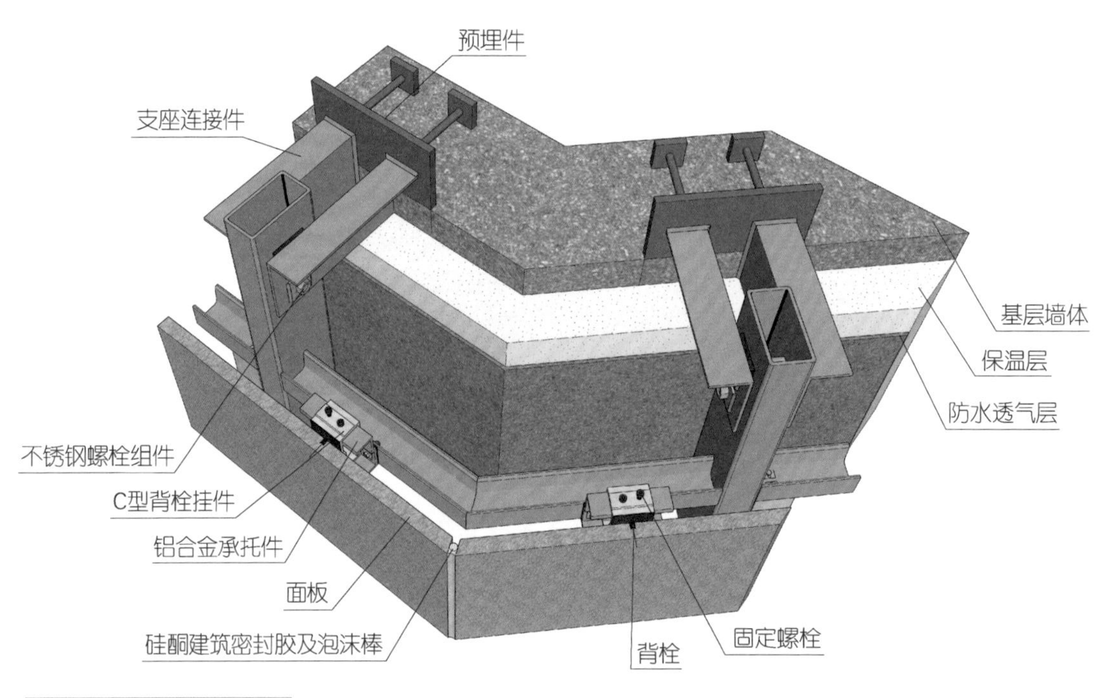

预埋件
支座连接件
基层墙体
保温层
防水透气层

不锈钢螺栓组件
C型背栓挂件
铝合金承托件
面板
硅酮建筑密封胶及泡沫棒
背栓
固定螺栓

135°阳角横剖节点图

女儿墙收口、勒脚收口节点图 A41

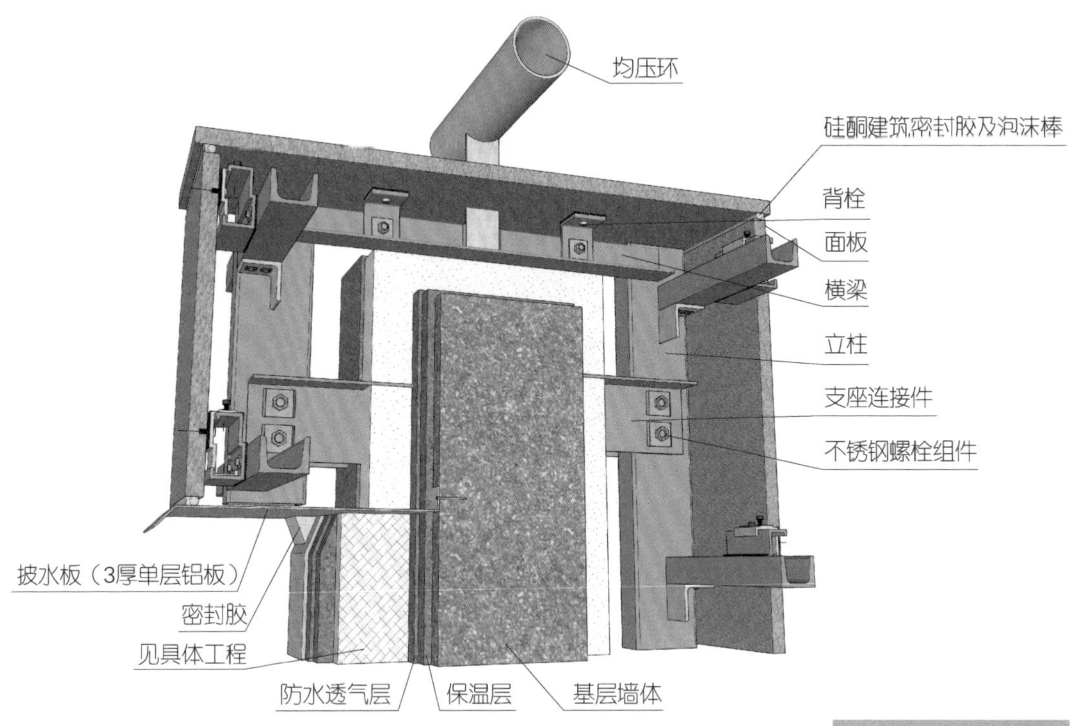

均压环

硅酮建筑密封胶及泡沫棒

背栓

面板

横梁

立柱

支座连接件

不锈钢螺栓组件

披水板（3厚单层铝板）

密封胶

见具体工程

防水透气层　保温层　基层墙体

女儿墙收口节点图

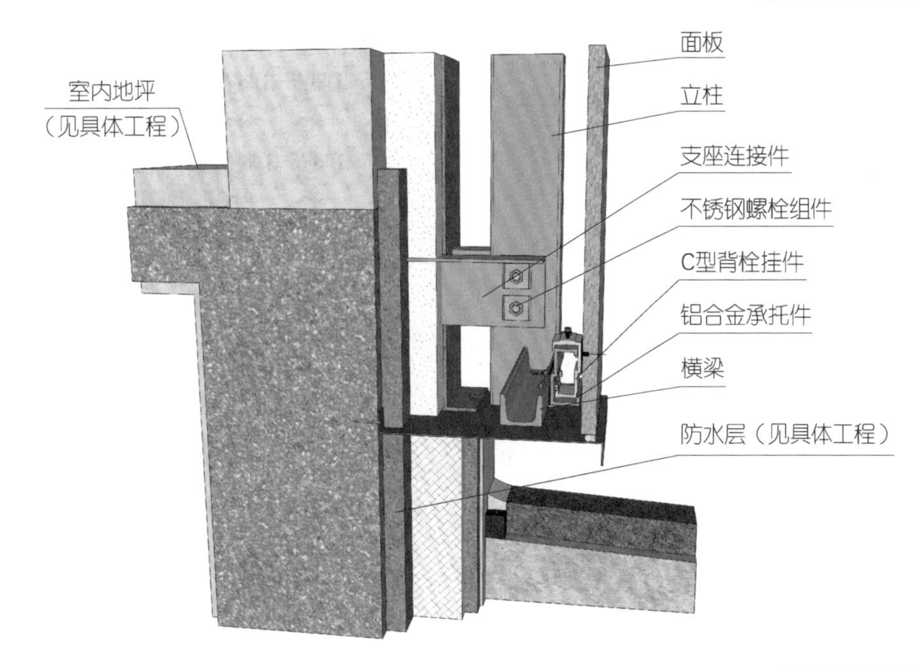

室内地坪
（见具体工程）

面板

立柱

支座连接件

不锈钢螺栓组件

C型背栓挂件

铝合金承托件

横梁

防水层（见具体工程）

勒脚收口节点图

与室外吊顶相接竖剖节点图 A42

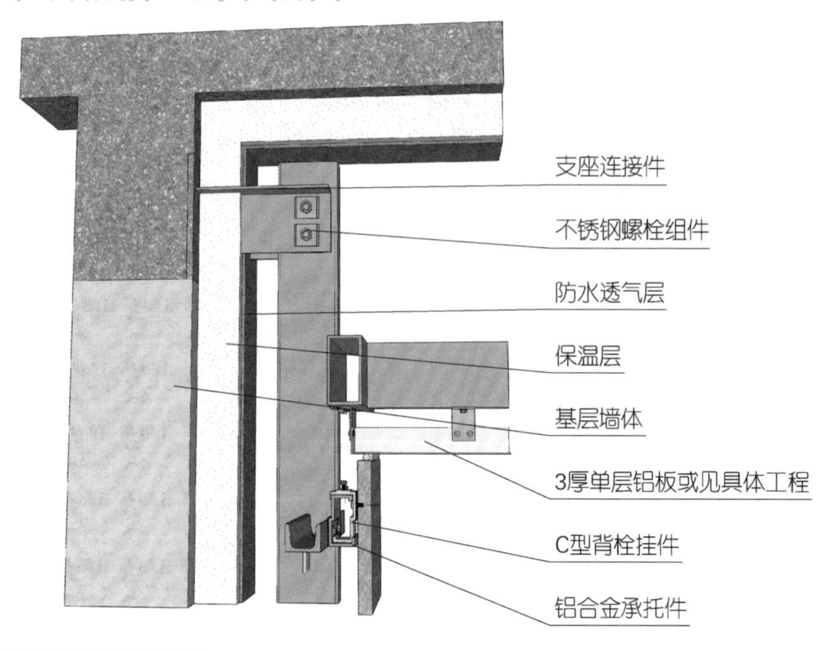

支座连接件
不锈钢螺栓组件
防水透气层
保温层
基层墙体
3厚单层铝板或见具体工程
C型背栓挂件
铝合金承托件

与吊顶相接上收口节点图

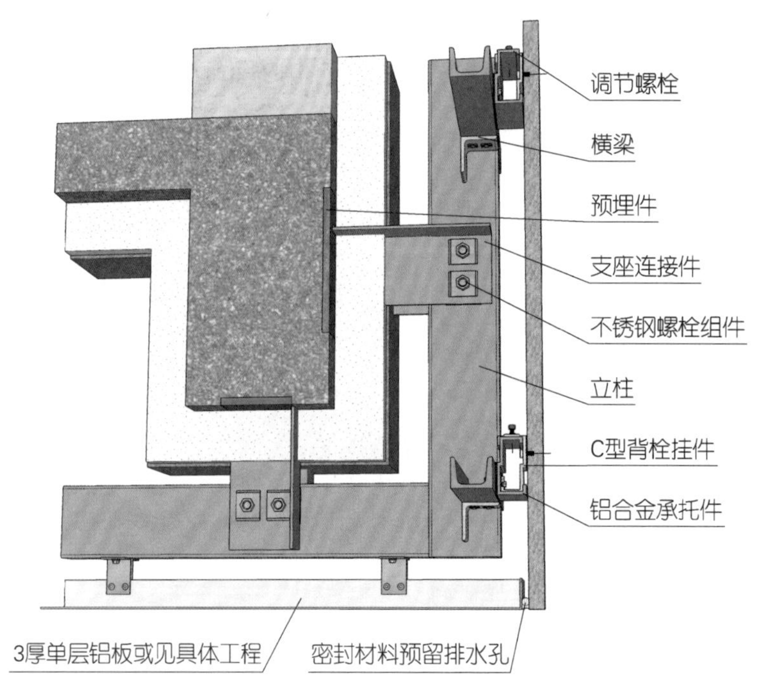

调节螺栓
横梁
预埋件
支座连接件
不锈钢螺栓组件
立柱
C型背栓挂件
铝合金承托件

3厚单层铝板或见具体工程　密封材料预留排水孔

与吊顶相接下收口节点图

侧封边、与雨篷相接节点图 A43

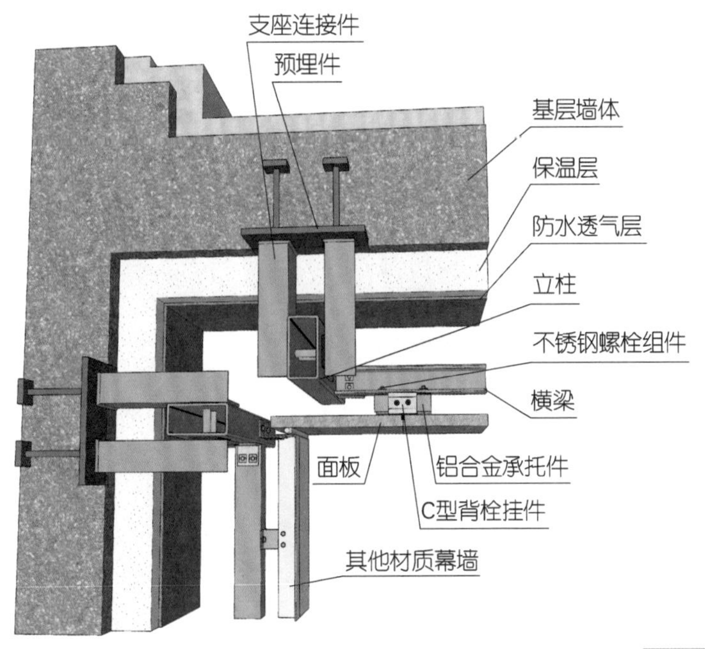

支座连接件
预埋件
基层墙体
保温层
防水透气层
立柱
不锈钢螺栓组件
横梁
面板
铝合金承托件
C型背栓挂件
其他材质幕墙

侧封边横剖节点图

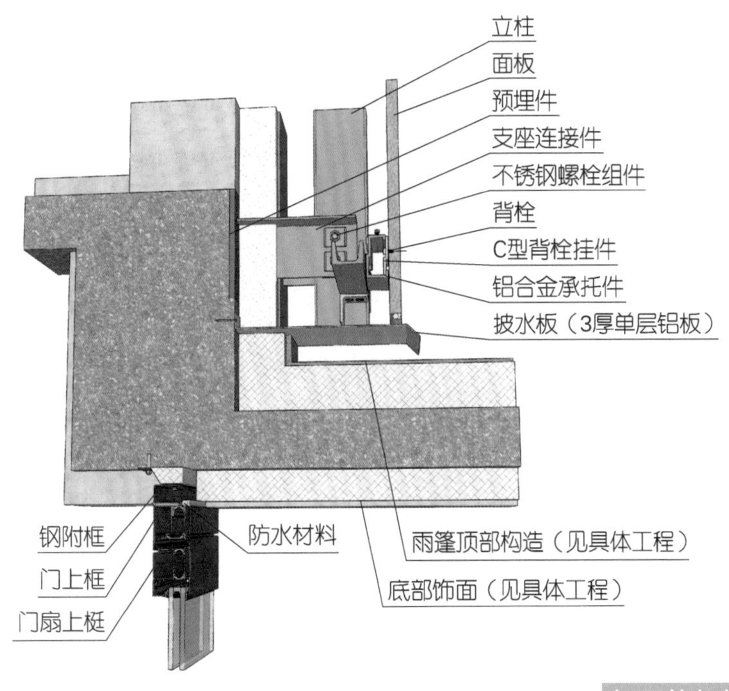

立柱
面板
预埋件
支座连接件
不锈钢螺栓组件
背栓
C型背栓挂件
铝合金承托件
披水板（3厚单层铝板）

钢附框
门上框
门扇上梃
防水材料
雨篷顶部构造（见具体工程）
底部饰面（见具体工程）

与雨篷相接竖剖节点图

与其他材质幕墙相接横竖剖节点图 A44

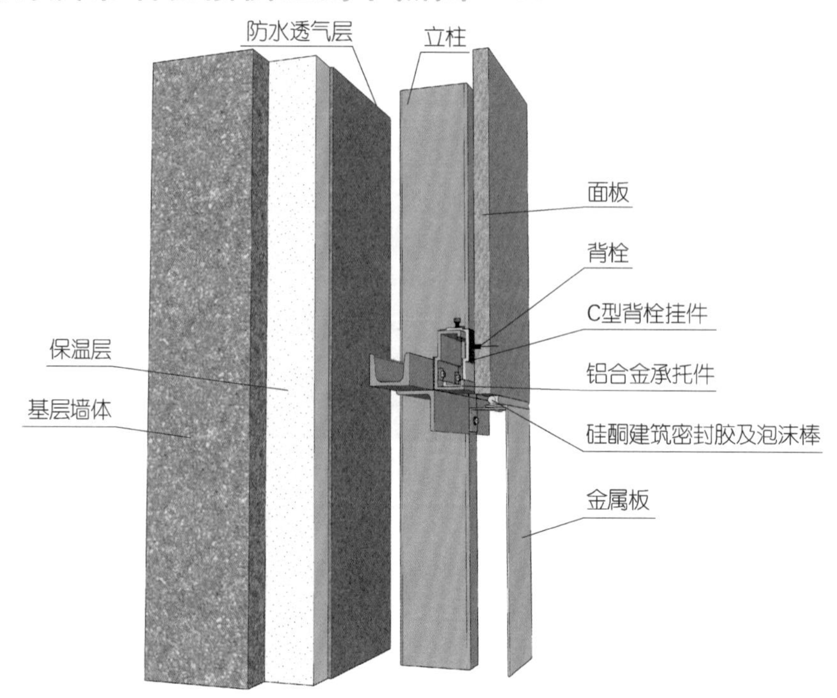

防水透气层　立柱

面板

背栓

C型背栓挂件

铝合金承托件

硅酮建筑密封胶及泡沫棒

金属板

保温层

基层墙体

上接口

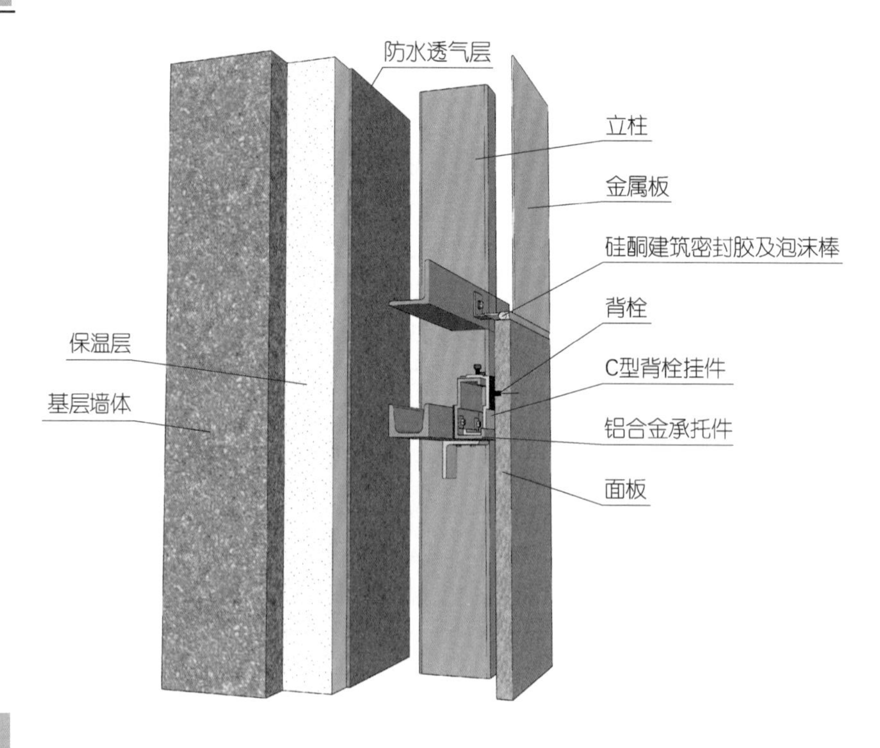

防水透气层

立柱

金属板

硅酮建筑密封胶及泡沫棒

背栓

C型背栓挂件

铝合金承托件

面板

保温层

基层墙体

下接口

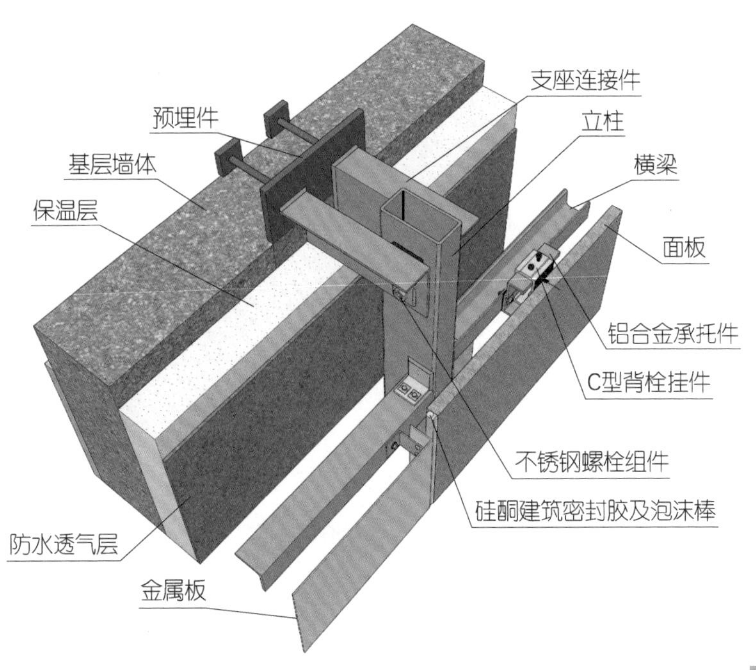

预埋件

基层墙体

保温层

支座连接件

立柱

横梁

面板

铝合金承托件

C型背栓挂件

不锈钢螺栓组件

硅酮建筑密封胶及泡沫棒

防水透气层

金属板

横剖节点图

变形缝节点图 A45

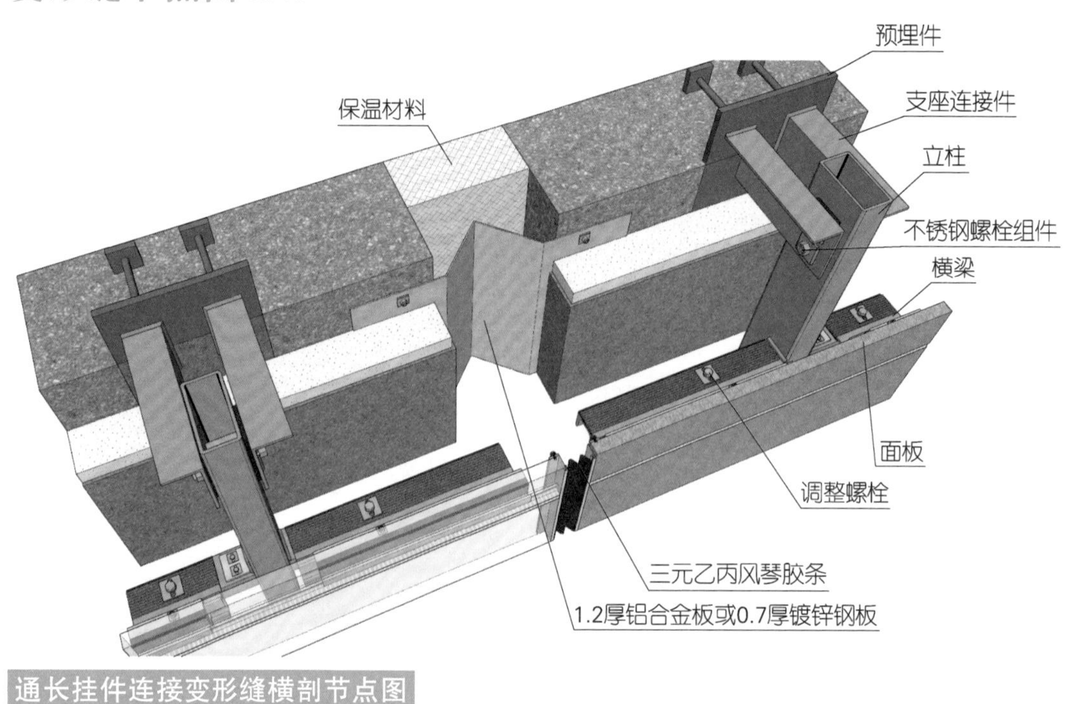

保温材料

预埋件

支座连接件

立柱

不锈钢螺栓组件

横梁

面板

调整螺栓

三元乙丙风琴胶条

1.2厚铝合金板或0.7厚镀锌钢板

通长挂件连接变形缝横剖节点图

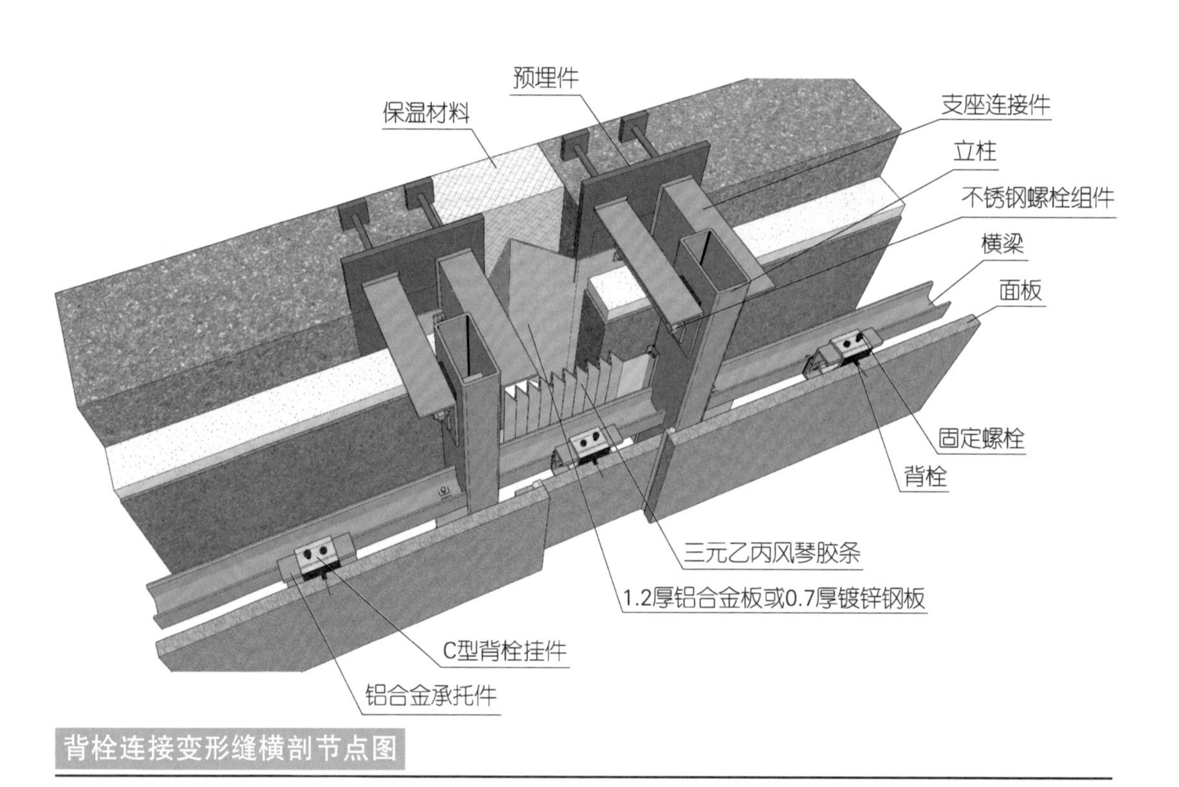

预埋件

保温材料

支座连接件

立柱

不锈钢螺栓组件

横梁

面板

固定螺栓

背栓

三元乙丙风琴胶条

1.2厚铝合金板或0.7厚镀锌钢板

C型背栓挂件

铝合金承托件

背栓连接变形缝横剖节点图

B

陶板幕墙

B.1　挂装式陶板幕墙

B.2　上插下挂式陶板幕墙

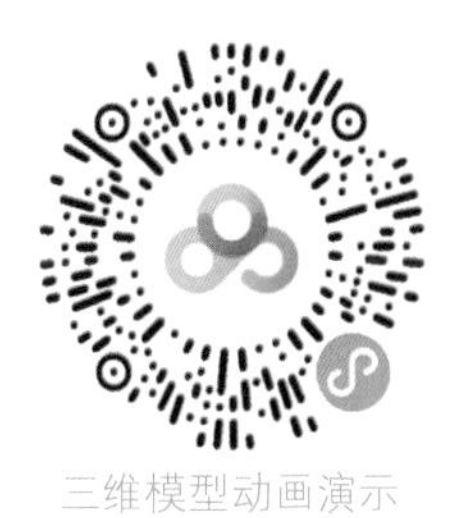

三维模型动画演示

B.1

挂装式陶板幕墙

挂装式陶板幕墙索引图B3

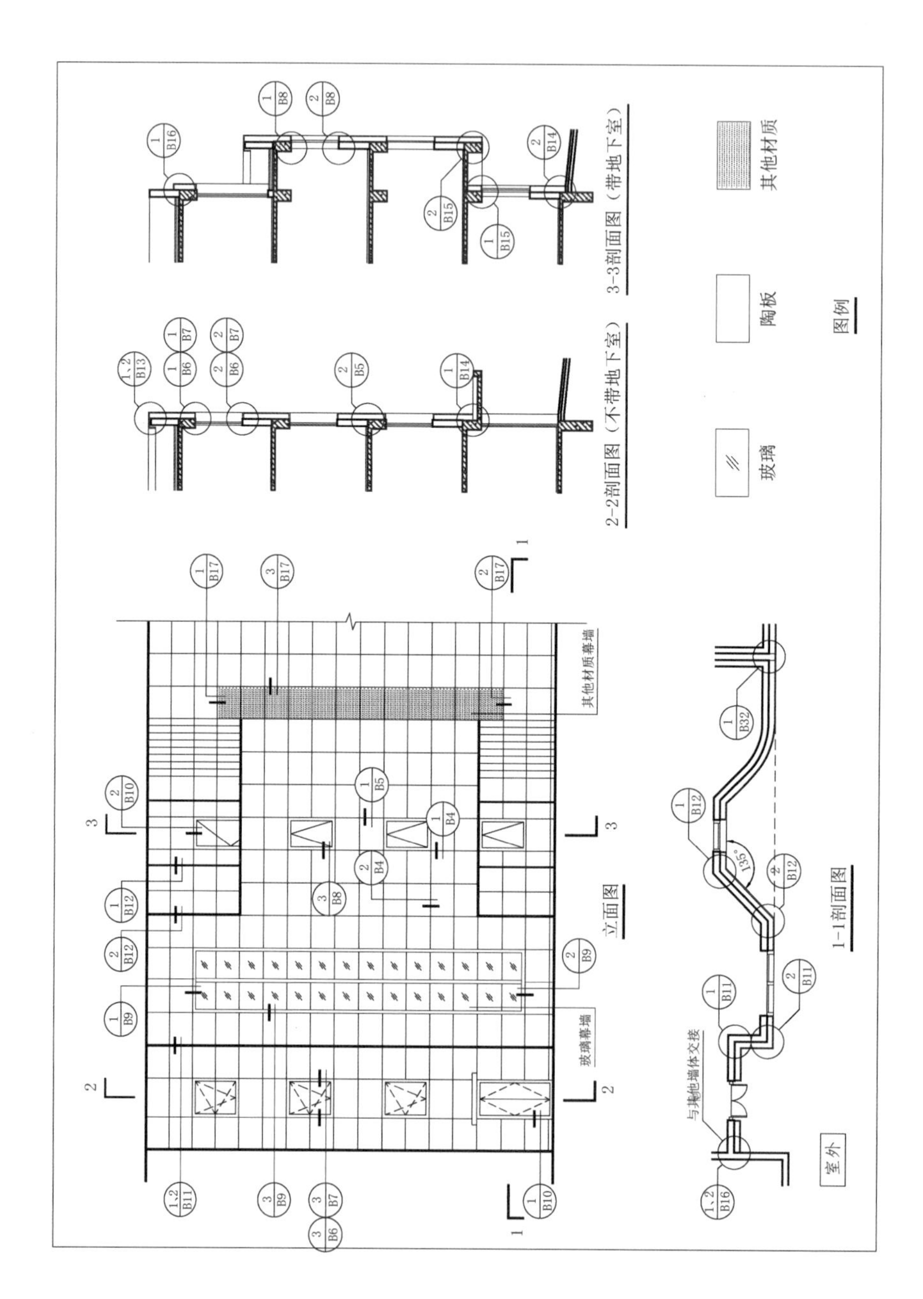

标准横竖剖节点图 B4

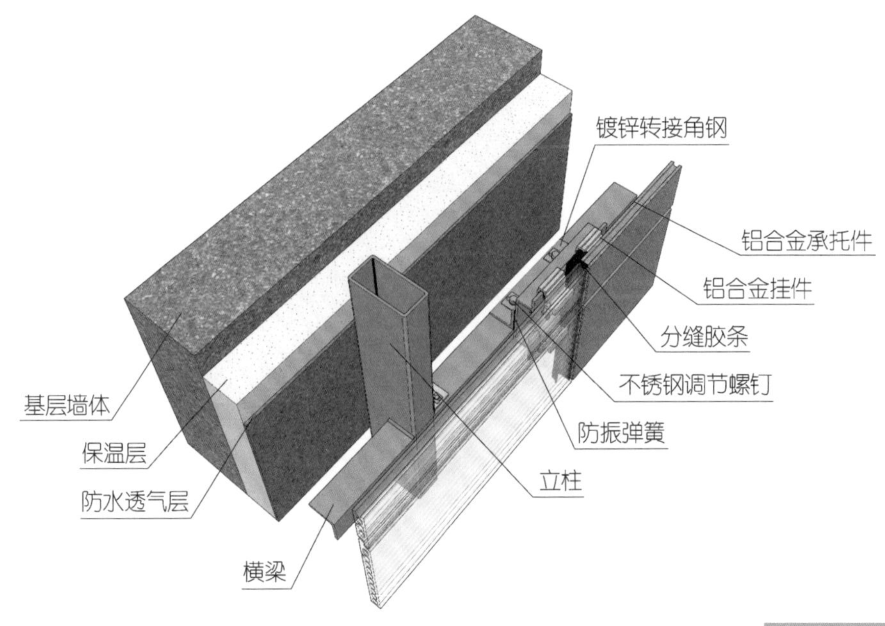

镀锌转接角钢

铝合金承托件

铝合金挂件

分缝胶条

不锈钢调节螺钉

防振弹簧

立柱

横梁

基层墙体

保温层

防水透气层

标准横剖节点图

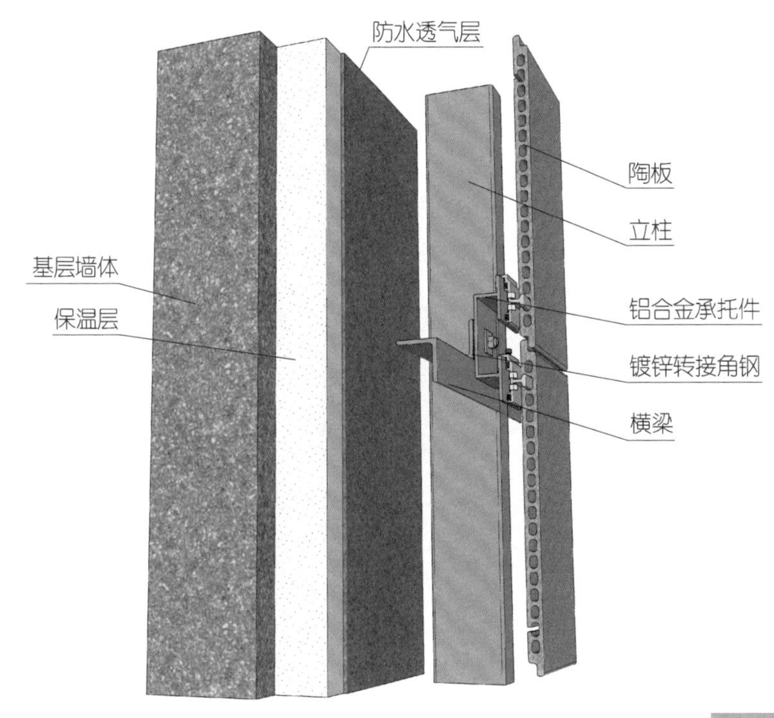

防水透气层

陶板

立柱

铝合金承托件

镀锌转接角钢

横梁

基层墙体

保温层

标准竖剖节点图

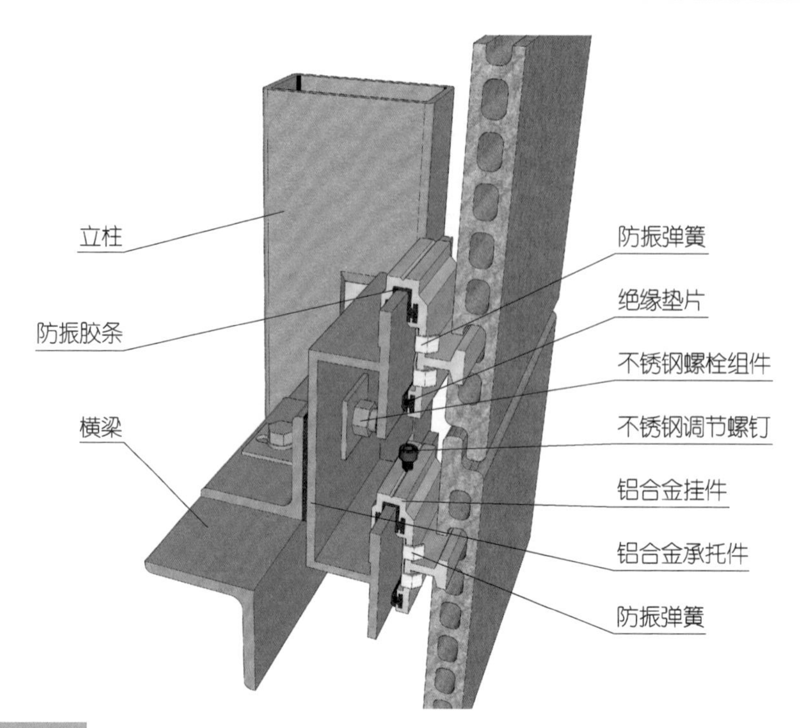

立柱

防振胶条

横梁

防振弹簧

绝缘垫片

不锈钢螺栓组件

不锈钢调节螺钉

铝合金挂件

铝合金承托件

防振弹簧

细部节点大样图

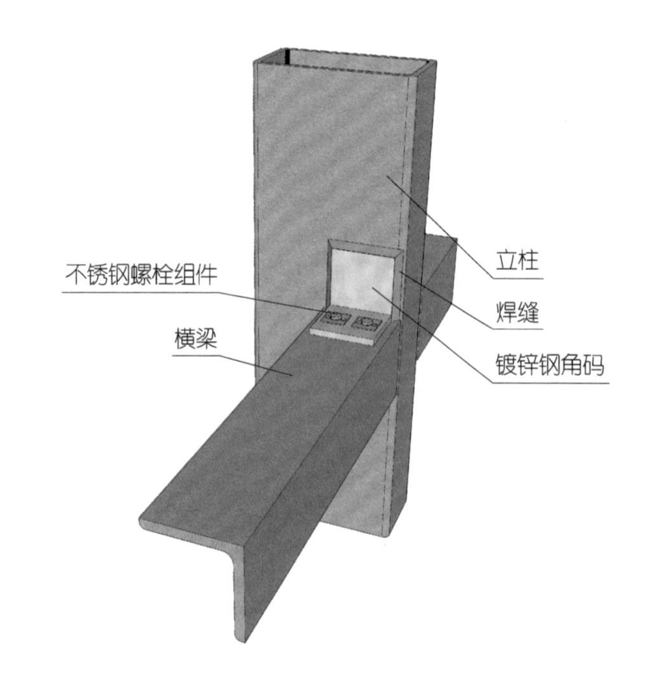

不锈钢螺栓组件

横梁

立柱

焊缝

镀锌钢角码

剖面图

层间横竖剖节点图 B5

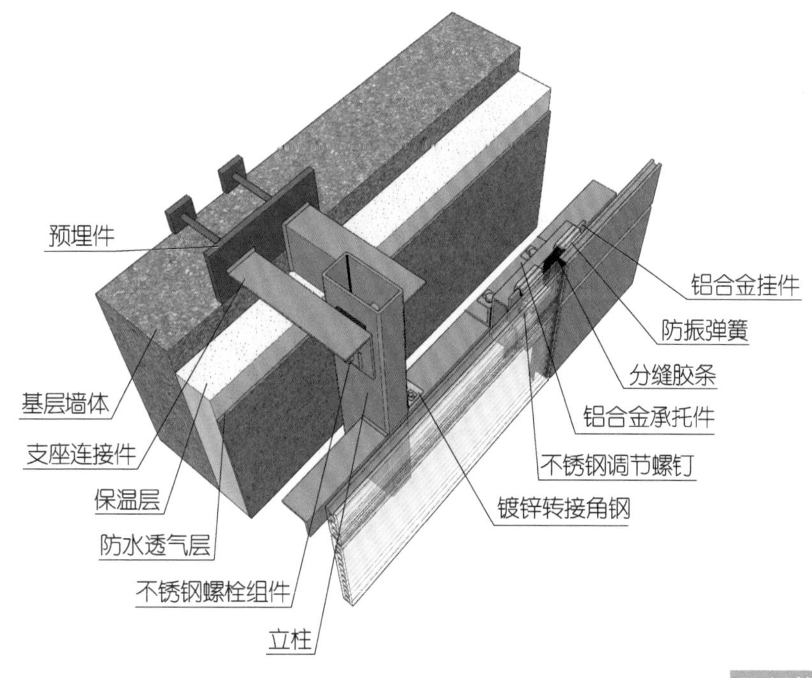

预埋件

铝合金挂件

防振弹簧

分缝胶条

铝合金承托件

基层墙体

支座连接件

不锈钢调节螺钉

保温层

镀锌转接角钢

防水透气层

不锈钢螺栓组件

立柱

层间横剖节点图

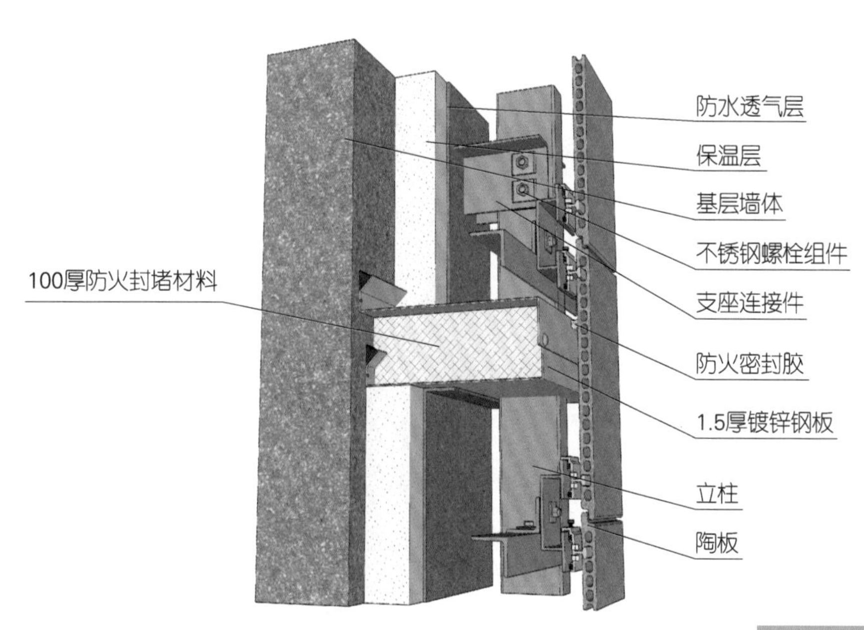

防水透气层

保温层

基层墙体

不锈钢螺栓组件

100厚防火封堵材料

支座连接件

防火密封胶

1.5厚镀锌钢板

立柱

陶板

层间竖剖节点图

凹窗横竖剖节点图 B6

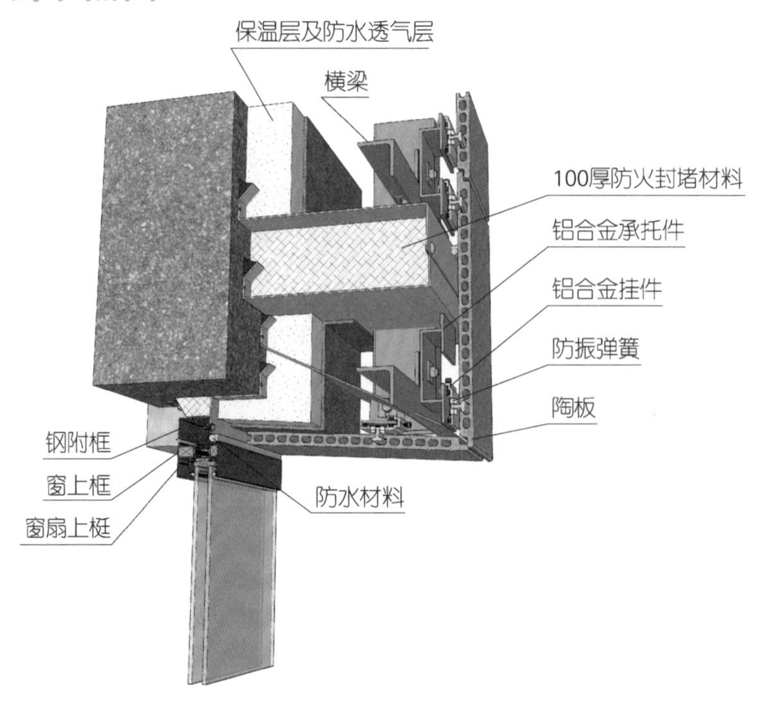

保温层及防水透气层

横梁

100厚防火封堵材料

铝合金承托件

铝合金挂件

防振弹簧

陶板

钢附框

窗上框

窗扇上梃

防水材料

窗上口

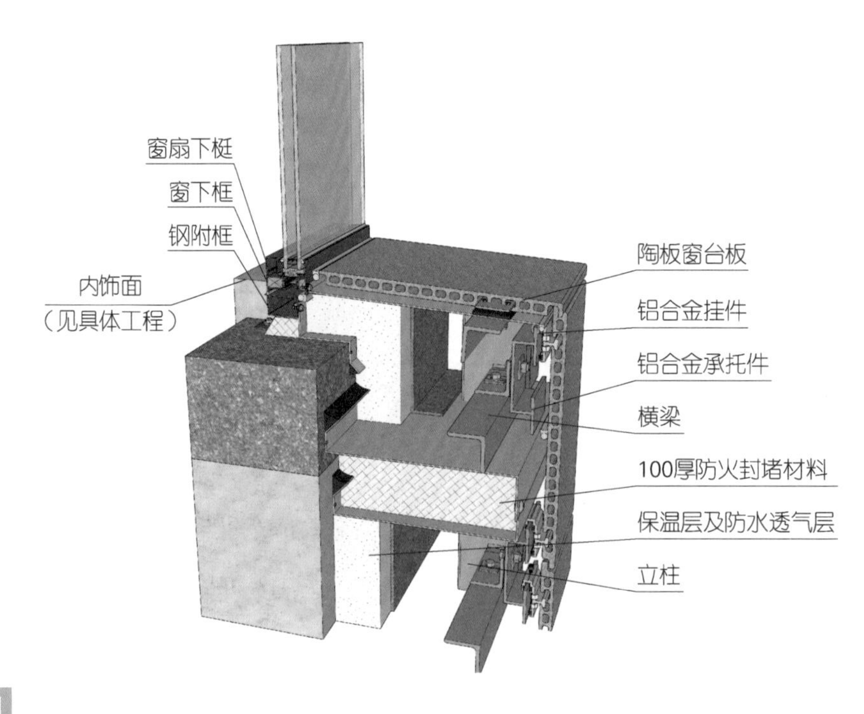

窗扇下梃

窗下框

钢附框

内饰面
（见具体工程）

陶板窗台板

铝合金挂件

铝合金承托件

横梁

100厚防火封堵材料

保温层及防水透气层

立柱

窗下口

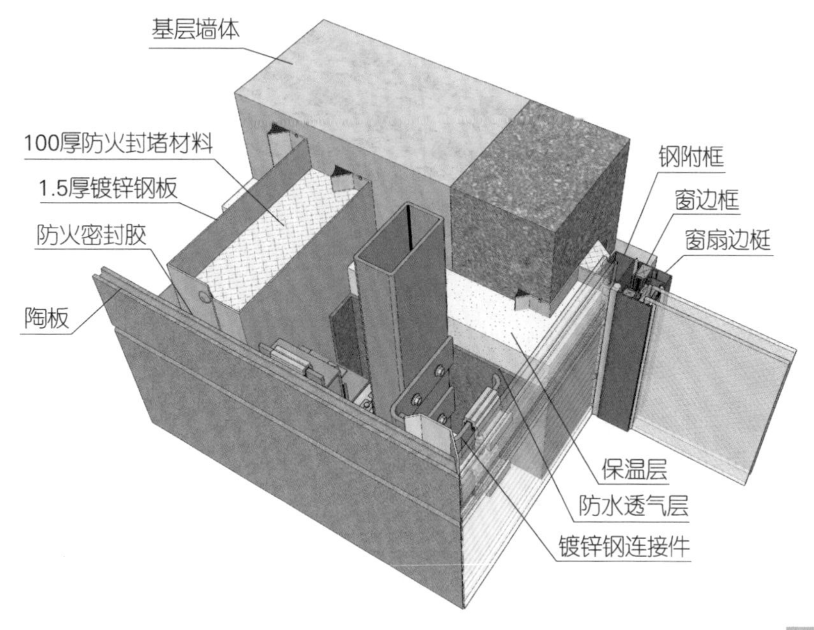

基层墙体

100厚防火封堵材料

1.5厚镀锌钢板

防火密封胶

陶板

钢附框

窗边框

窗扇边梃

保温层

防水透气层

镀锌钢连接件

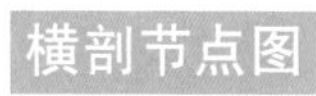

横剖节点图

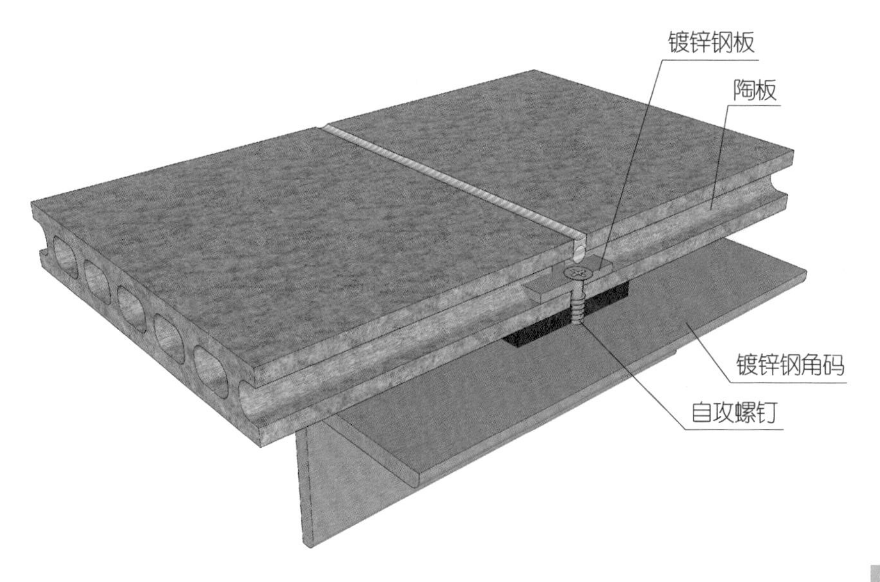

镀锌钢板

陶板

镀锌钢角码

自攻螺钉

剖面图

凹窗横竖剖节点图 B7

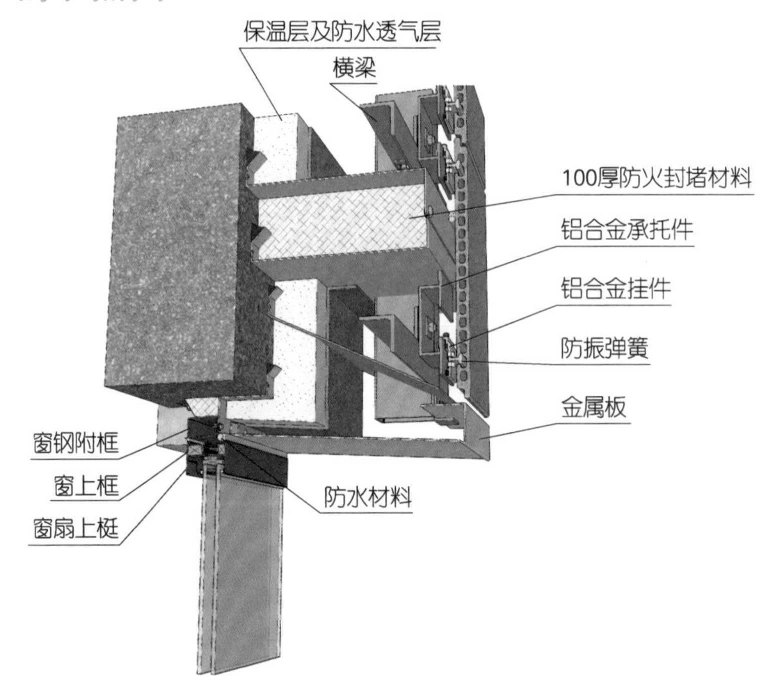

保温层及防水透气层

横梁

100厚防火封堵材料

铝合金承托件

铝合金挂件

防振弹簧

金属板

窗钢附框

窗上框

窗扇上梃

防水材料

窗上口

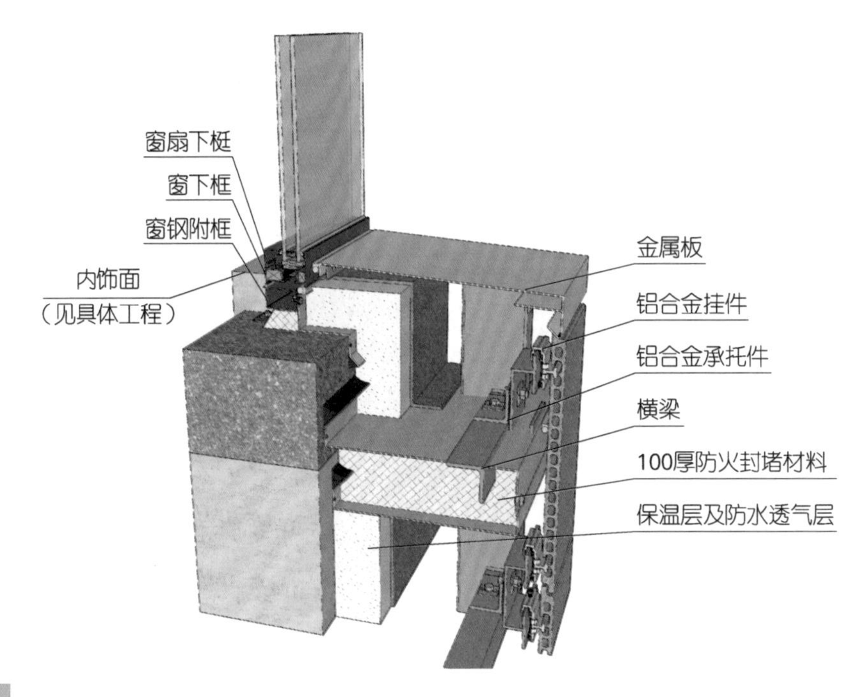

窗扇下梃

窗下框

窗钢附框

内饰面
（见具体工程）

金属板

铝合金挂件

铝合金承托件

横梁

100厚防火封堵材料

保温层及防水透气层

窗下口

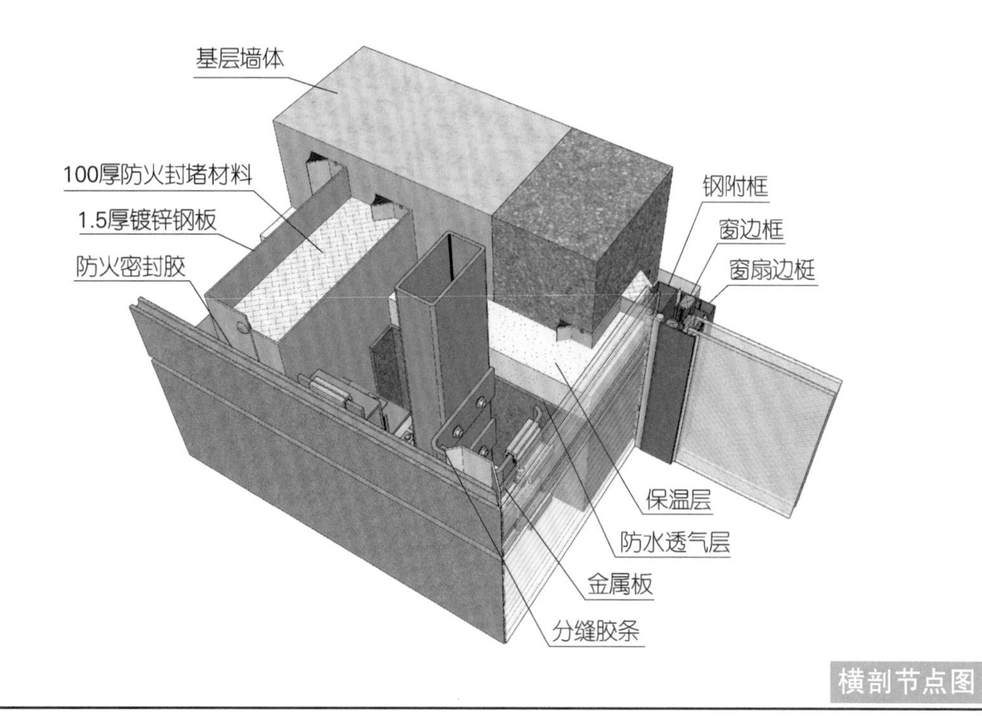

基层墙体

100厚防火封堵材料

1.5厚镀锌钢板

防火密封胶

钢附框

窗边框

窗扇边桎

保温层

防水透气层

金属板

分缝胶条

横剖节点图

平窗横竖剖节点图（开启扇）B8

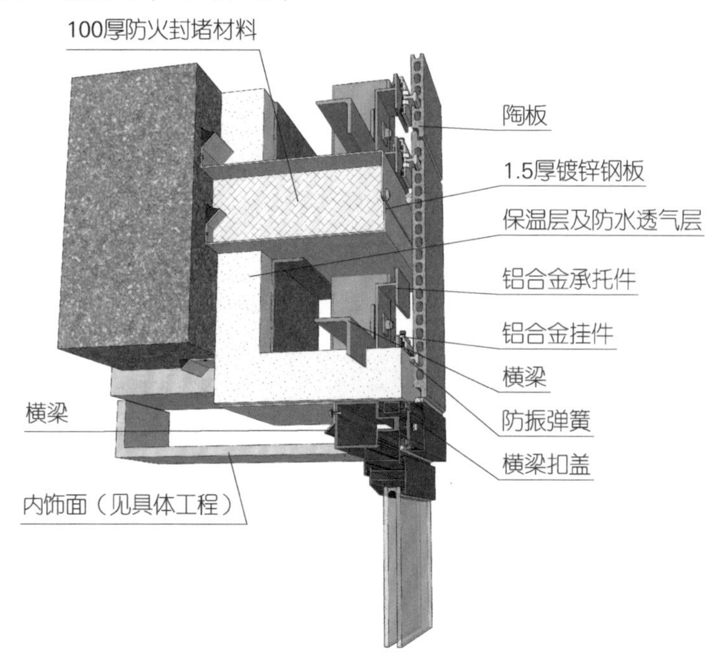

100厚防火封堵材料

陶板

1.5厚镀锌钢板

保温层及防水透气层

铝合金承托件

铝合金挂件

横梁

防振弹簧

横梁扣盖

横梁

内饰面（见具体工程）

窗上口

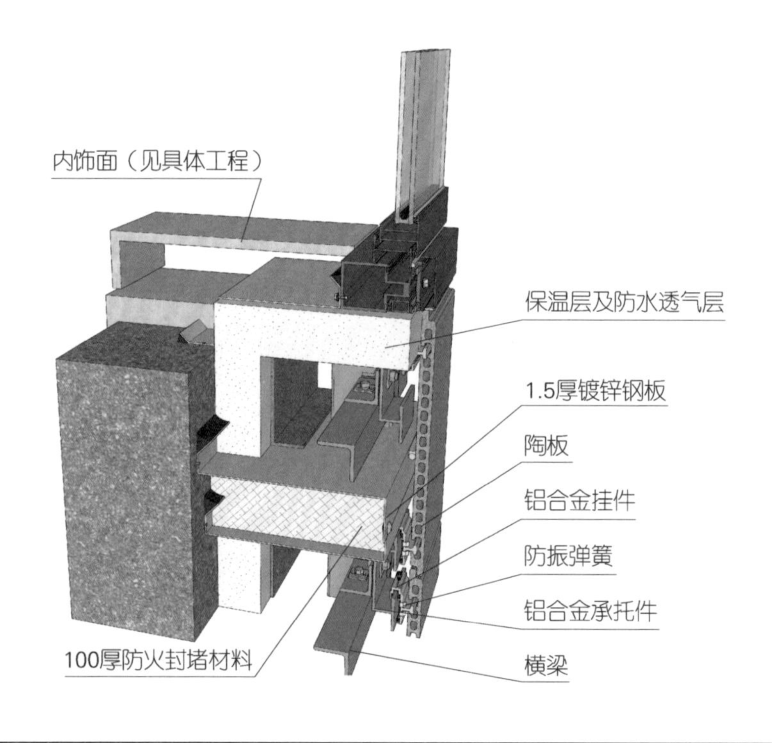

内饰面（见具体工程）

保温层及防水透气层

1.5厚镀锌钢板

陶板

铝合金挂件

防振弹簧

铝合金承托件

横梁

100厚防火封堵材料

窗下口

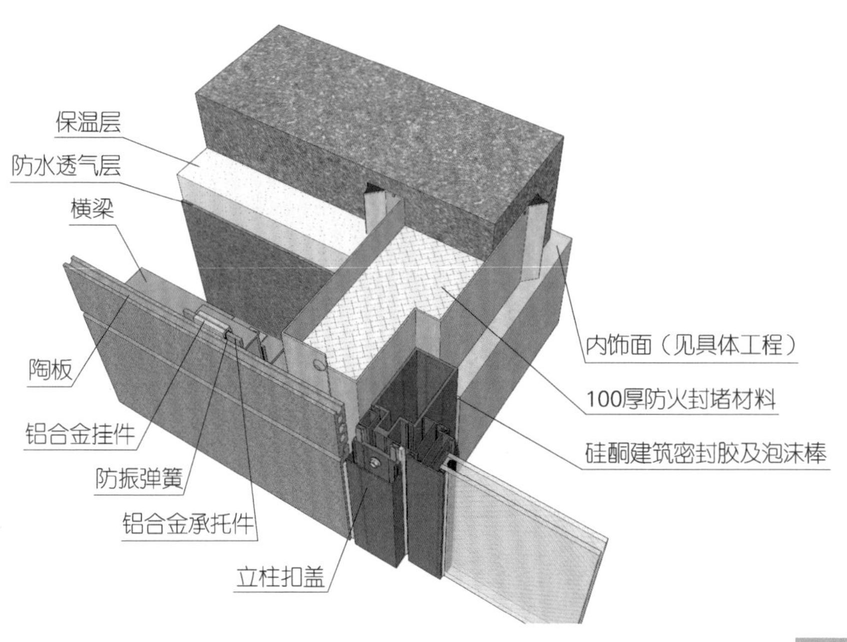

保温层

防水透气层

横梁

陶板

铝合金挂件

防振弹簧

铝合金承托件

立柱扣盖

内饰面（见具体工程）

100厚防火封堵材料

硅酮建筑密封胶及泡沫棒

横剖节点图

平窗横竖剖节点图(固定扇)B9

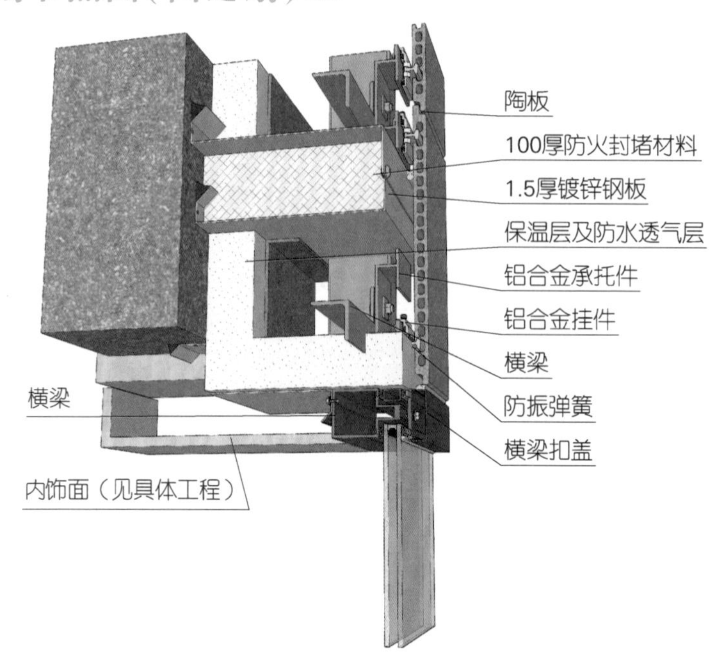

陶板
100厚防火封堵材料
1.5厚镀锌钢板
保温层及防水透气层
铝合金承托件
铝合金挂件
横梁
防振弹簧
横梁扣盖

横梁

内饰面（见具体工程）

窗上口

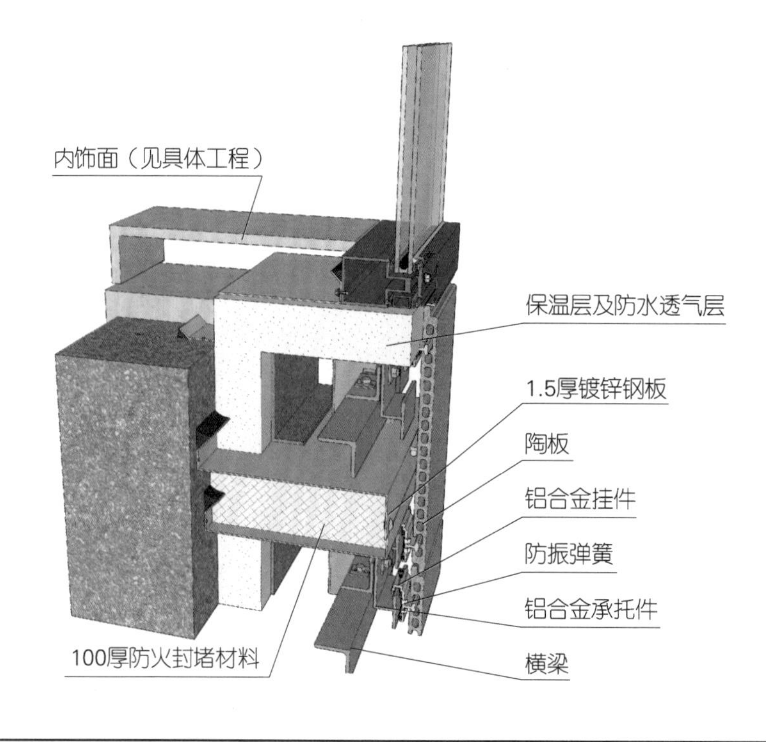

内饰面（见具体工程）

保温层及防水透气层

1.5厚镀锌钢板

陶板

铝合金挂件

防振弹簧

铝合金承托件

横梁

100厚防火封堵材料

窗下口

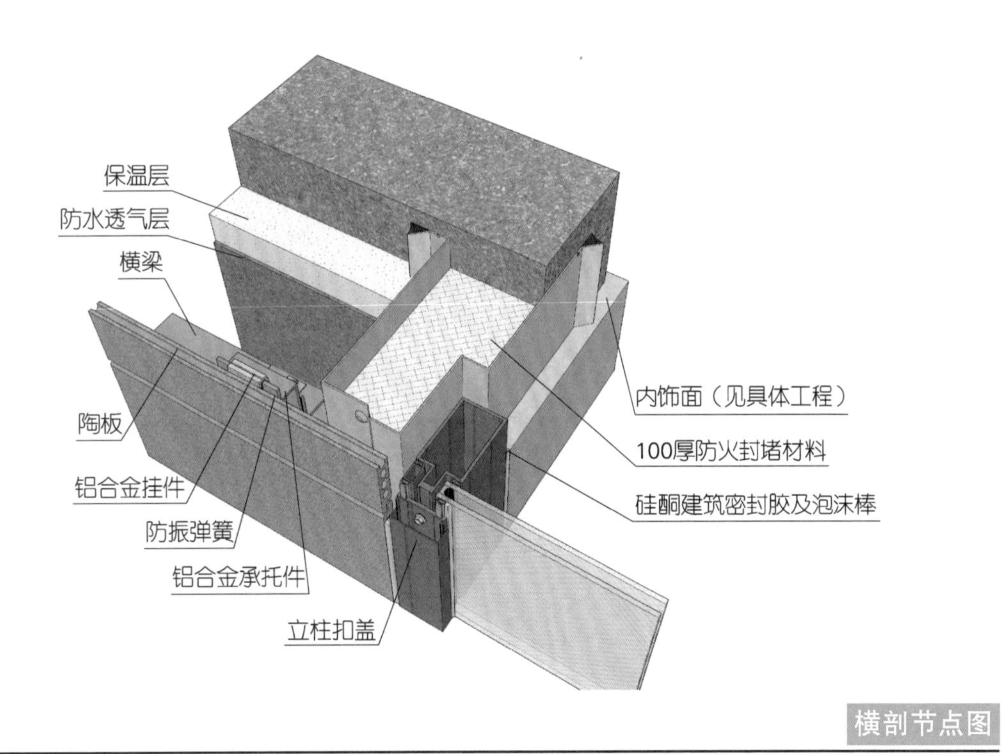

保温层

防水透气层

横梁

陶板

铝合金挂件

防振弹簧

铝合金承托件

立柱扣盖

内饰面（见具体工程）

100厚防火封堵材料

硅酮建筑密封胶及泡沫棒

横剖节点图

门横竖剖节点图 B10

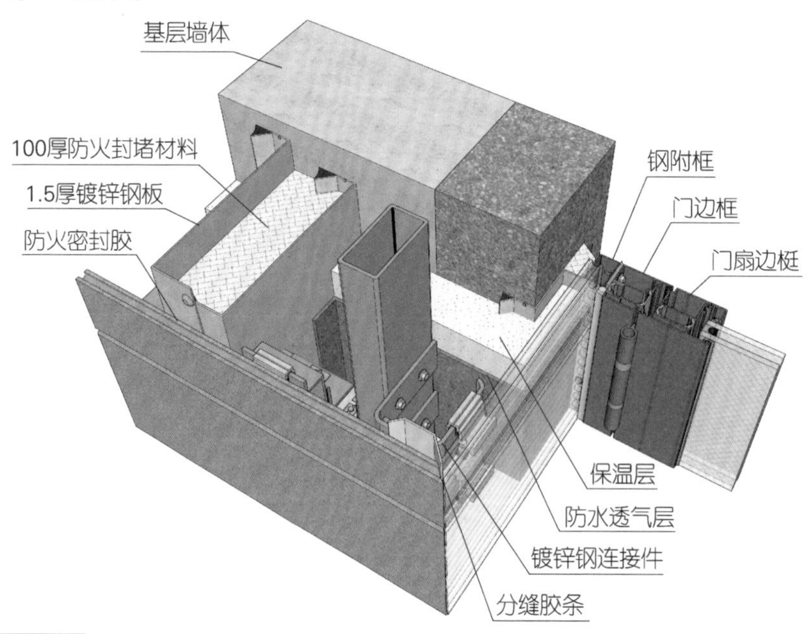

基层墙体

100厚防火封堵材料

1.5厚镀锌钢板

防火密封胶

钢附框

门边框

门扇边梃

保温层

防水透气层

镀锌钢连接件

分缝胶条

门侧横剖节点图

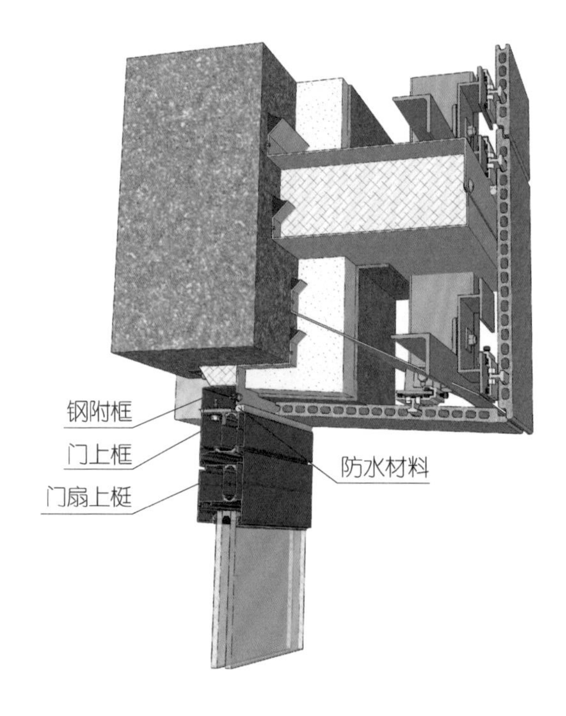

钢附框

门上框

门扇上梃

防水材料

门顶竖剖节点图

90°转角横剖节点图 B11

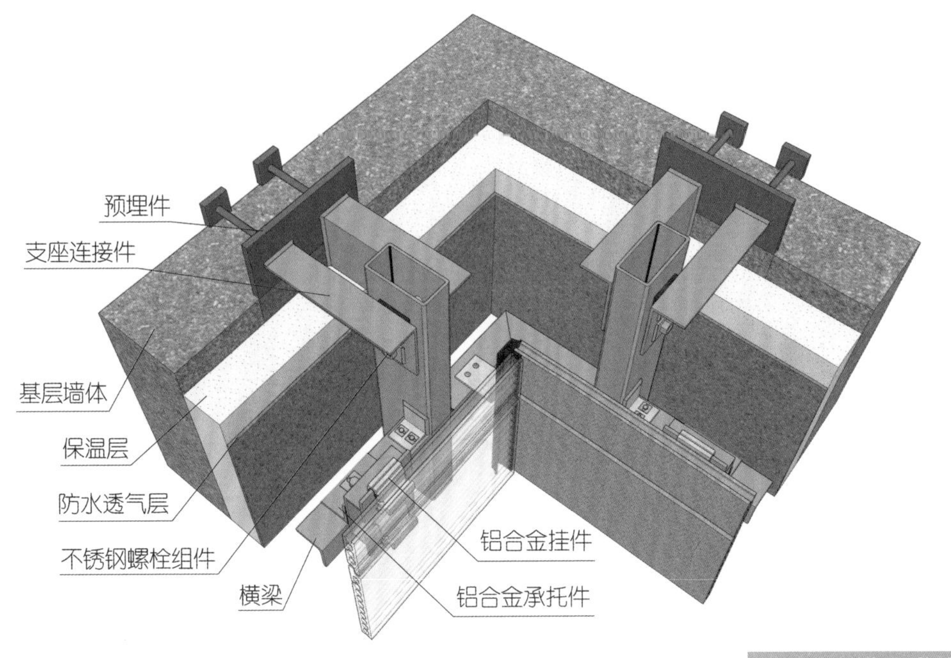

预埋件

支座连接件

基层墙体

保温层

防水透气层

不锈钢螺栓组件

横梁

铝合金挂件

铝合金承托件

90°阴角横剖节点图

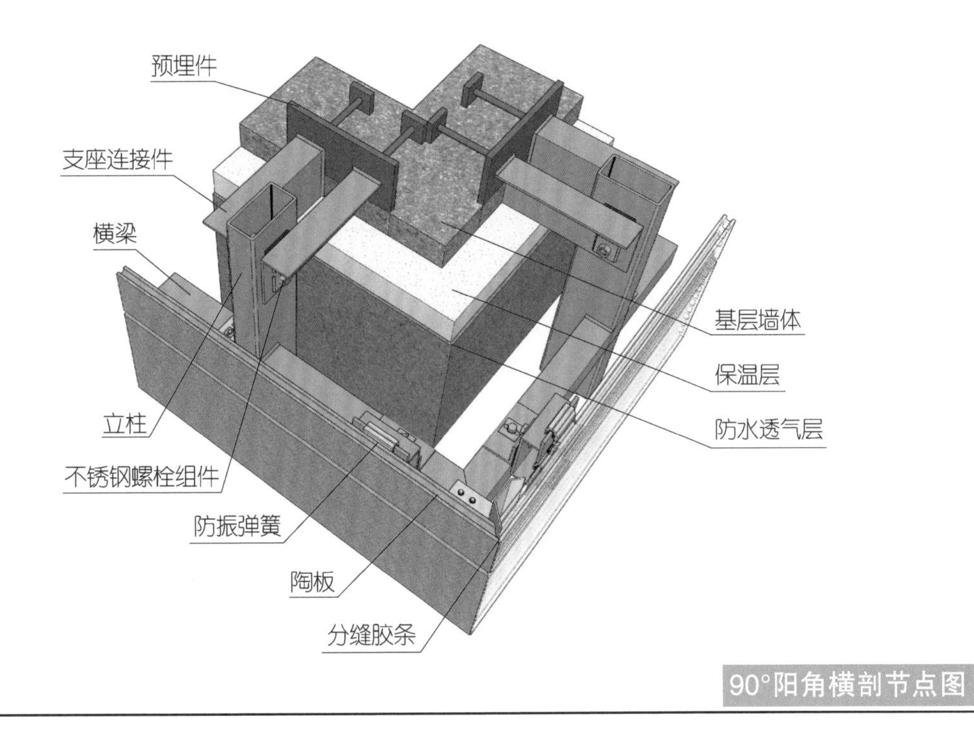

预埋件

支座连接件

横梁

立柱

不锈钢螺栓组件

防振弹簧

陶板

分缝胶条

基层墙体

保温层

防水透气层

90°阳角横剖节点图

135°转角横剖节点图 B12

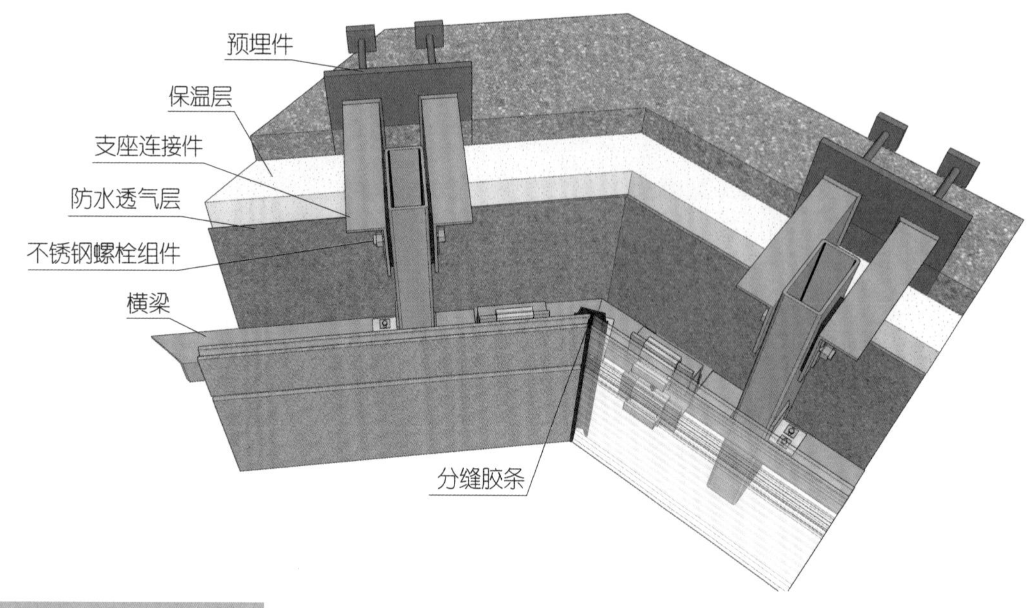

预埋件
保温层
支座连接件
防水透气层
不锈钢螺栓组件
横梁
分缝胶条

135°阴角横剖节点图

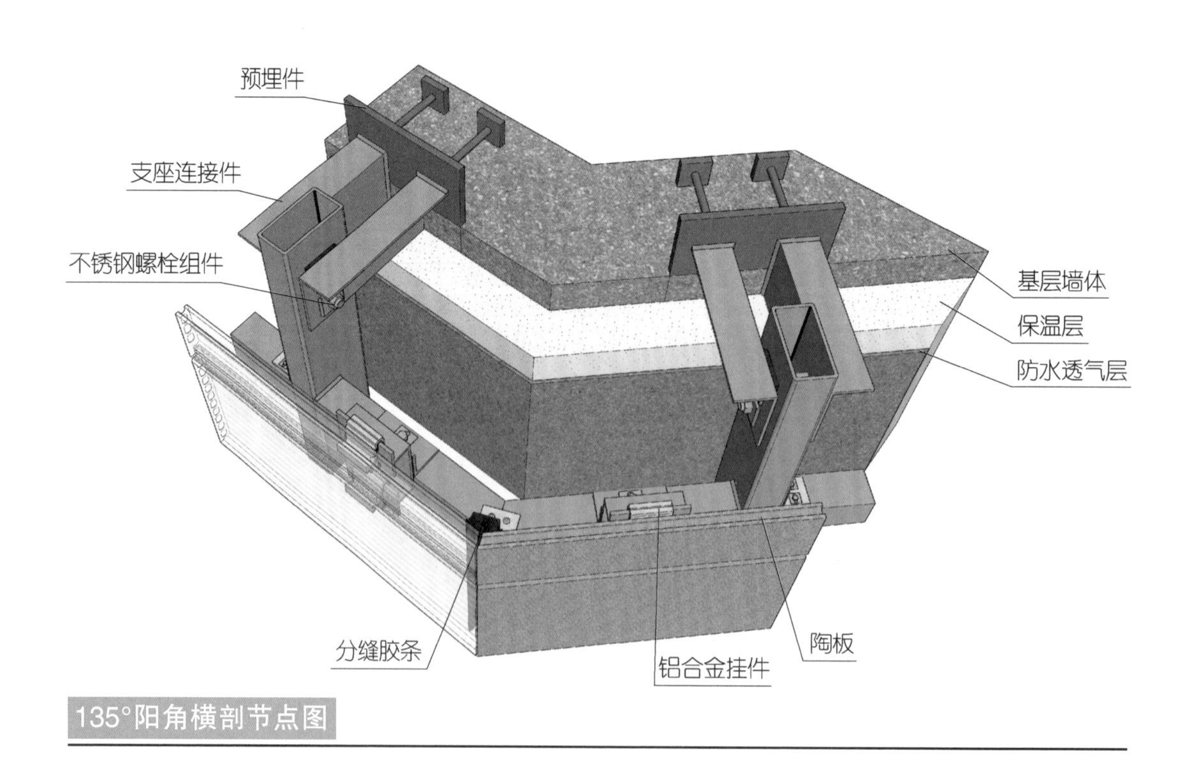

预埋件
支座连接件
不锈钢螺栓组件
基层墙体
保温层
防水透气层
分缝胶条
铝合金挂件
陶板

135°阳角横剖节点图

女儿墙收口节点图 B13

均压环

保温层
防水透气层
披水板（3厚单层铝板）

3厚单层铝板
密封胶

陶板
立柱

支座连接件
不锈钢螺栓组件

基层墙体
见具体工程

女儿墙收口节点图一

均压环

保温层
防水透气层
3厚单层铝板

披水板（3厚单层铝板）

密封胶

陶板
立柱

支座连接件
不锈钢螺栓组件

基层墙体
见具体工程

女儿墙收口节点图二

与雨篷相接、勒脚收口节点图 B14

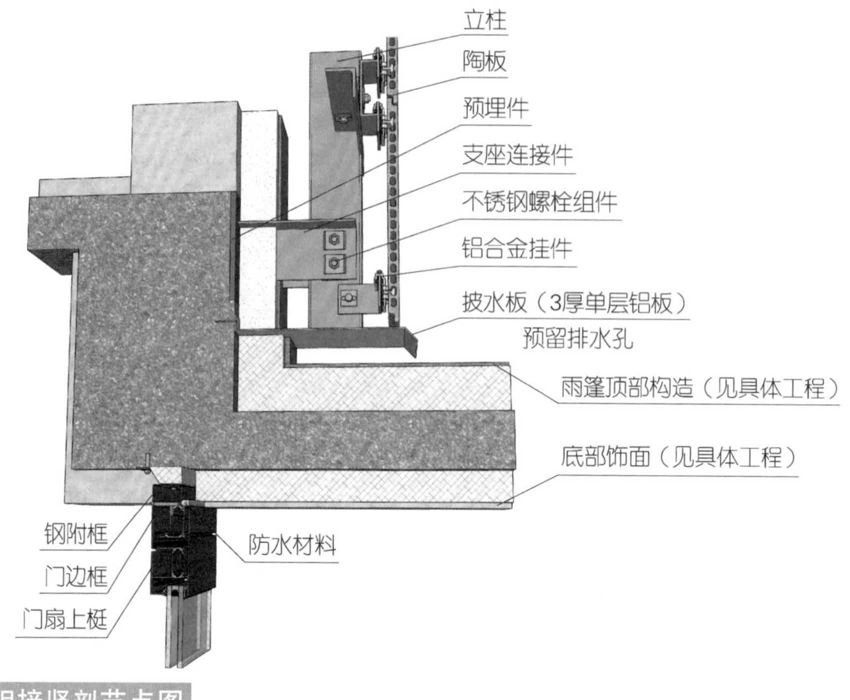

立柱
陶板
预埋件
支座连接件
不锈钢螺栓组件
铝合金挂件
披水板（3厚单层铝板）
预留排水孔
雨篷顶部构造（见具体工程）
底部饰面（见具体工程）

钢附框
门边框
门扇上梃
防水材料

与雨篷相接竖剖节点图

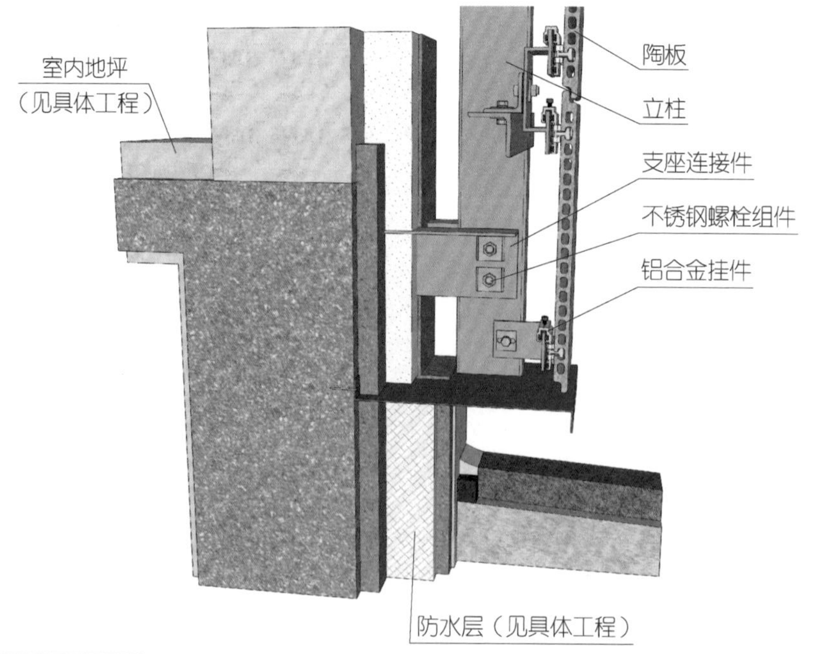

室内地坪
（见具体工程）

陶板
立柱

支座连接件
不锈钢螺栓组件
铝合金挂件

防水层（见具体工程）

勒脚收口竖剖节点图

与室外吊顶相接竖剖节点图 B15

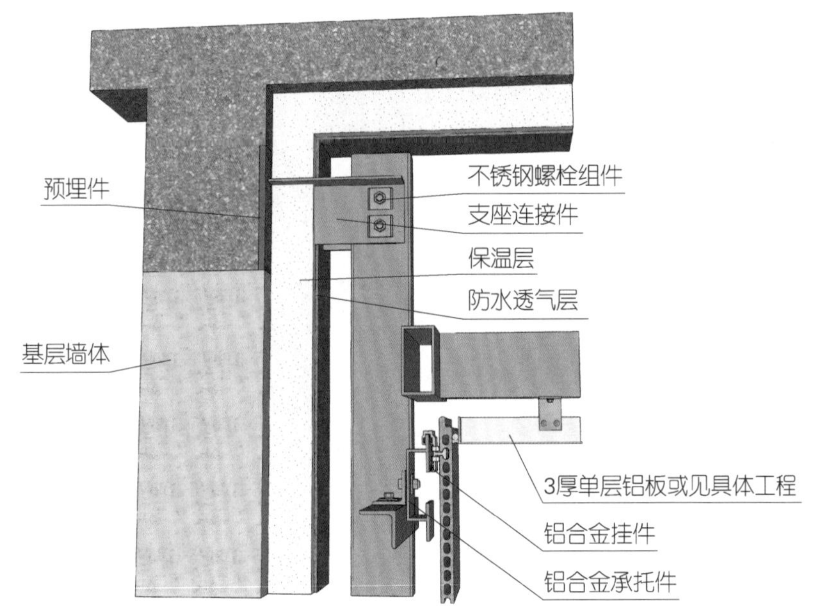

预埋件

基层墙体

不锈钢螺栓组件
支座连接件
保温层
防水透气层

3厚单层铝板或见具体工程
铝合金挂件
铝合金承托件

与吊顶相接上收口节点图

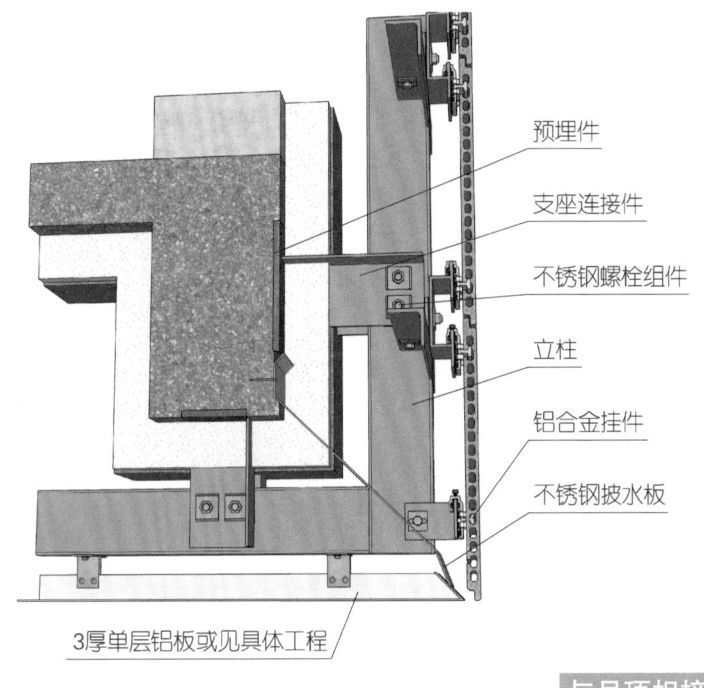

预埋件

支座连接件

不锈钢螺栓组件

立柱

铝合金挂件

不锈钢披水板

3厚单层铝板或见具体工程

与吊顶相接下收口节点图

侧封边、封顶节点图 B16

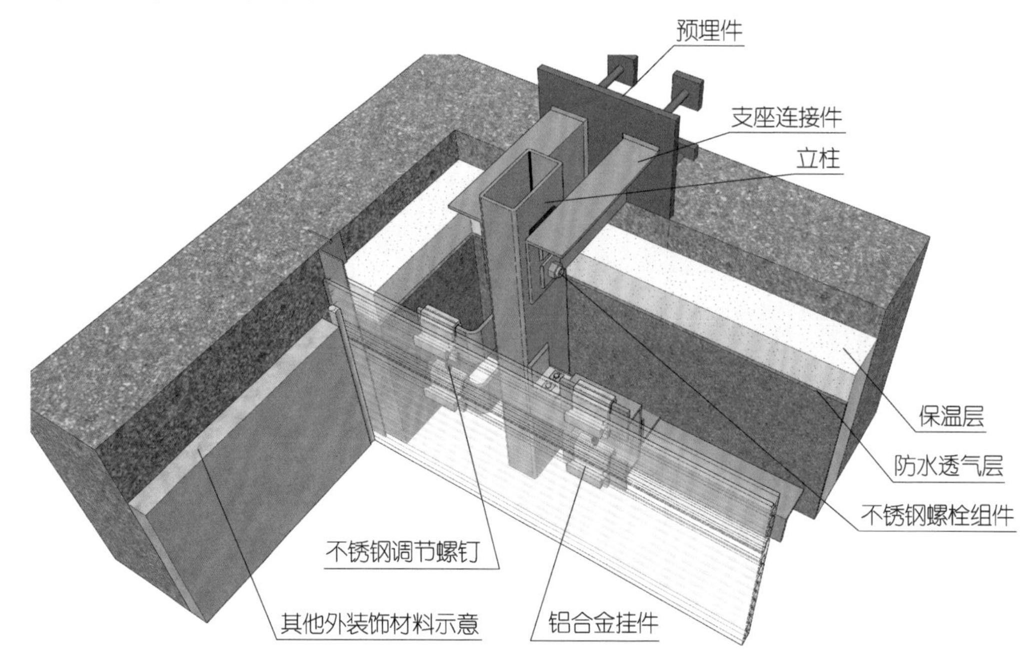

预埋件

支座连接件

立柱

保温层

防水透气层

不锈钢螺栓组件

不锈钢调节螺钉

铝合金挂件

其他外装饰材料示意

侧封边横剖节点图(一)

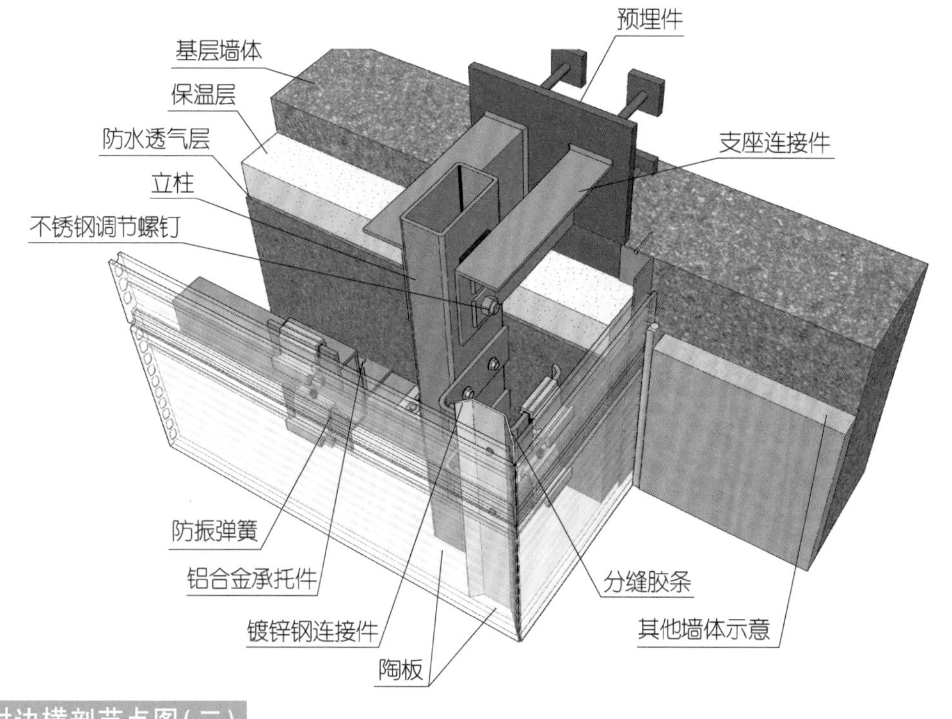

基层墙体

保温层

防水透气层

立柱

不锈钢调节螺钉

预埋件

支座连接件

防振弹簧

铝合金承托件

镀锌钢连接件

陶板

分缝胶条

其他墙体示意

侧封边横剖节点图(二)

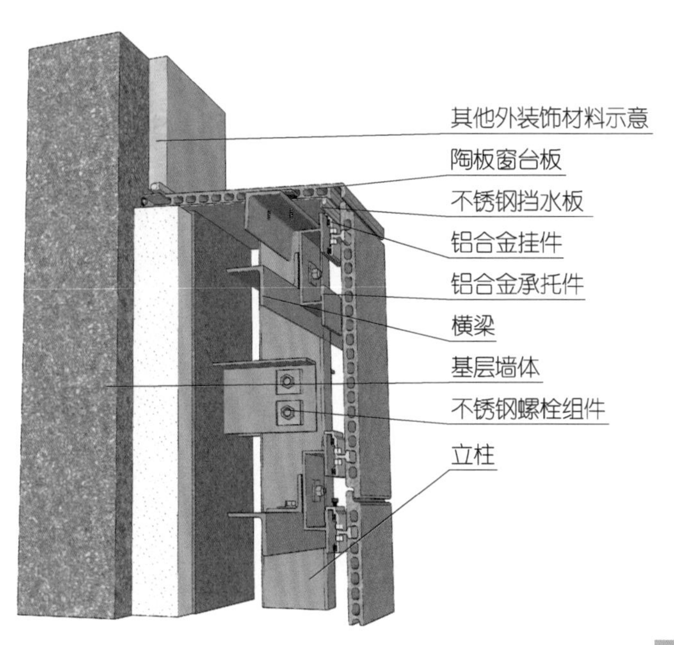

其他外装饰材料示意

陶板窗台板

不锈钢挡水板

铝合金挂件

铝合金承托件

横梁

基层墙体

不锈钢螺栓组件

立柱

封顶竖剖节点图

与其他材质幕墙相接横竖剖节点图 B17

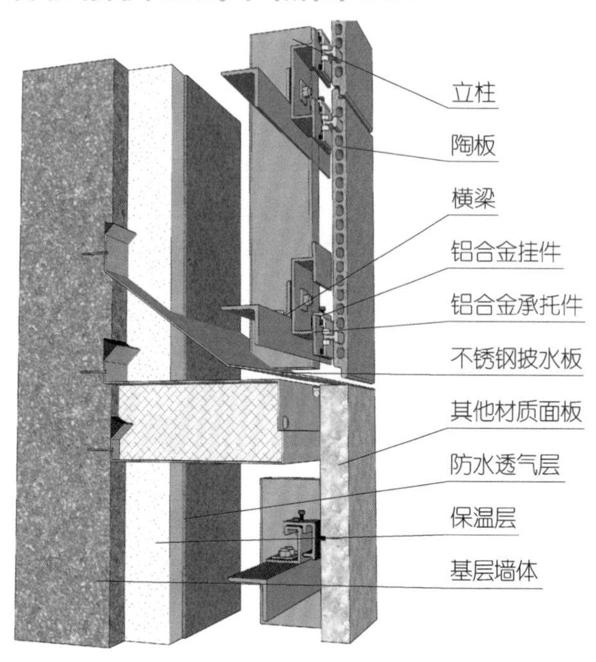

立柱
陶板
横梁
铝合金挂件
铝合金承托件
不锈钢披水板
其他材质面板
防水透气层
保温层
基层墙体

上接口

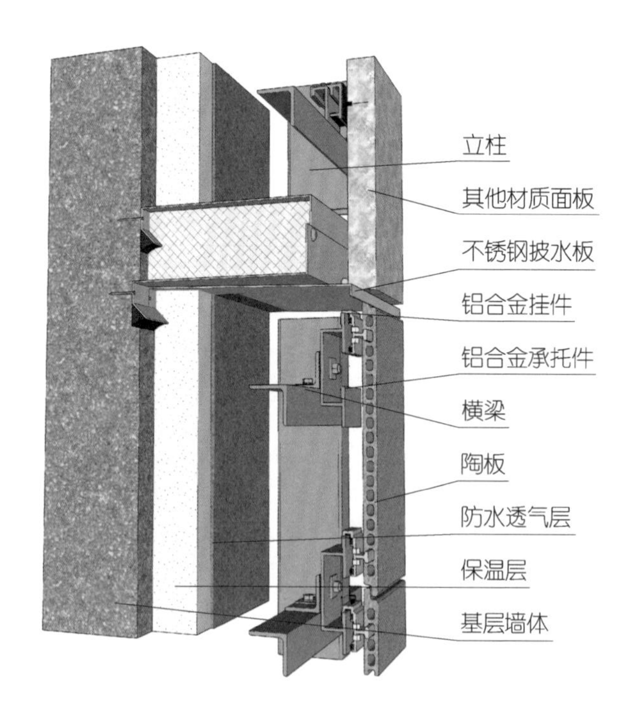

立柱
其他材质面板
不锈钢披水板
铝合金挂件
铝合金承托件
横梁
陶板
防水透气层
保温层
基层墙体

下接口

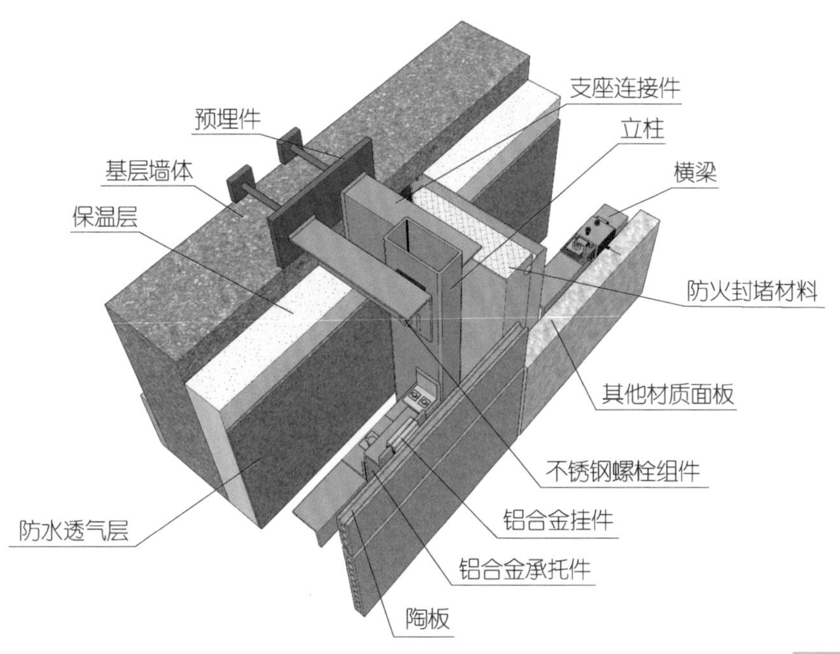

预埋件

支座连接件

立柱

横梁

基层墙体

保温层

防火封堵材料

其他材质面板

不锈钢螺栓组件

铝合金挂件

防水透气层

铝合金承托件

陶板

横剖节点图

B.2 上插下挂式陶板幕墙

上插下挂式陶板幕墙索引图B18

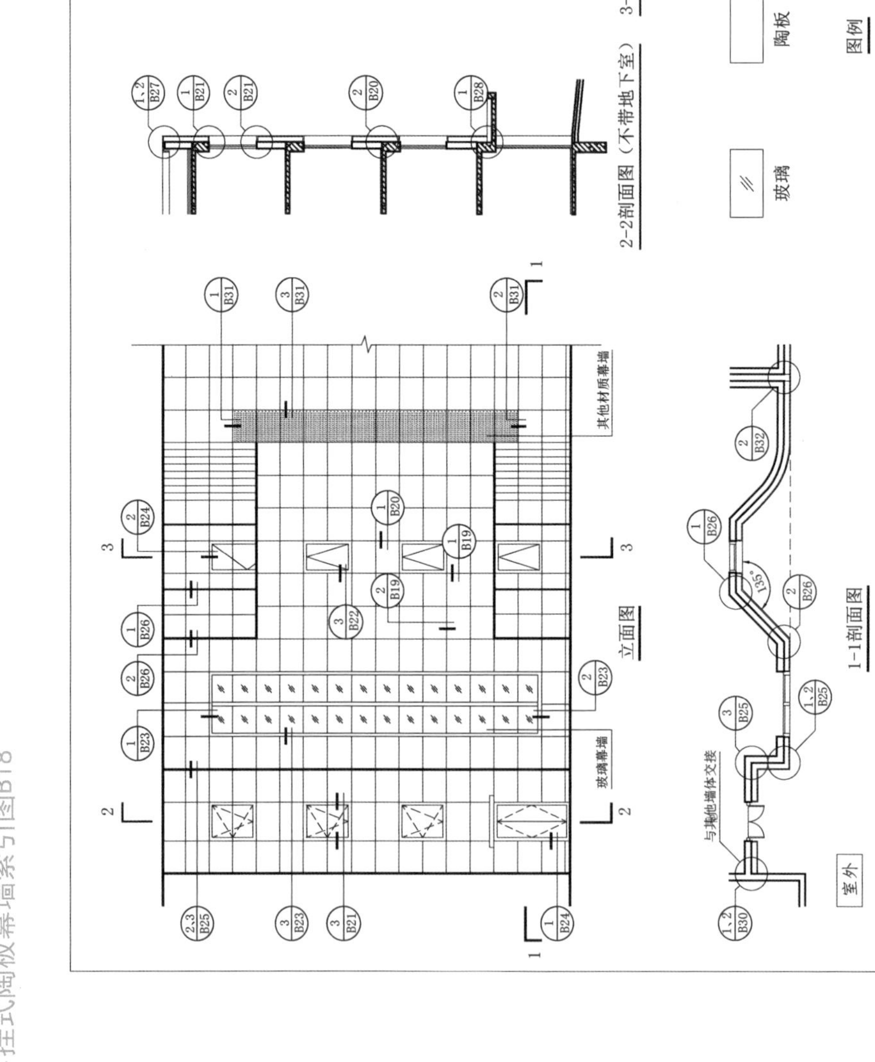

标准横竖剖节点图 B19

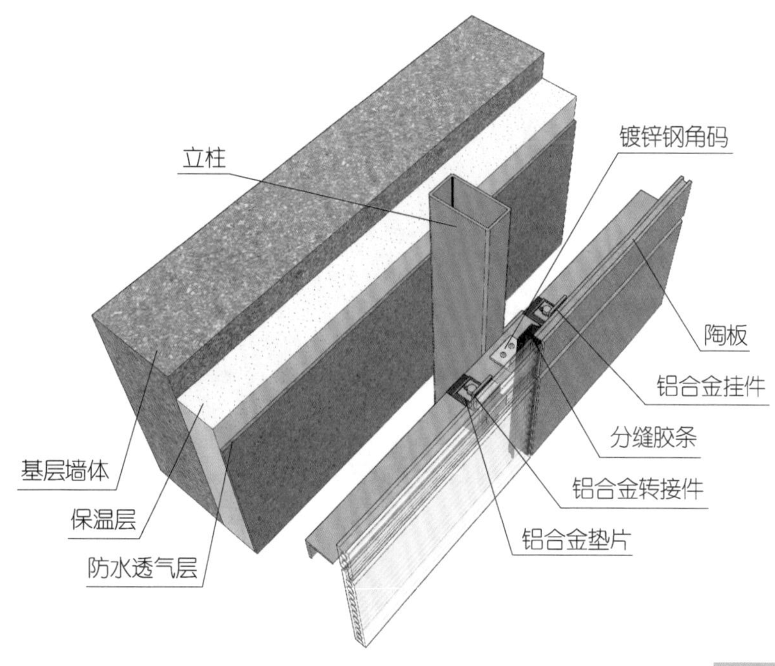

立柱

镀锌钢角码

陶板

铝合金挂件

分缝胶条

铝合金转接件

铝合金垫片

基层墙体

保温层

防水透气层

标准横剖节点图

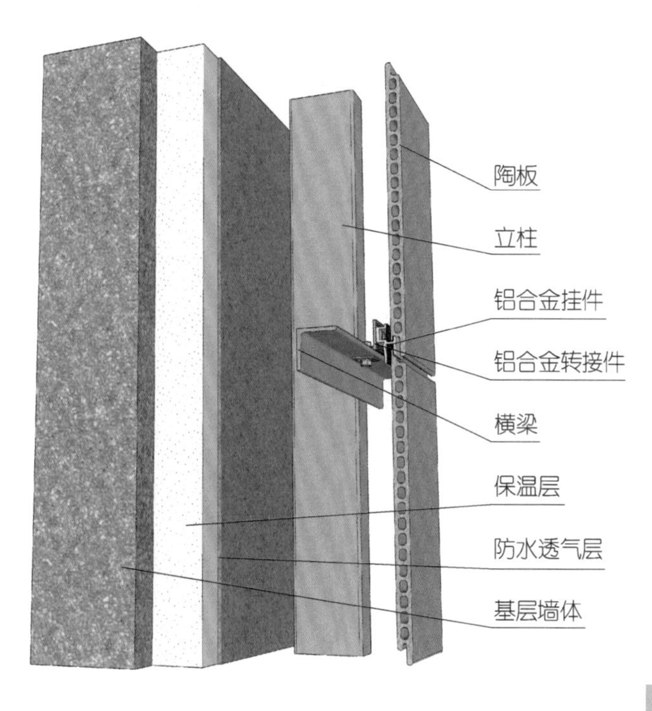

陶板

立柱

铝合金挂件

铝合金转接件

横梁

保温层

防水透气层

基层墙体

标准竖剖节点图

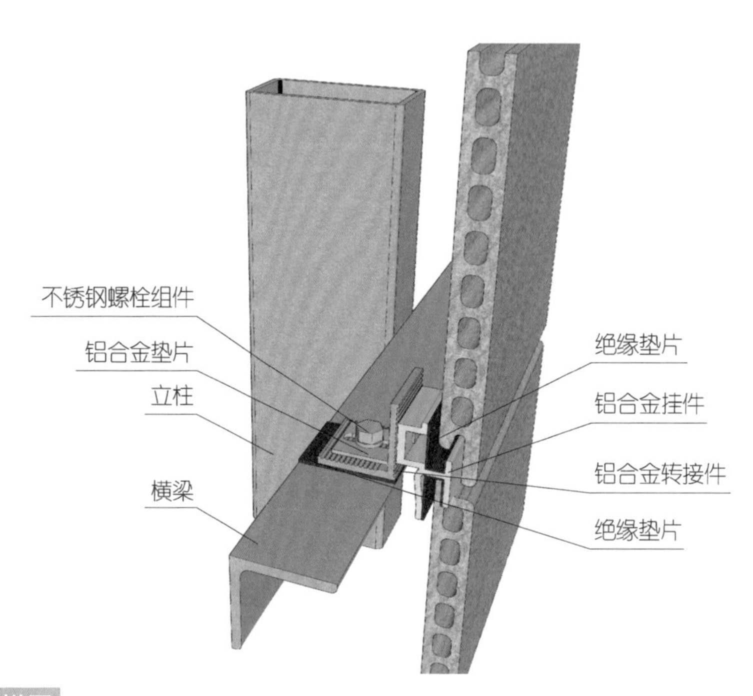

不锈钢螺栓组件

铝合金垫片

立柱

横梁

绝缘垫片

铝合金挂件

铝合金转接件

绝缘垫片

细部节点大样图

层间横竖剖节点图 B20

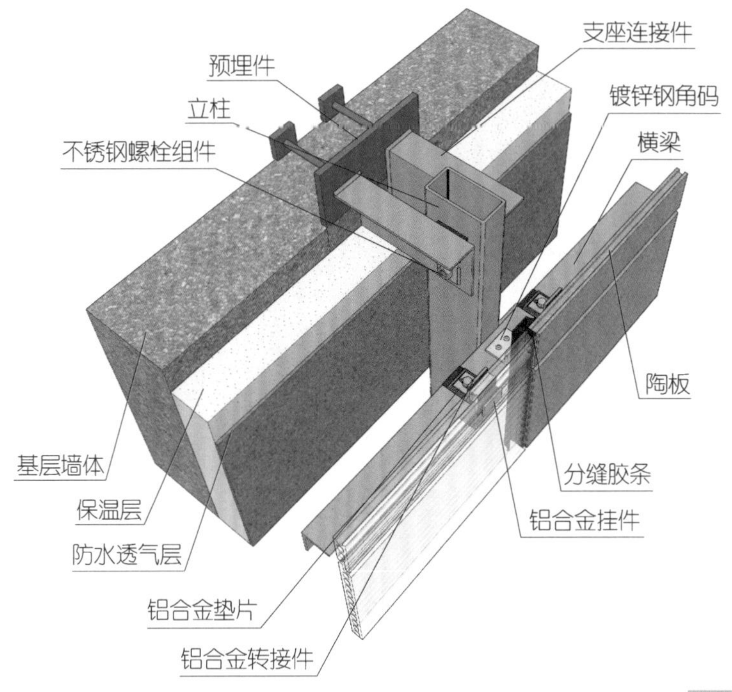

预埋件
立柱
不锈钢螺栓组件
支座连接件
镀锌钢角码
横梁
陶板
基层墙体
保温层
防水透气层
分缝胶条
铝合金挂件
铝合金垫片
铝合金转接件

层间横剖节点图

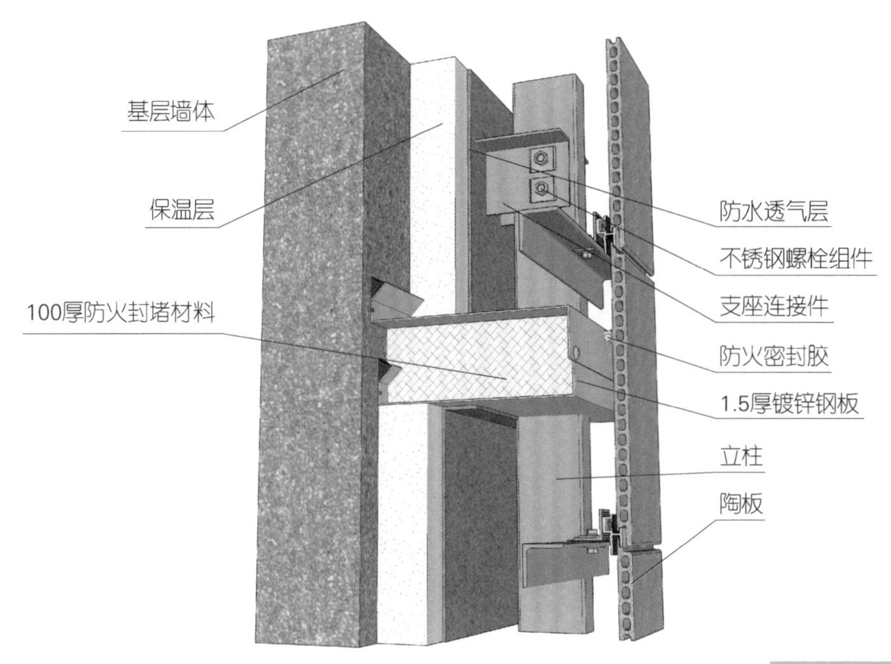

基层墙体
保温层
100厚防火封堵材料
防水透气层
不锈钢螺栓组件
支座连接件
防火密封胶
1.5厚镀锌钢板
立柱
陶板

层间竖剖节点图

凹窗横竖剖节点图 B21

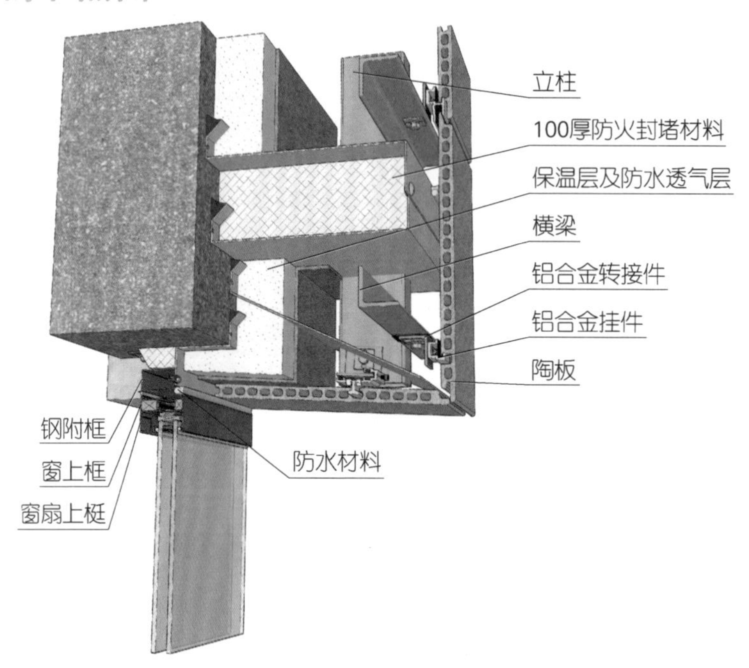

立柱
100厚防火封堵材料
保温层及防水透气层
横梁
铝合金转接件
铝合金挂件
陶板

钢附框
窗上框
窗扇上框

防水材料

窗上口

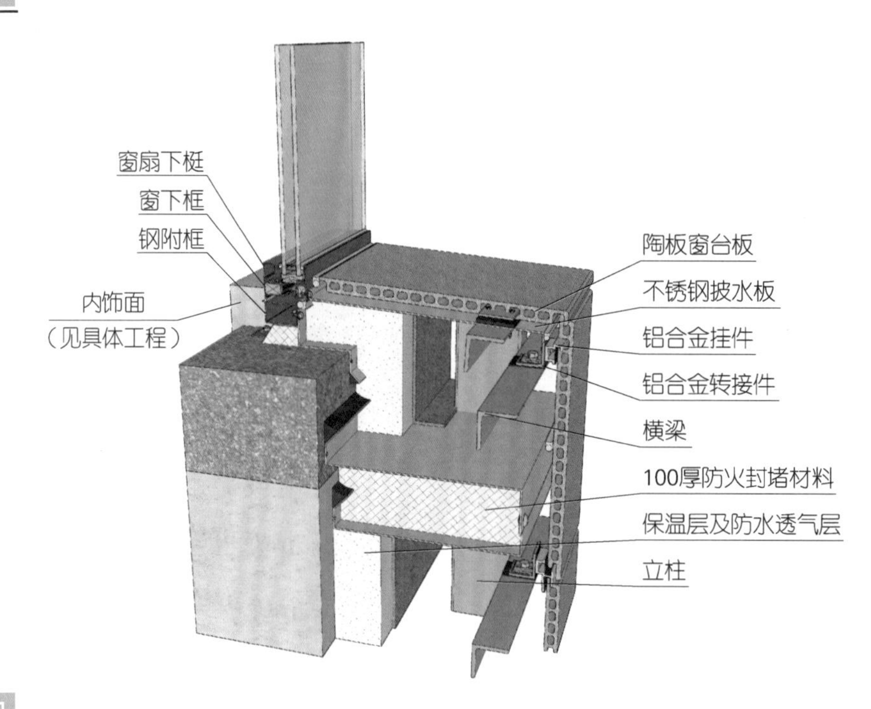

窗扇下框
窗下框
钢附框

内饰面
（见具体工程）

陶板窗台板
不锈钢披水板
铝合金挂件
铝合金转接件
横梁
100厚防火封堵材料
保温层及防水透气层
立柱

窗下口

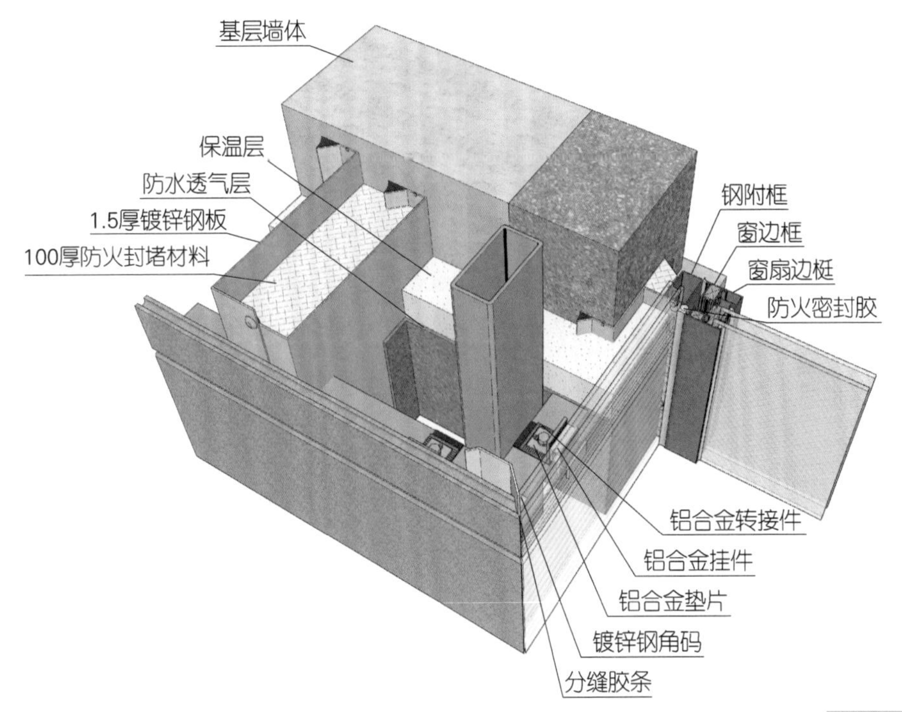

基层墙体

保温层
防水透气层
1.5厚镀锌钢板
100厚防火封堵材料

钢附框
窗边框
窗扇边梃
防火密封胶

铝合金转接件
铝合金挂件
铝合金垫片
镀锌钢角码
分缝胶条

横剖节点图

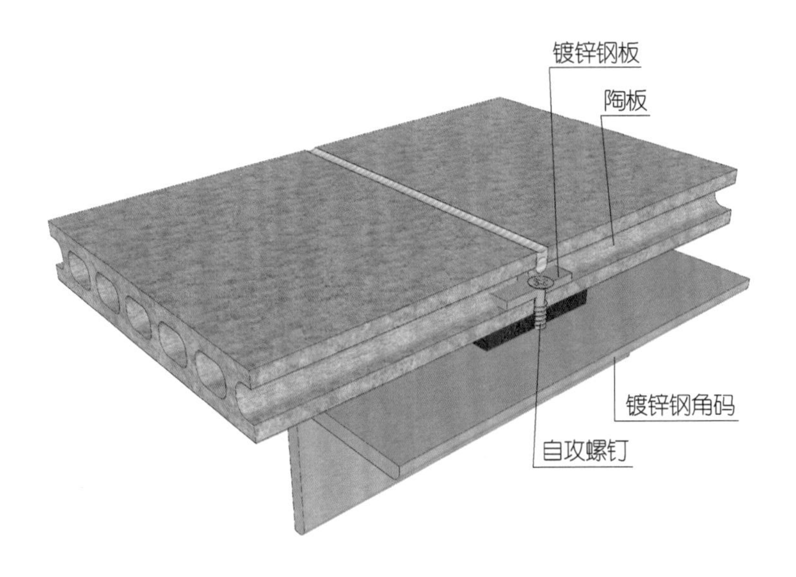

镀锌钢板
陶板

镀锌钢角码

自攻螺钉

剖面图

平窗横竖剖节点图(开启扇) B22

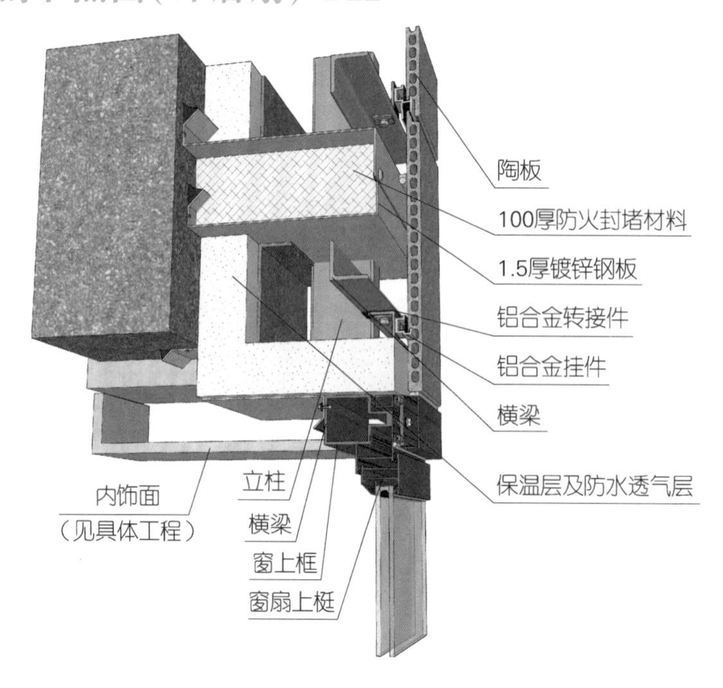

陶板
100厚防火封堵材料
1.5厚镀锌钢板
铝合金转接件
铝合金挂件
横梁
保温层及防水透气层

内饰面
(见具体工程)
立柱
横梁
窗上框
窗扇上梃

上接口

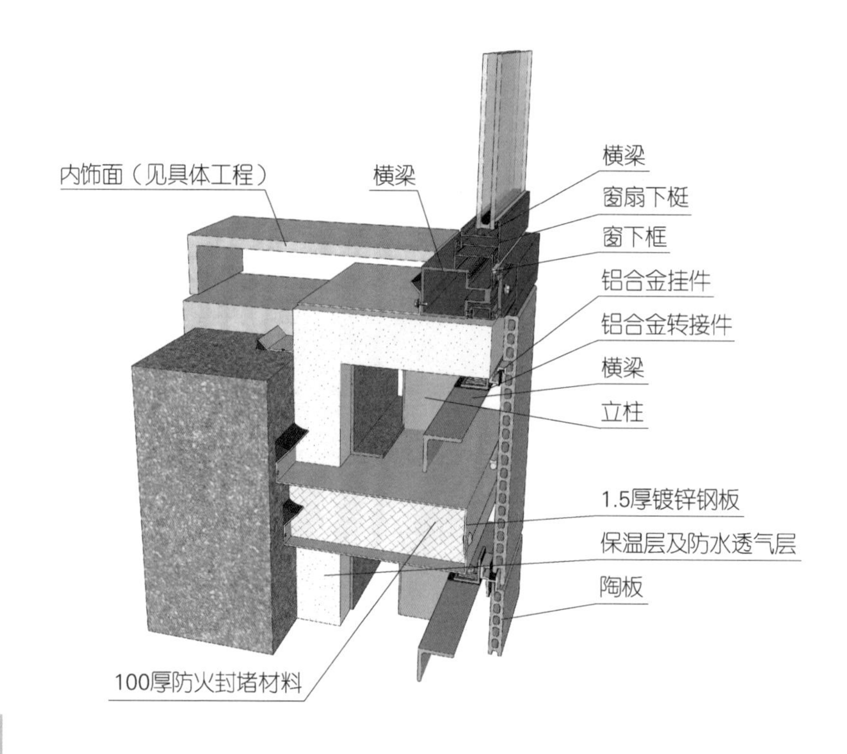

内饰面(见具体工程)
横梁
横梁
窗扇下梃
窗下框
铝合金挂件
铝合金转接件
横梁
立柱
1.5厚镀锌钢板
保温层及防水透气层
陶板
100厚防火封堵材料

下接口

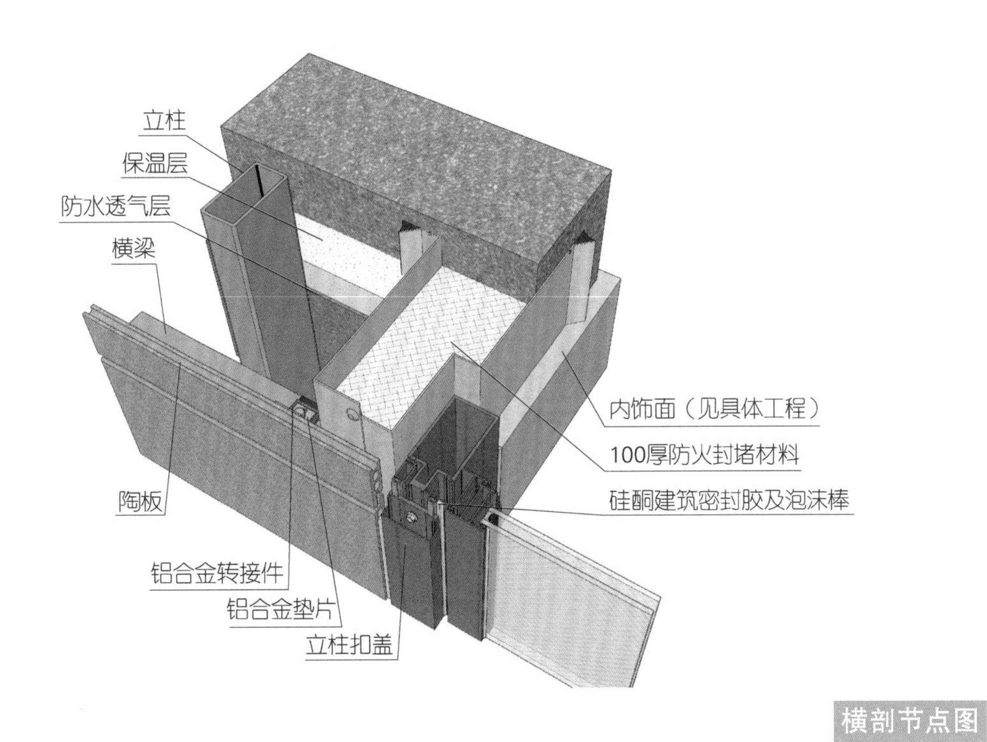

立柱
保温层
防水透气层
横梁
陶板
铝合金转接件
铝合金垫片
立柱扣盖

内饰面（见具体工程）
100厚防火封堵材料
硅酮建筑密封胶及泡沫棒

横剖节点图

平窗横竖剖节点图（固定扇）B23

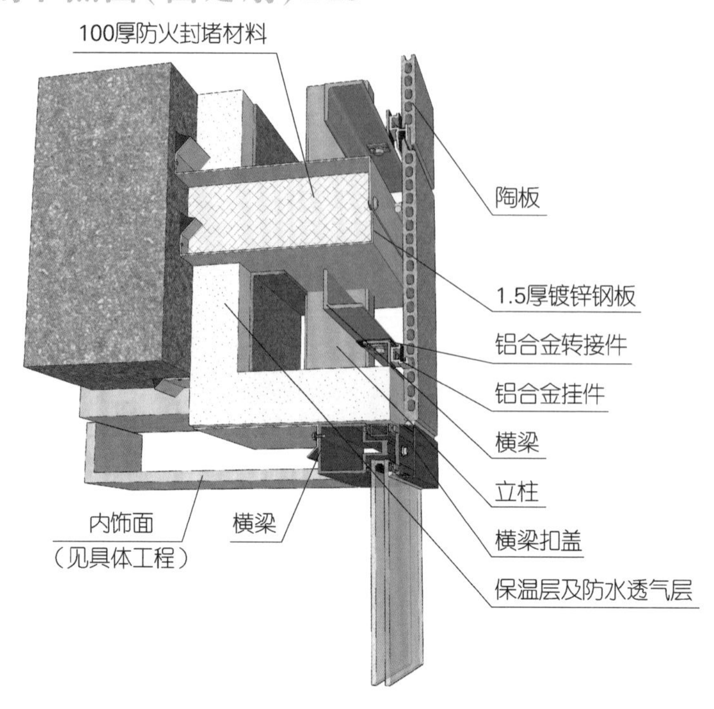

100厚防火封堵材料

陶板

1.5厚镀锌钢板

铝合金转接件

铝合金挂件

横梁

立柱

横梁扣盖

保温层及防水透气层

内饰面
（见具体工程）

横梁

上接口

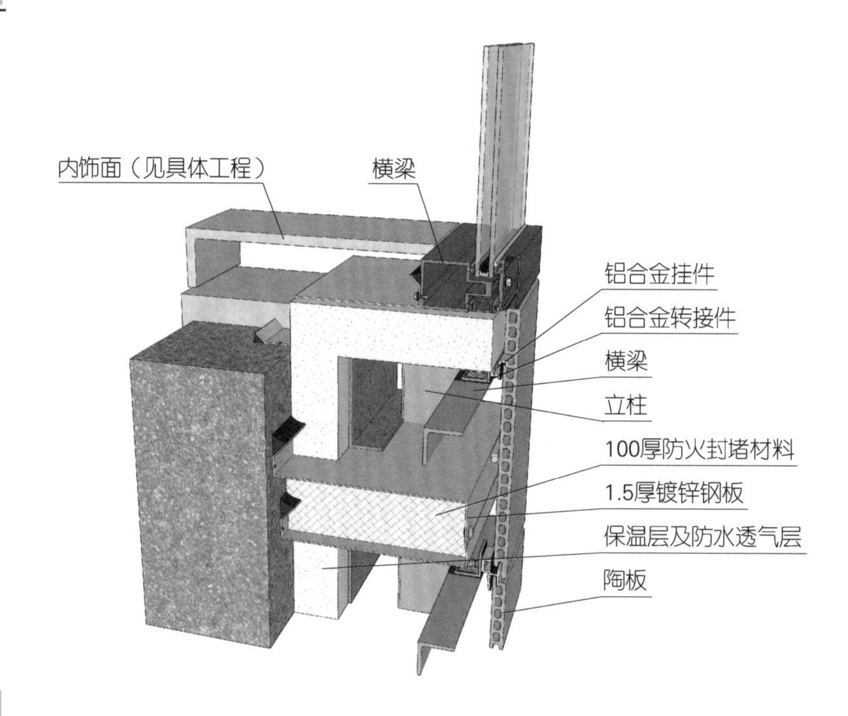

内饰面（见具体工程）

横梁

铝合金挂件

铝合金转接件

横梁

立柱

100厚防火封堵材料

1.5厚镀锌钢板

保温层及防水透气层

陶板

下接口

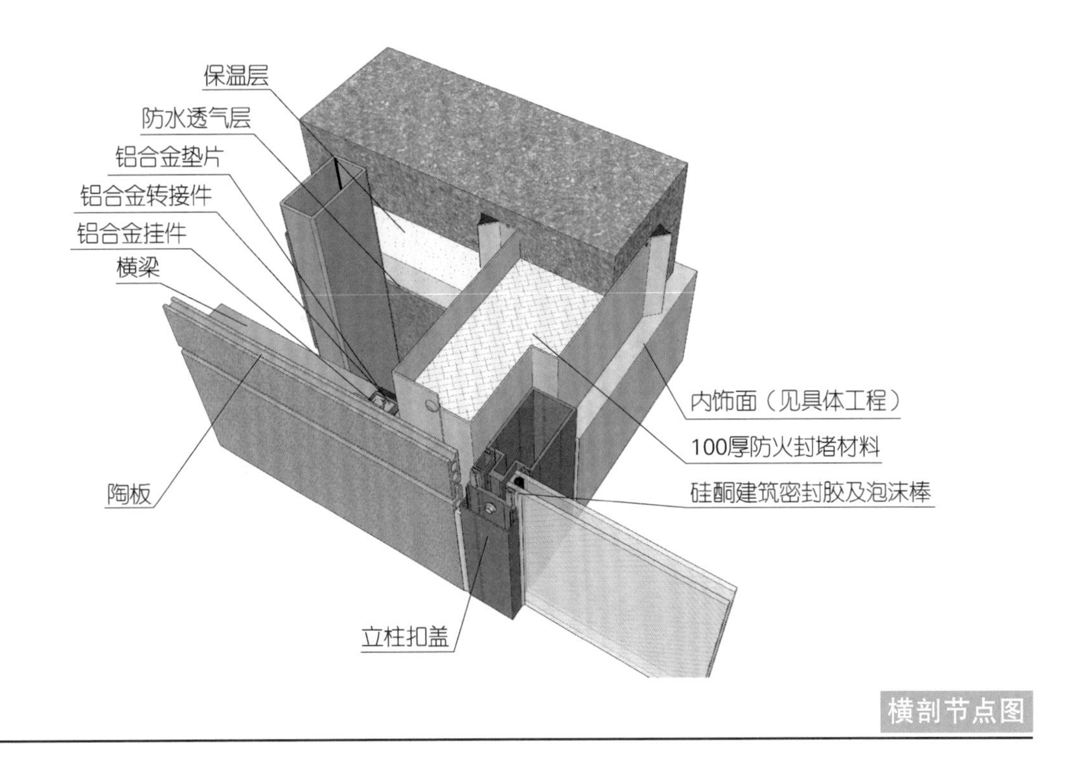

保温层

防水透气层

铝合金垫片

铝合金转接件

铝合金挂件

横梁

内饰面（见具体工程）

100厚防火封堵材料

硅酮建筑密封胶及泡沫棒

陶板

立柱扣盖

横剖节点图

门横竖剖节点图 B24

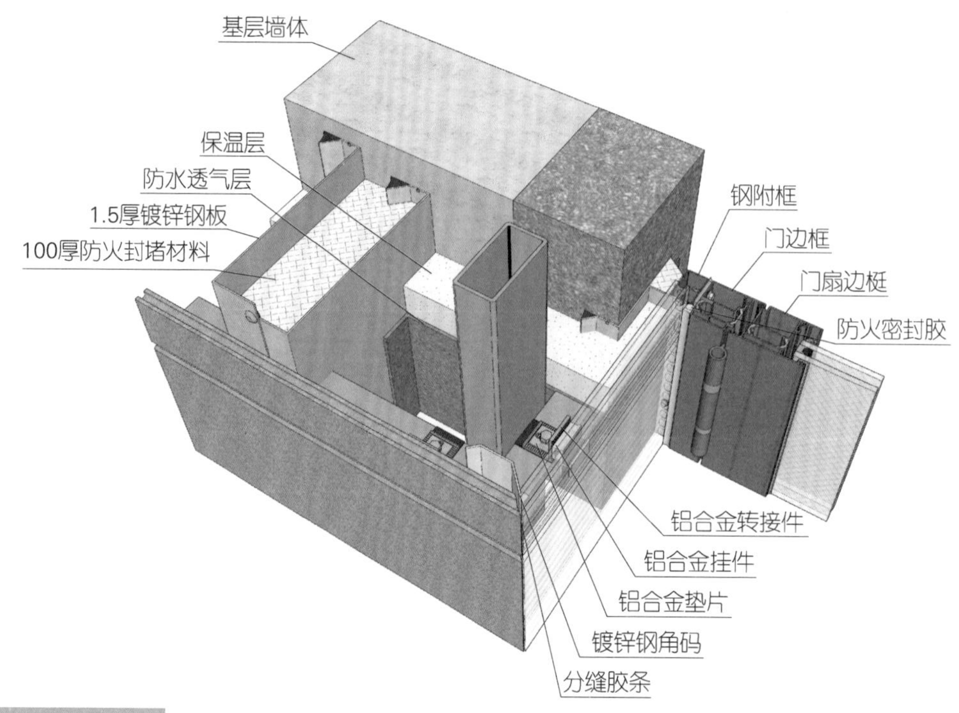

基层墙体

保温层

防水透气层

1.5厚镀锌钢板

100厚防火封堵材料

钢附框

门边框

门扇边梃

防火密封胶

铝合金转接件

铝合金挂件

铝合金垫片

镀锌钢角码

分缝胶条

门侧横剖节点图

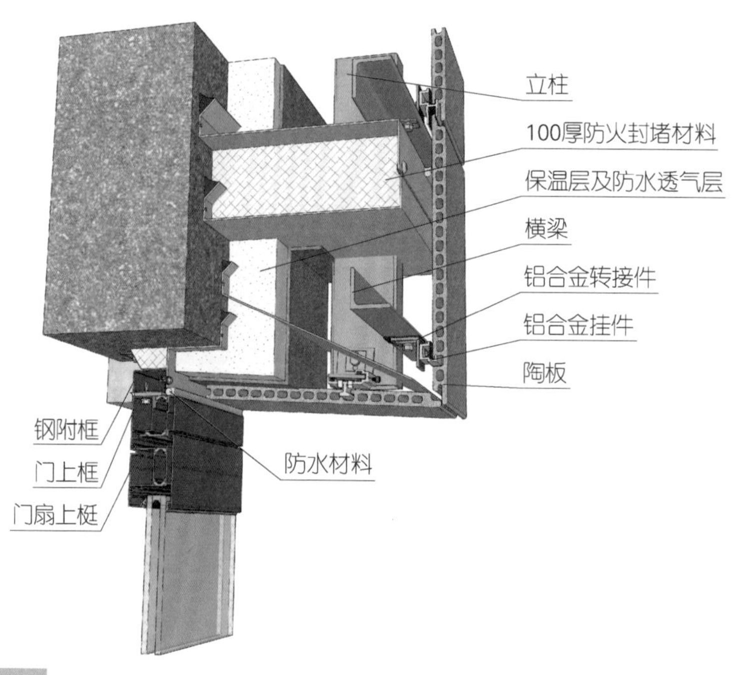

立柱

100厚防火封堵材料

保温层及防水透气层

横梁

铝合金转接件

铝合金挂件

陶板

钢附框

门上框

门扇上梃

防水材料

门顶竖剖节点图

90°转角横剖节点图 B25

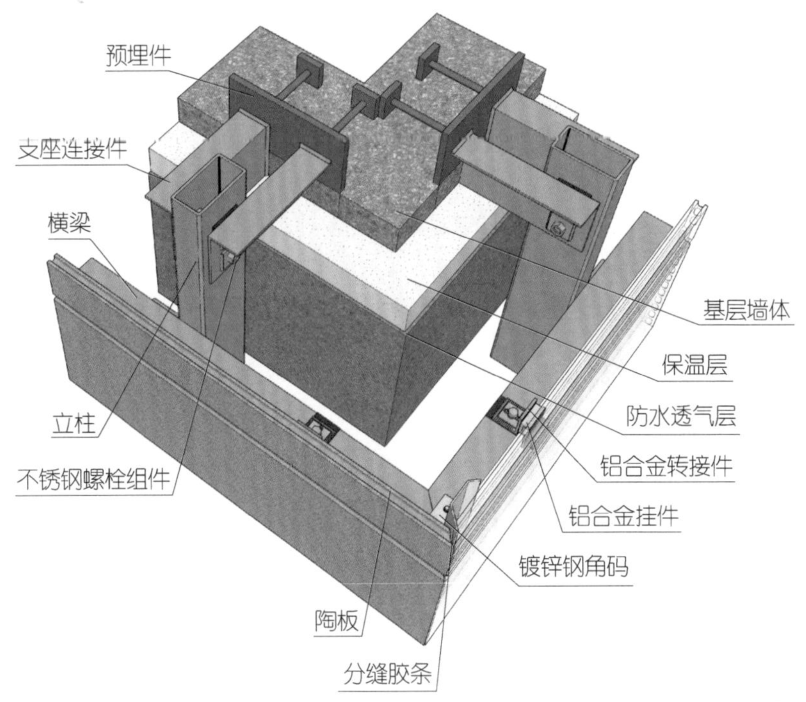

预埋件

支座连接件

横梁

立柱

不锈钢螺栓组件

基层墙体

保温层

防水透气层

铝合金转接件

铝合金挂件

镀锌钢角码

陶板

分缝胶条

90°阴角横剖节点图

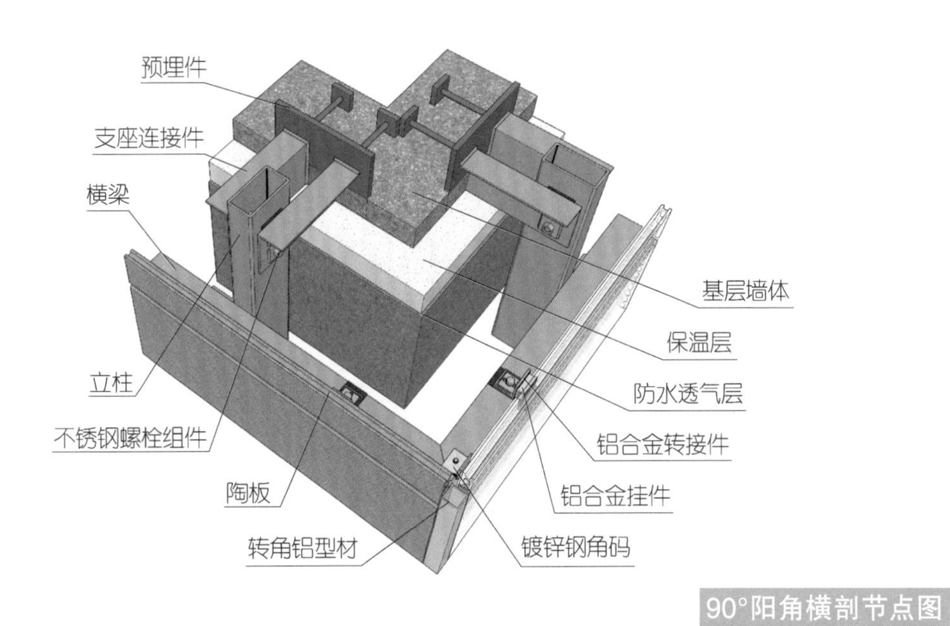

预埋件

支座连接件

横梁

立柱

不锈钢螺栓组件

陶板

转角铝型材

基层墙体

保温层

防水透气层

铝合金转接件

铝合金挂件

镀锌钢角码

90°阳角横剖节点图

135°转角横剖节点图 B26

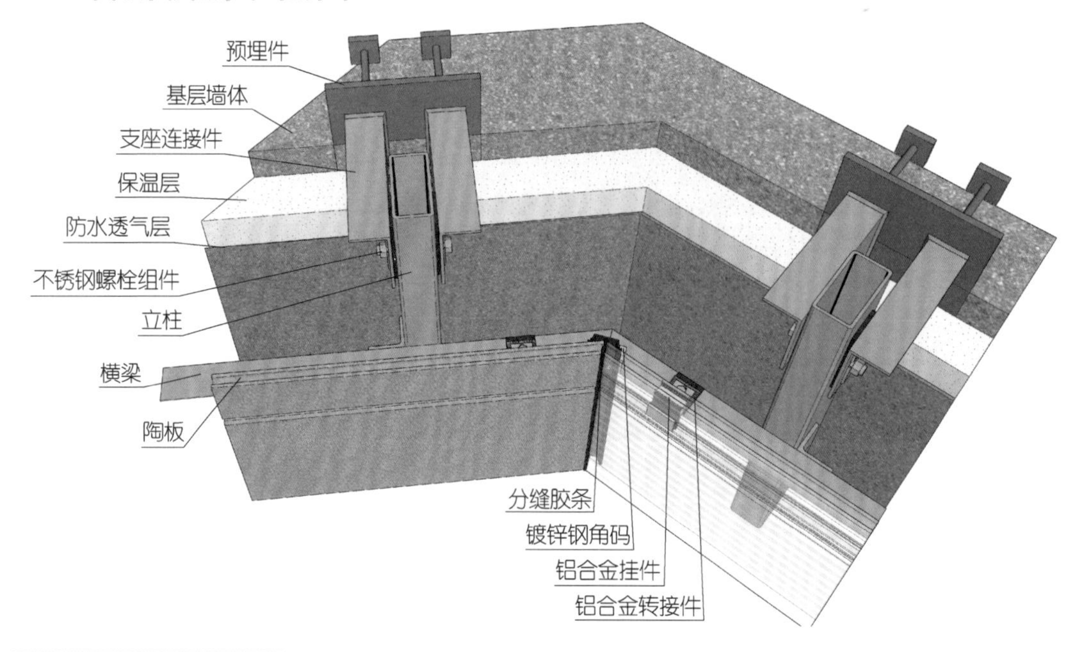

预埋件
基层墙体
支座连接件
保温层
防水透气层
不锈钢螺栓组件
立柱
横梁
陶板

分缝胶条
镀锌钢角码
铝合金挂件
铝合金转接件

135°阴角横剖节点图

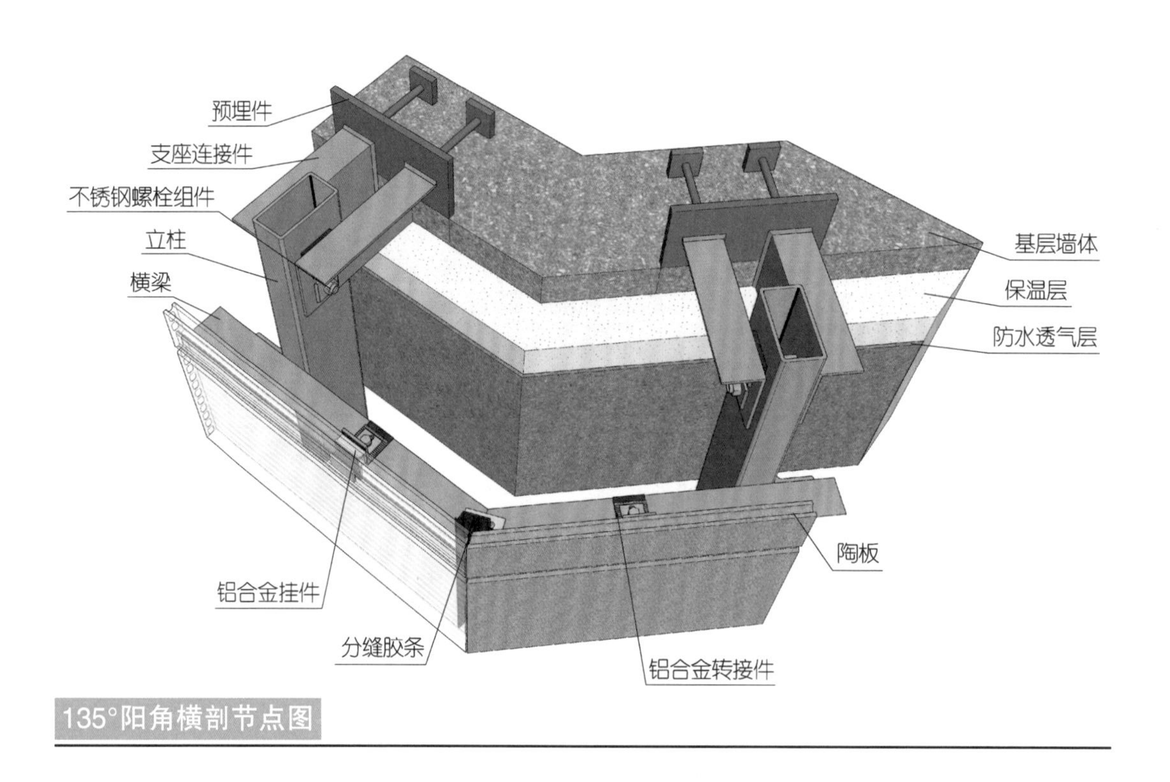

预埋件
支座连接件
不锈钢螺栓组件
立柱
横梁

基层墙体
保温层
防水透气层

铝合金挂件
分缝胶条
陶板
铝合金转接件

135°阳角横剖节点图

女儿墙收口节点图 B27

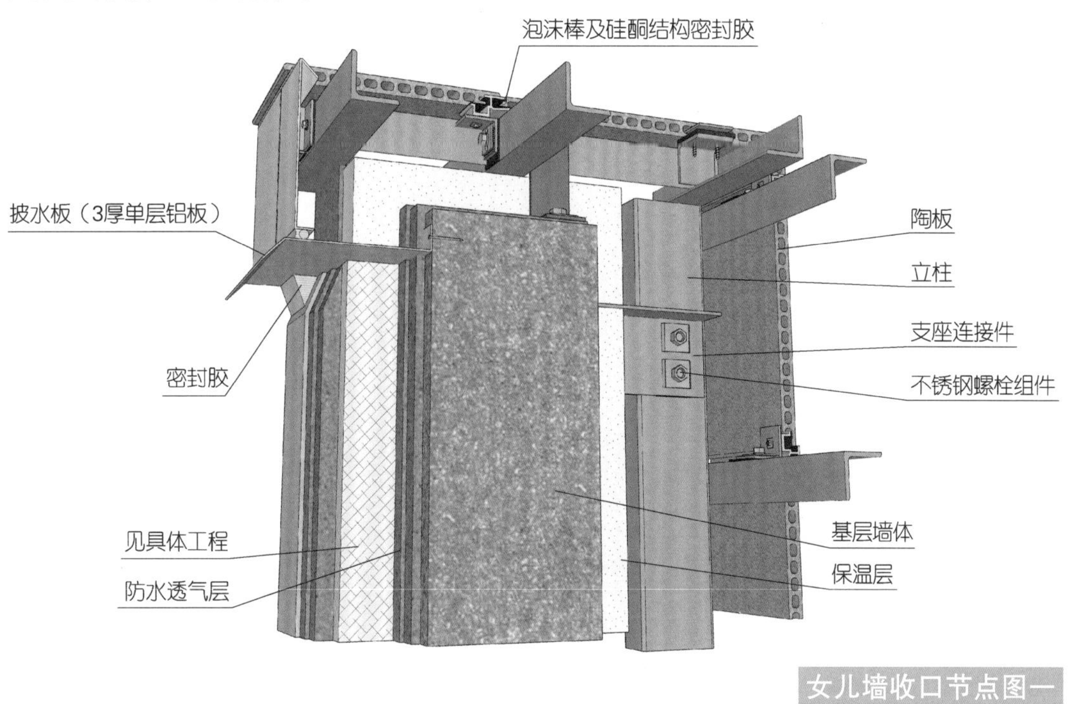

泡沫棒及硅酮结构密封胶

披水板（3厚单层铝板）

密封胶

见具体工程

防水透气层

陶板

立柱

支座连接件

不锈钢螺栓组件

基层墙体

保温层

女儿墙收口节点图一

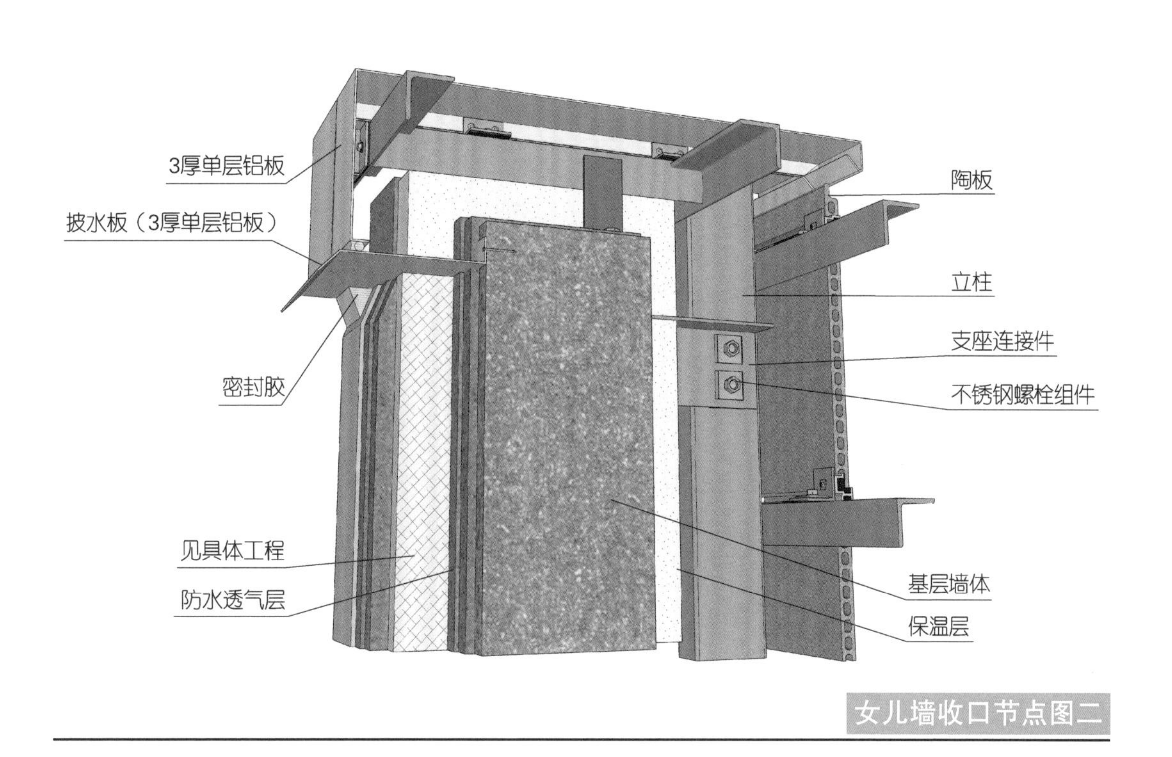

3厚单层铝板

披水板（3厚单层铝板）

密封胶

见具体工程

防水透气层

陶板

立柱

支座连接件

不锈钢螺栓组件

基层墙体

保温层

女儿墙收口节点图二

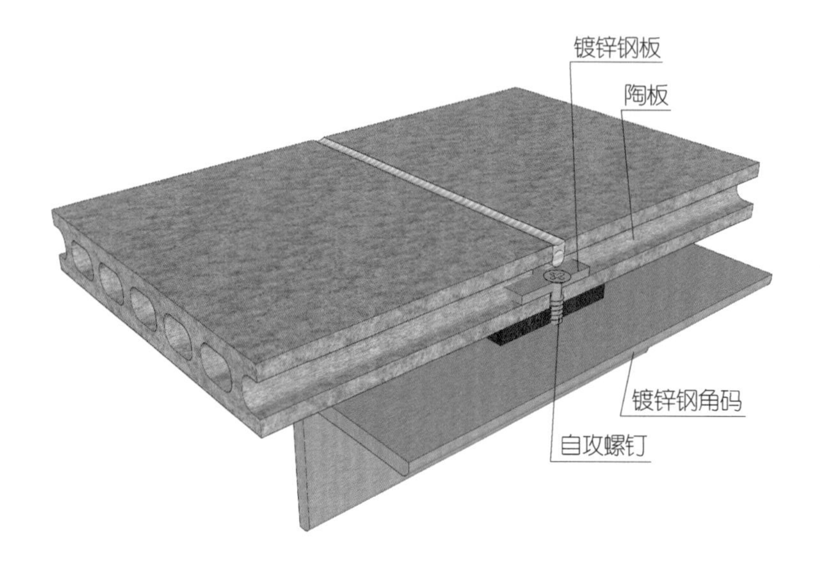

镀锌钢板

陶板

镀锌钢角码

自攻螺钉

剖面图

与雨篷相接、勒脚收口节点图 B28

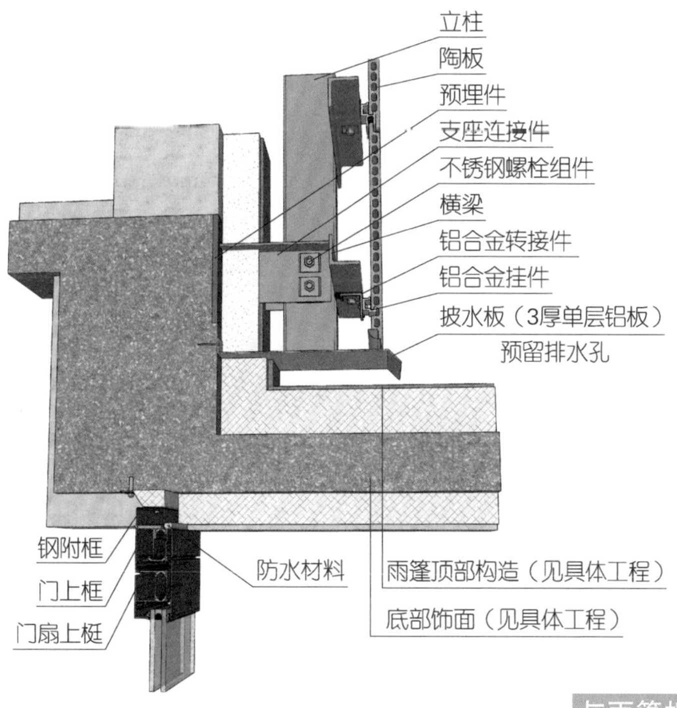

立柱
陶板
预埋件
支座连接件
不锈钢螺栓组件
横梁
铝合金转接件
铝合金挂件
披水板（3厚单层铝板）
预留排水孔

钢附框
门上框
门扇上梃

防水材料

雨篷顶部构造（见具体工程）
底部饰面（见具体工程）

与雨篷相接竖剖节点图

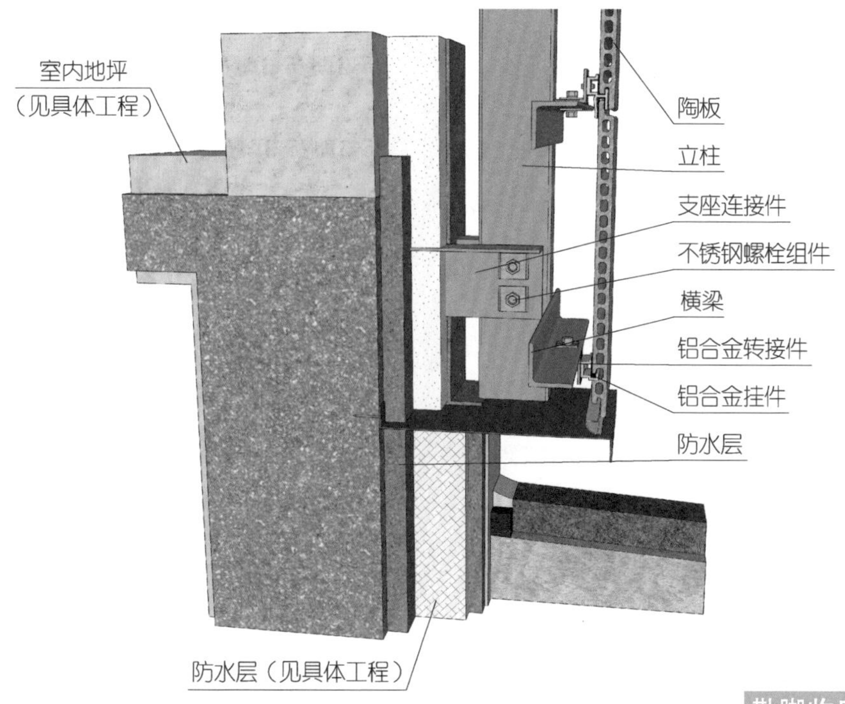

室内地坪
（见具体工程）

陶板
立柱
支座连接件
不锈钢螺栓组件
横梁
铝合金转接件
铝合金挂件
防水层

防水层（见具体工程）

勒脚收口节点图

与室外吊顶相接竖剖节点图 B29

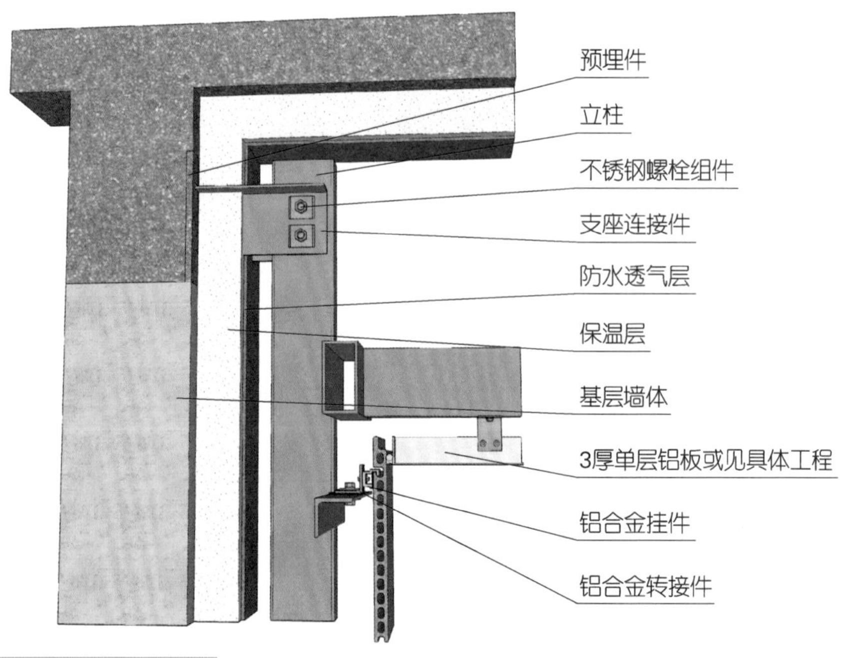

预埋件
立柱
不锈钢螺栓组件
支座连接件
防水透气层
保温层
基层墙体
3厚单层铝板或见具体工程
铝合金挂件
铝合金转接件

与吊顶相接上收口节点图

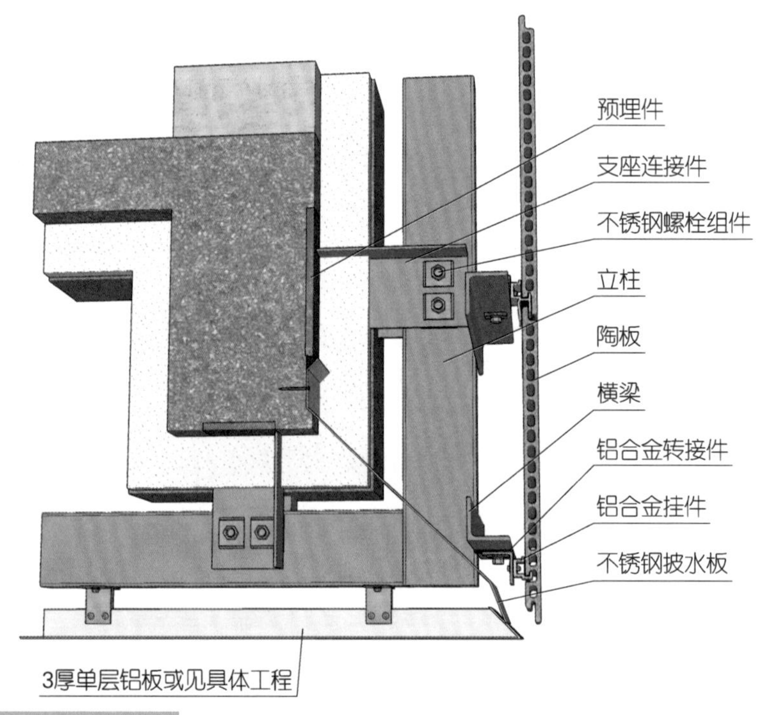

预埋件
支座连接件
不锈钢螺栓组件
立柱
陶板
横梁
铝合金转接件
铝合金挂件
不锈钢披水板

3厚单层铝板或见具体工程

与吊顶相接下收口节点图

侧封边、封顶节点图 B30

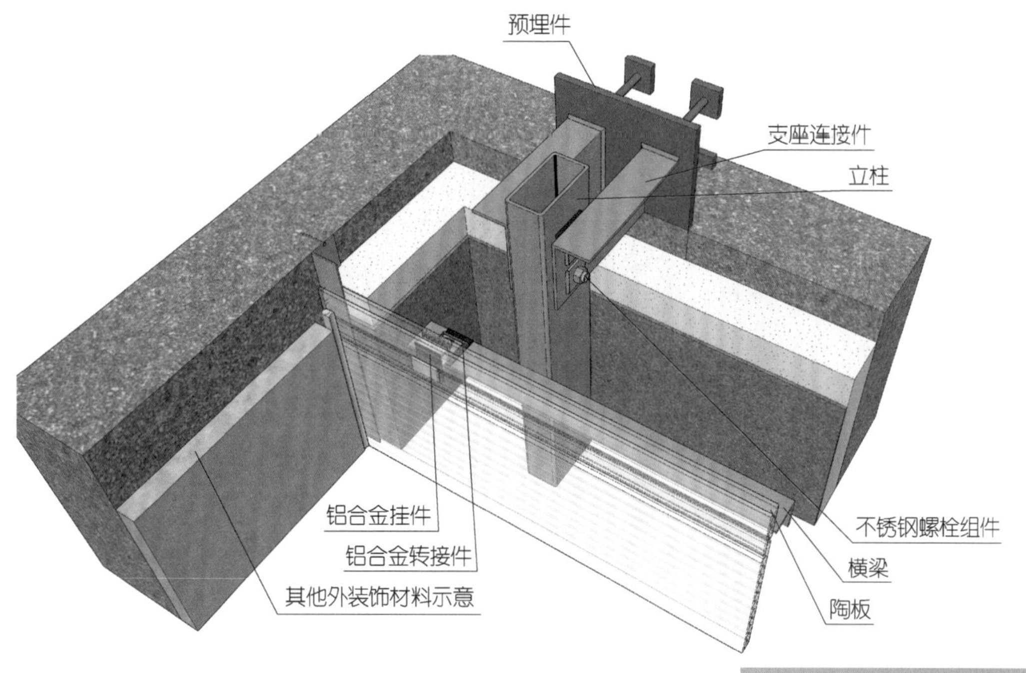

预埋件
支座连接件
立柱
铝合金挂件
铝合金转接件
其他外装饰材料示意
不锈钢螺栓组件
横梁
陶板

侧封边横剖节点图(一)

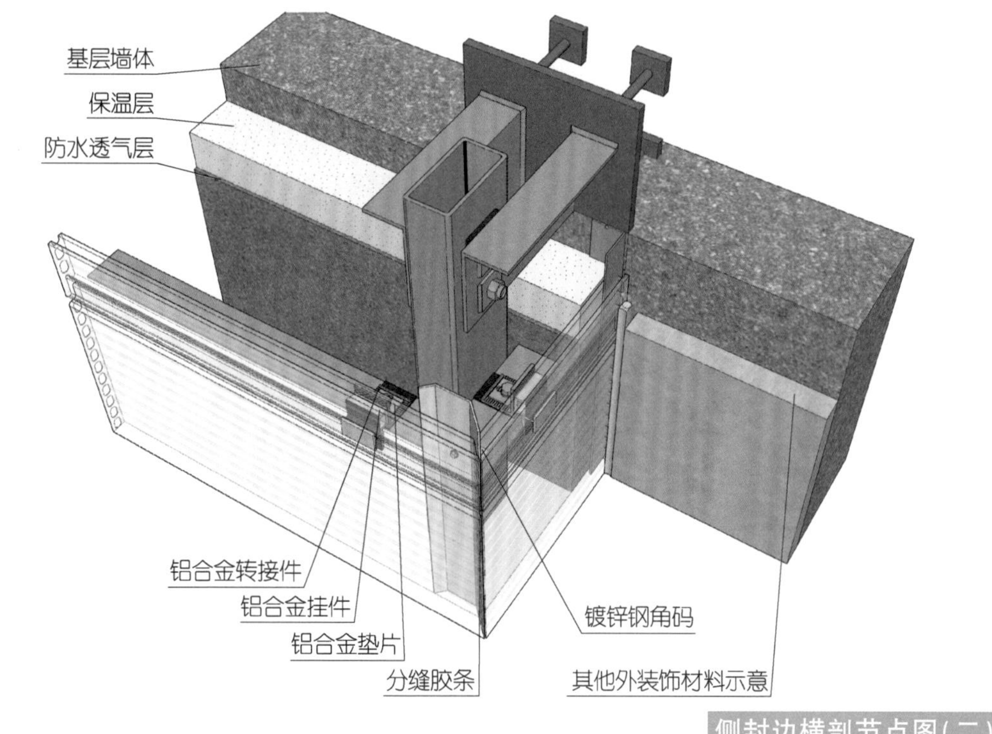

基层墙体
保温层
防水透气层
铝合金转接件
铝合金挂件
铝合金垫片
分缝胶条
镀锌钢角码
其他外装饰材料示意

侧封边横剖节点图(二)

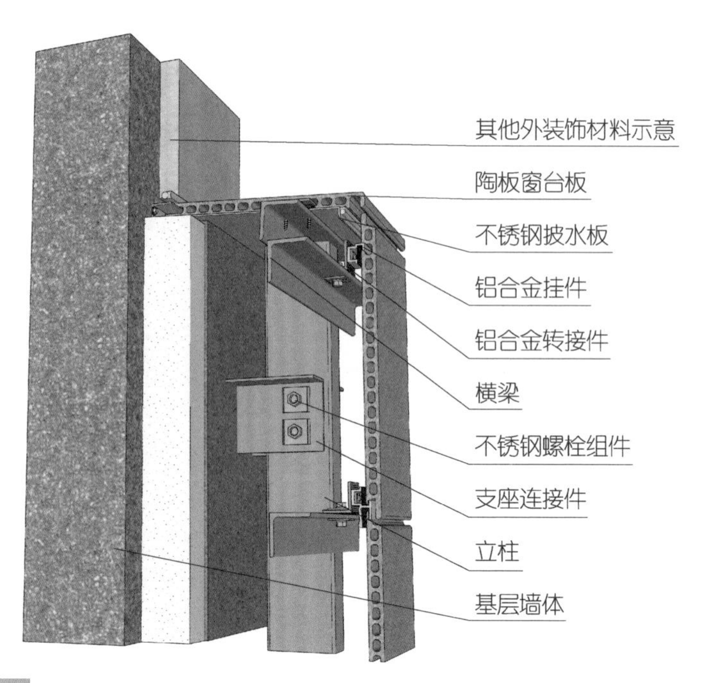

其他外装饰材料示意

陶板窗台板

不锈钢披水板

铝合金挂件

铝合金转接件

横梁

不锈钢螺栓组件

支座连接件

立柱

基层墙体

封顶竖剖节点图

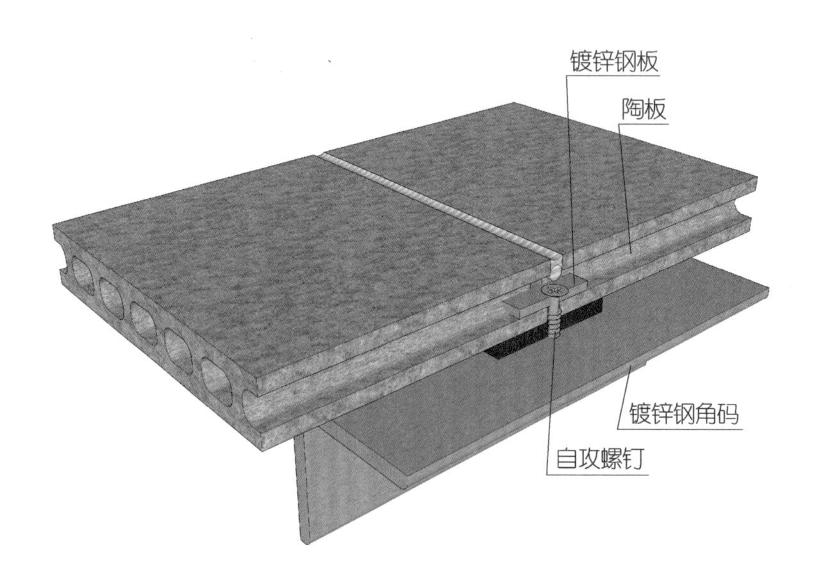

镀锌钢板

陶板

镀锌钢角码

自攻螺钉

剖面图

与其他材质幕墙相接横竖剖节点图 B31

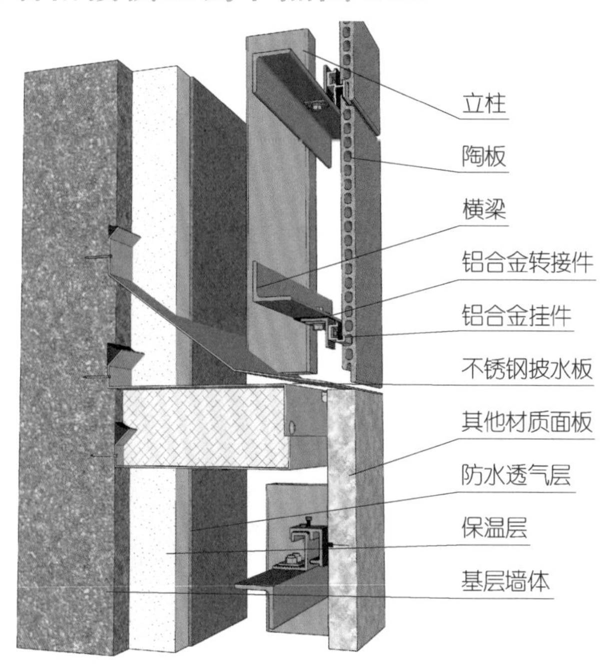

立柱
陶板
横梁
铝合金转接件
铝合金挂件
不锈钢披水板
其他材质面板
防水透气层
保温层
基层墙体

上接口

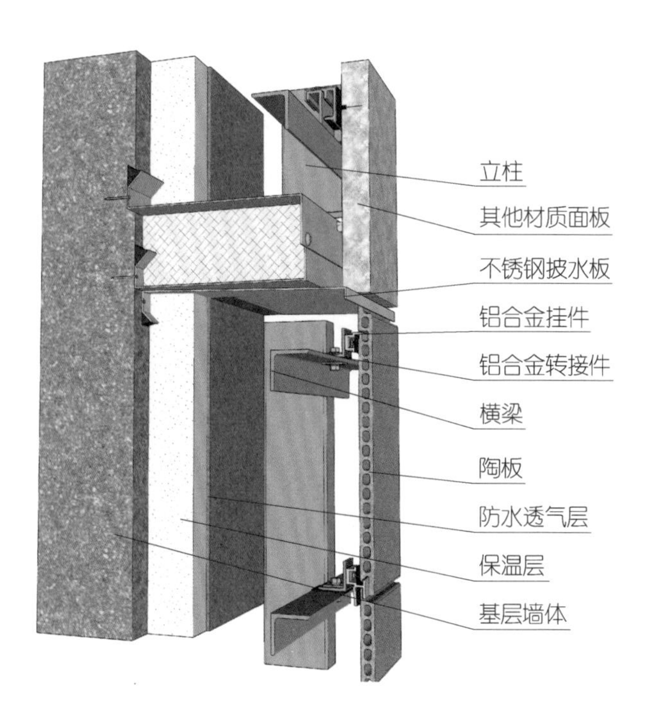

立柱
其他材质面板
不锈钢披水板
铝合金挂件
铝合金转接件
横梁
陶板
防水透气层
保温层
基层墙体

下接口

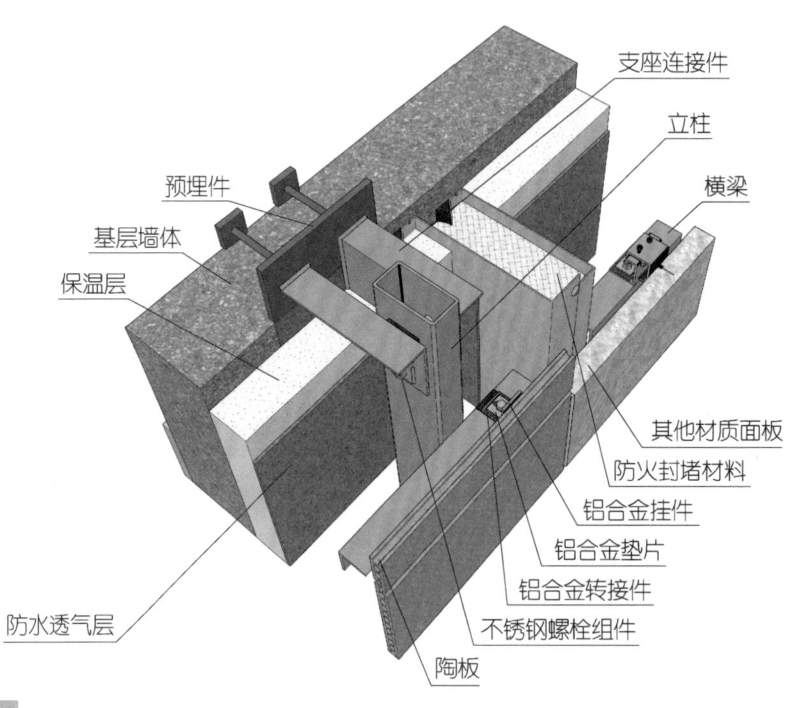

支座连接件

立柱

横梁

预埋件

基层墙体

保温层

其他材质面板

防火封堵材料

铝合金挂件

铝合金垫片

铝合金转接件

不锈钢螺栓组件

防水透气层

陶板

横剖节点图

变形缝节点图 B32

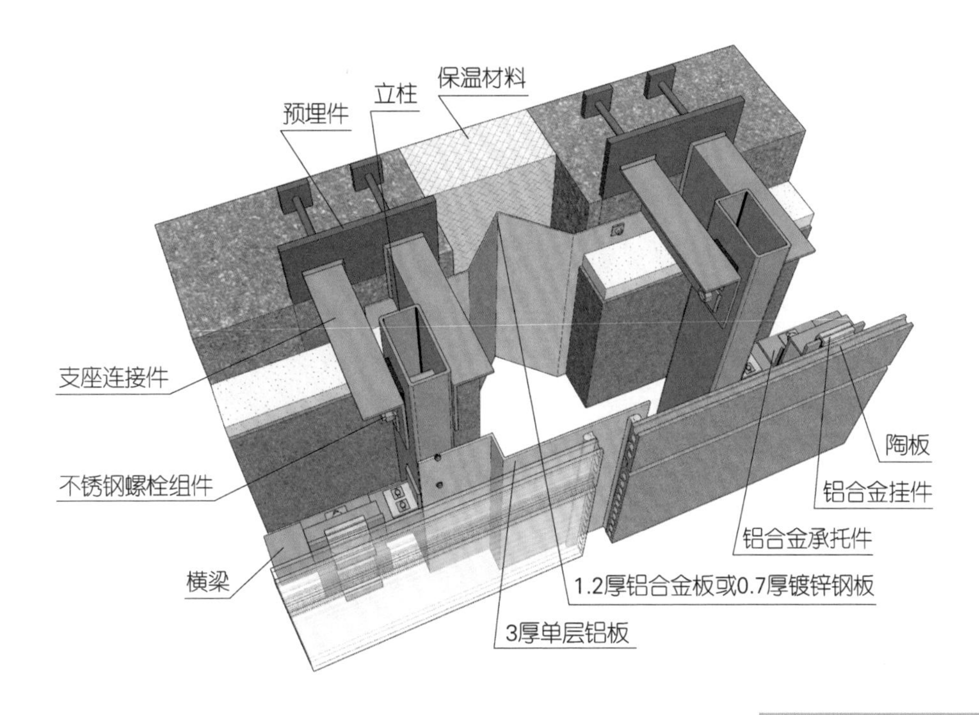

预埋件　立柱　保温材料

支座连接件

不锈钢螺栓组件

横梁

3厚单层铝板

1.2厚铝合金板或0.7厚镀锌钢板

铝合金承托件

铝合金挂件

陶板

挂装式变形缝节点图

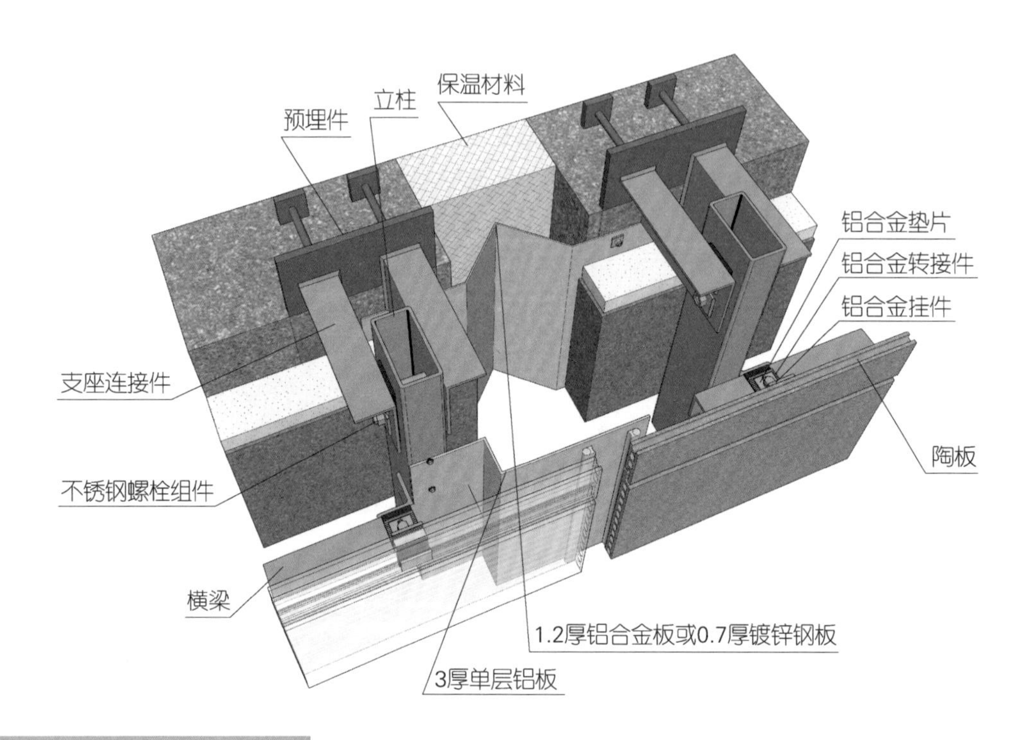

预埋件　立柱　保温材料

铝合金垫片
铝合金转接件
铝合金挂件

支座连接件

不锈钢螺栓组件

陶板

横梁

1.2厚铝合金板或0.7厚镀锌钢板

3厚单层铝板

上插下挂式变形缝节点图

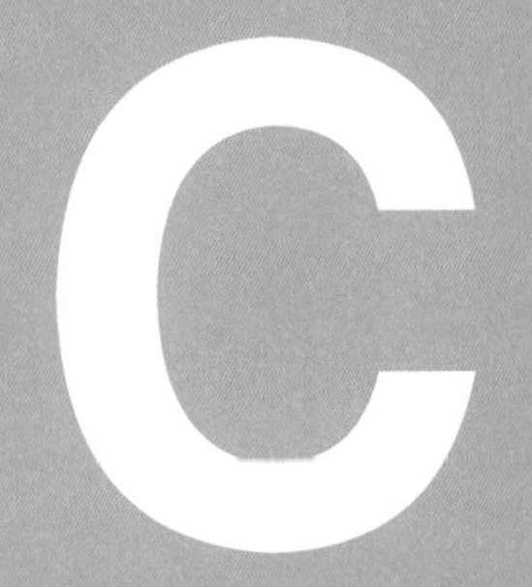

C 石材蜂窝板幕墙

C.1　背面预制螺母连接石材蜂窝板幕墙

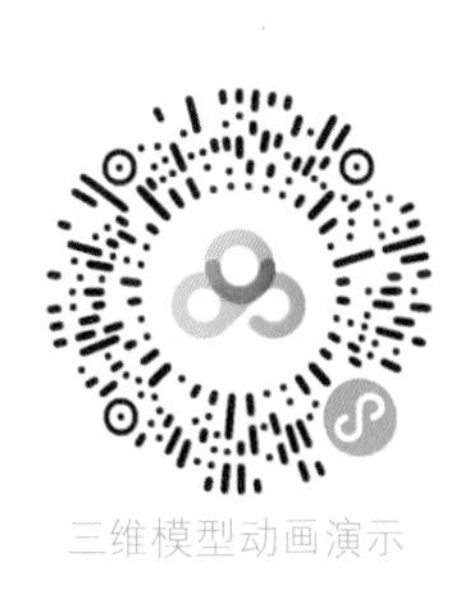

三维模型动画演示

C.1 背面预制螺母连接石材蜂窝板幕墙

背面预制螺母连接石材蜂窝板幕墙索引图C3

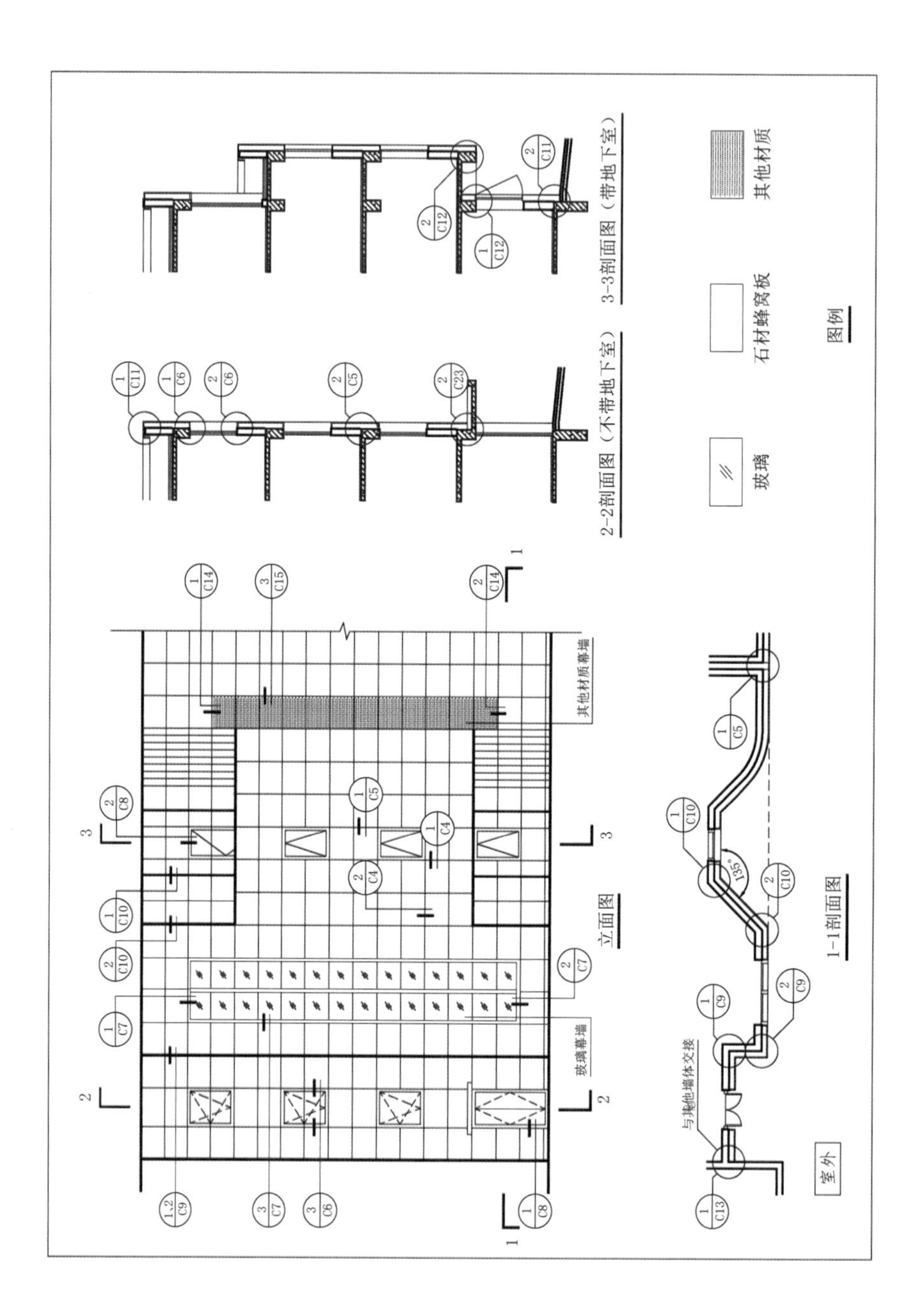

标准横竖剖节点图 C4

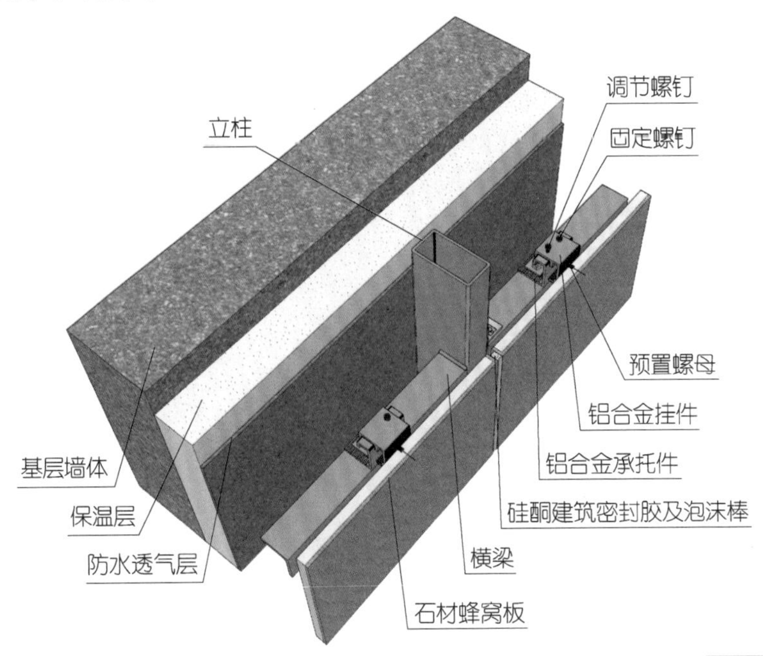

立柱

调节螺钉

固定螺钉

预置螺母

铝合金挂件

铝合金承托件

硅酮建筑密封胶及泡沫棒

基层墙体

保温层

防水透气层

横梁

石材蜂窝板

标准横剖节点图

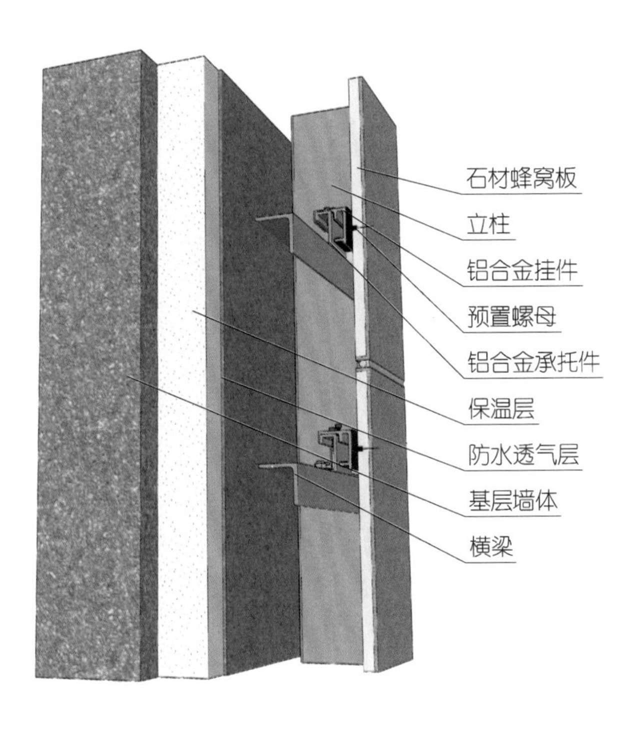

石材蜂窝板

立柱

铝合金挂件

预置螺母

铝合金承托件

保温层

防水透气层

基层墙体

横梁

标准竖剖节点图

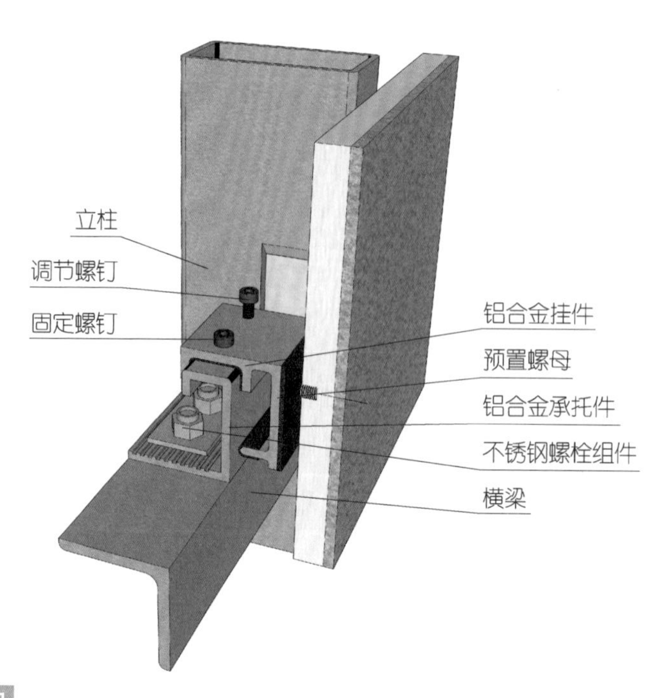

立柱

调节螺钉

固定螺钉

铝合金挂件

预置螺母

铝合金承托件

不锈钢螺栓组件

横梁

细部节点大样图

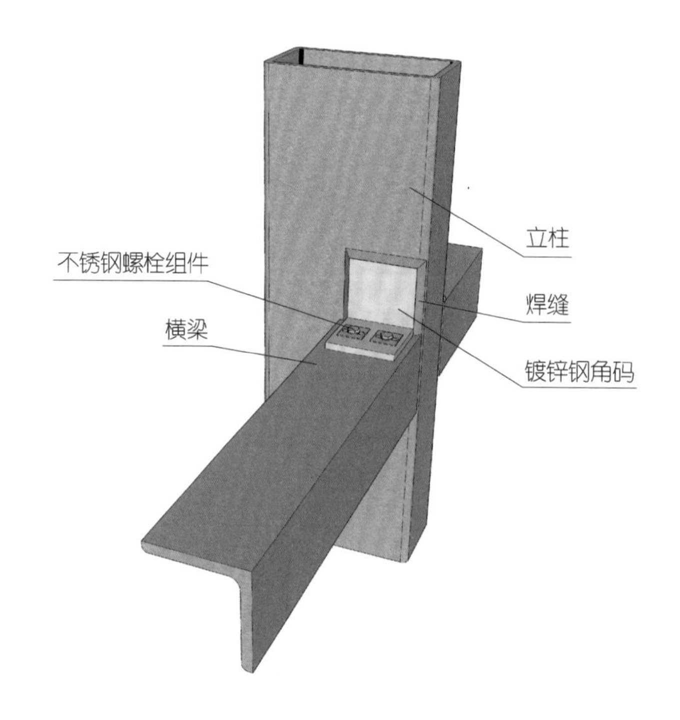

立柱

焊缝

镀锌钢角码

不锈钢螺栓组件

横梁

剖面图

层间横竖剖节点图 C5

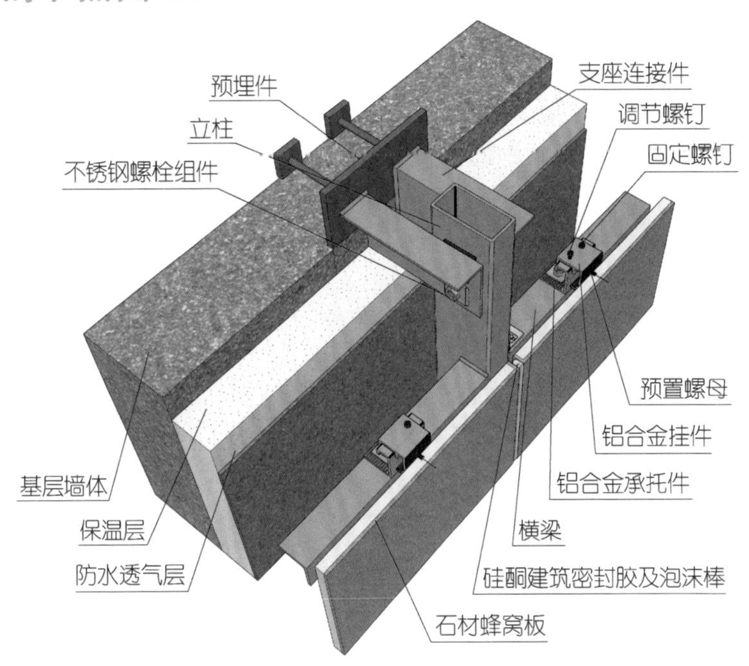

预埋件
立柱
不锈钢螺栓组件
支座连接件
调节螺钉
固定螺钉
预置螺母
铝合金挂件
铝合金承托件
基层墙体
保温层
防水透气层
横梁
硅酮建筑密封胶及泡沫棒
石材蜂窝板

层间横剖节点图

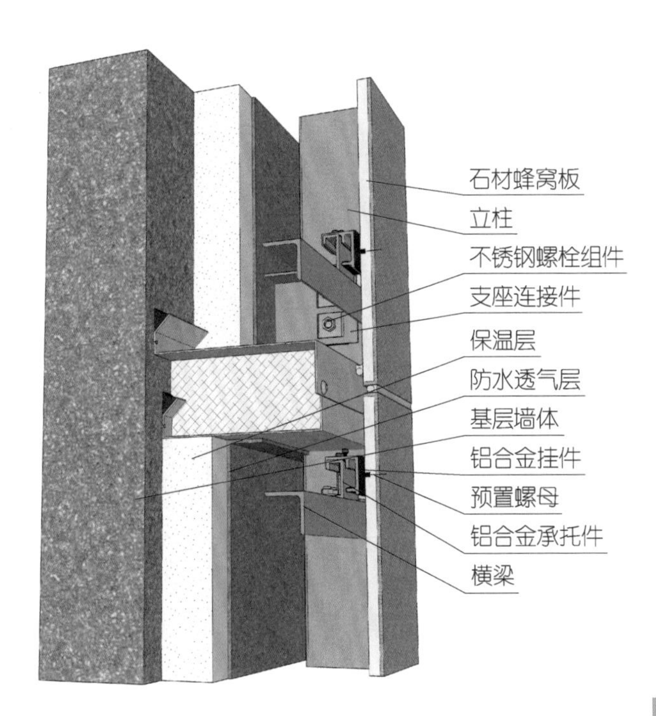

石材蜂窝板
立柱
不锈钢螺栓组件
支座连接件
保温层
防水透气层
基层墙体
铝合金挂件
预置螺母
铝合金承托件
横梁

层间竖剖节点图

凹窗横竖剖节点图 C6

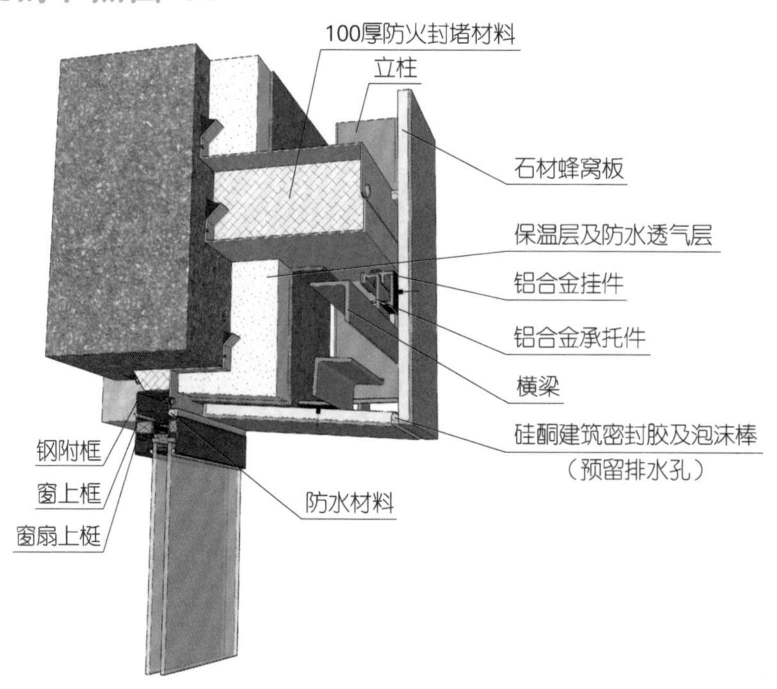

100厚防火封堵材料
立柱
石材蜂窝板
保温层及防水透气层
铝合金挂件
铝合金承托件
横梁
硅酮建筑密封胶及泡沫棒
（预留排水孔）

钢附框
窗上框
窗扇上梃
防水材料

窗上口

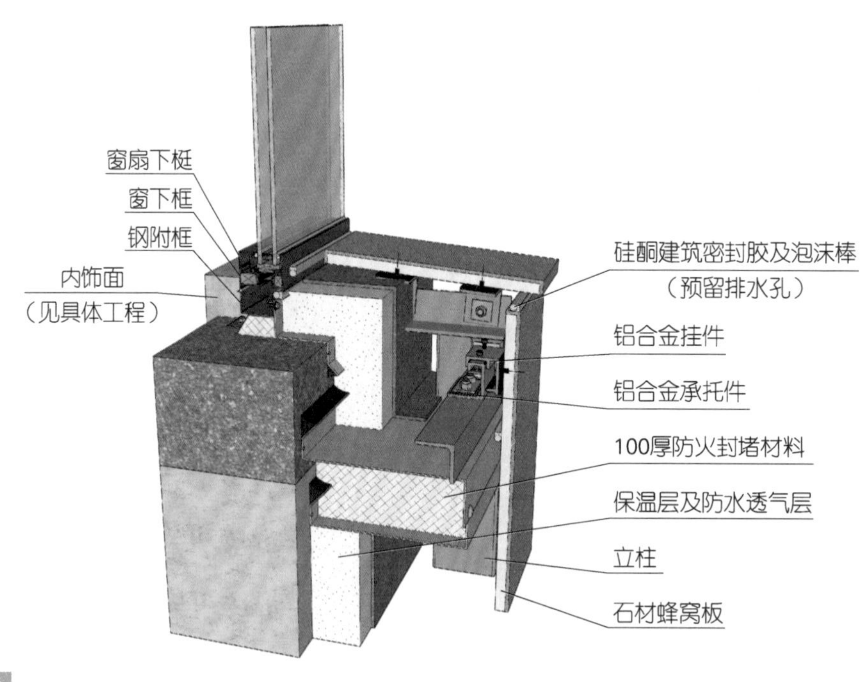

窗扇下梃
窗下框
钢附框
内饰面
（见具体工程）

硅酮建筑密封胶及泡沫棒
（预留排水孔）
铝合金挂件
铝合金承托件
100厚防火封堵材料
保温层及防水透气层
立柱
石材蜂窝板

窗下口

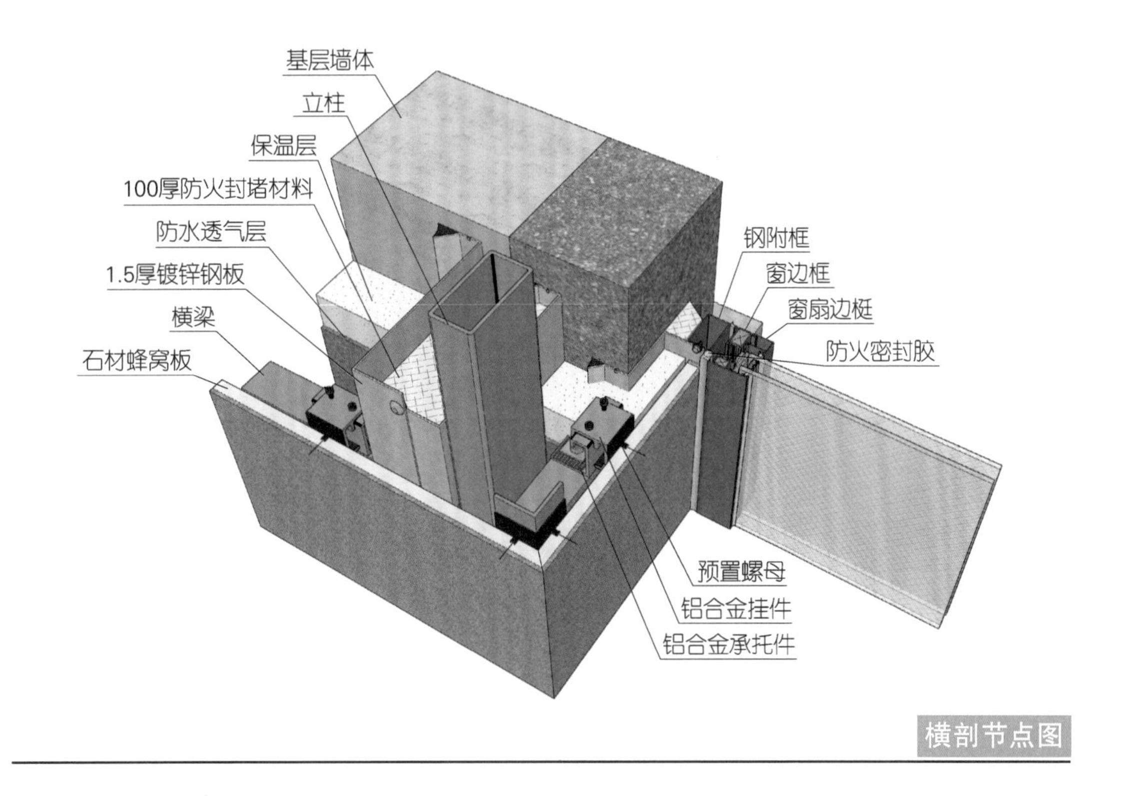

基层墙体

立柱

保温层

100厚防火封堵材料

防水透气层

1.5厚镀锌钢板

横梁

石材蜂窝板

钢附框

窗边框

窗扇边框

防火密封胶

预置螺母

铝合金挂件

铝合金承托件

横剖节点图

平窗横竖剖节点图（固定扇）C7

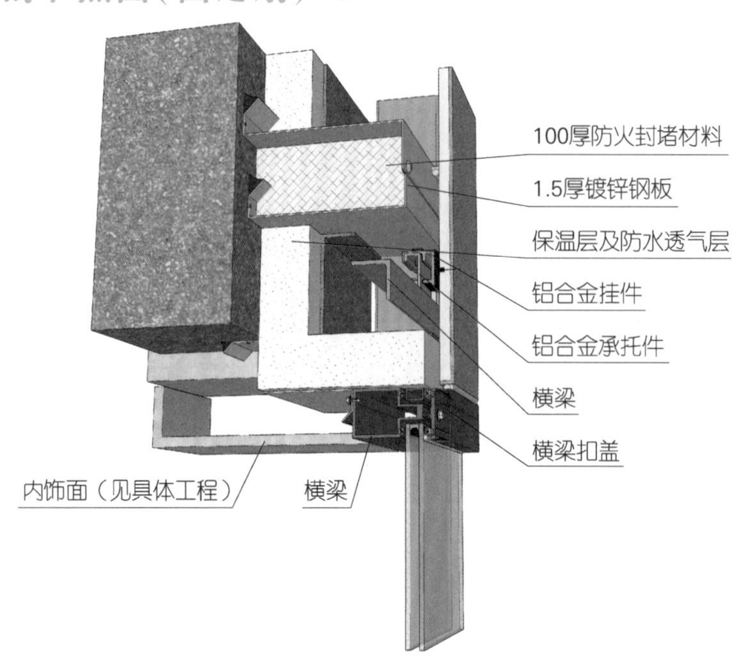

100厚防火封堵材料
1.5厚镀锌钢板
保温层及防水透气层
铝合金挂件
铝合金承托件
横梁
横梁扣盖

内饰面（见具体工程）　横梁

窗上口

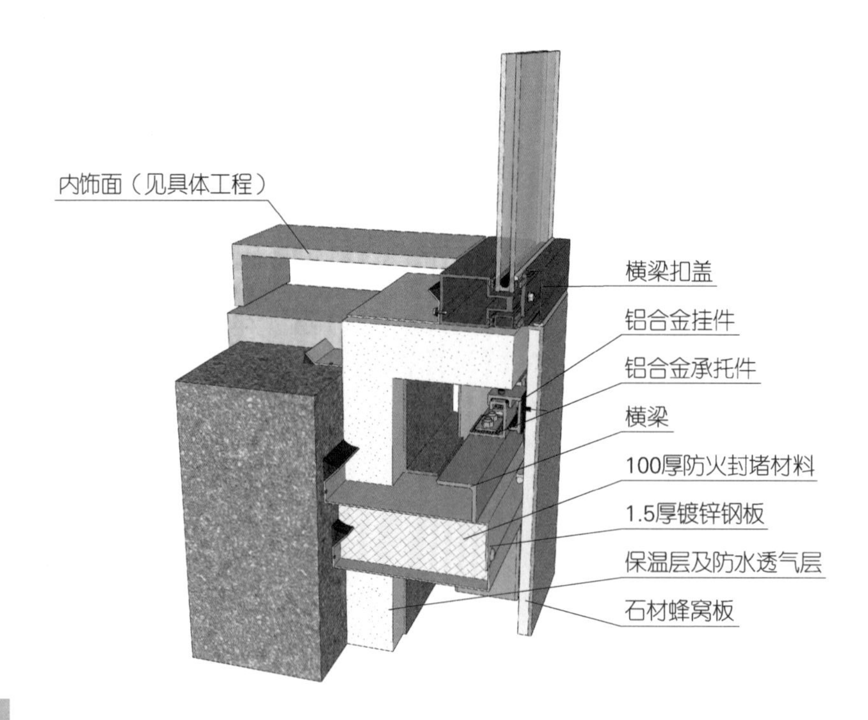

内饰面（见具体工程）

横梁扣盖
铝合金挂件
铝合金承托件
横梁
100厚防火封堵材料
1.5厚镀锌钢板
保温层及防水透气层
石材蜂窝板

窗下口

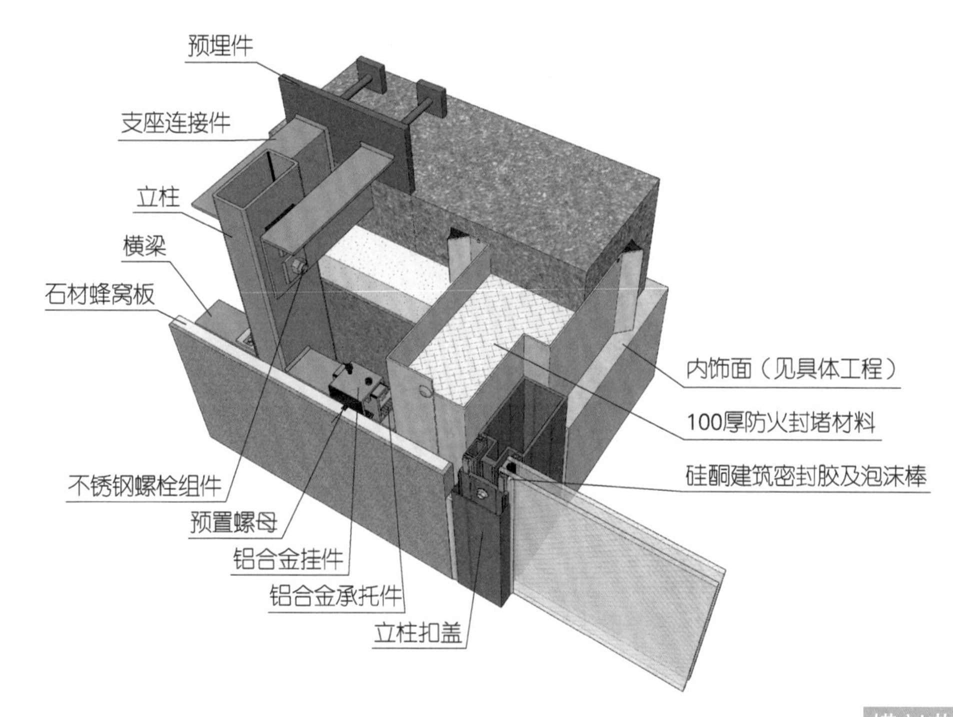

预埋件

支座连接件

立柱

横梁

石材蜂窝板

不锈钢螺栓组件

预置螺母

铝合金挂件

铝合金承托件

立柱扣盖

内饰面（见具体工程）

100厚防火封堵材料

硅酮建筑密封胶及泡沫棒

横剖节点图

门横竖剖节点图 C8

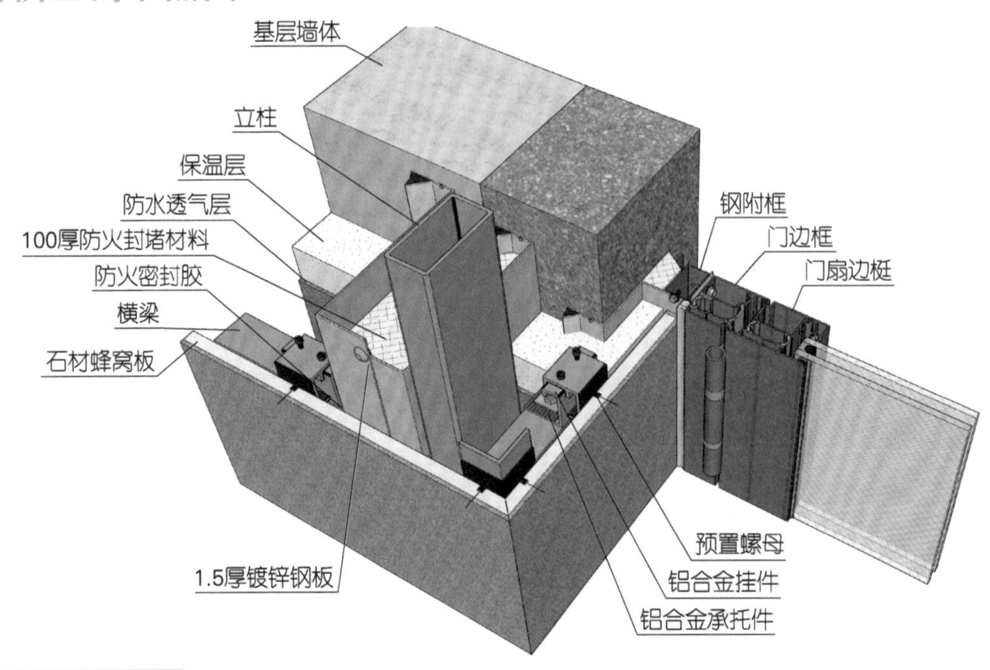

基层墙体

立柱

保温层

防水透气层

100厚防火封堵材料

防火密封胶

横梁

石材蜂窝板

钢附框

门边框

门扇边梃

1.5厚镀锌钢板

预置螺母

铝合金挂件

铝合金承托件

门侧横剖节点图

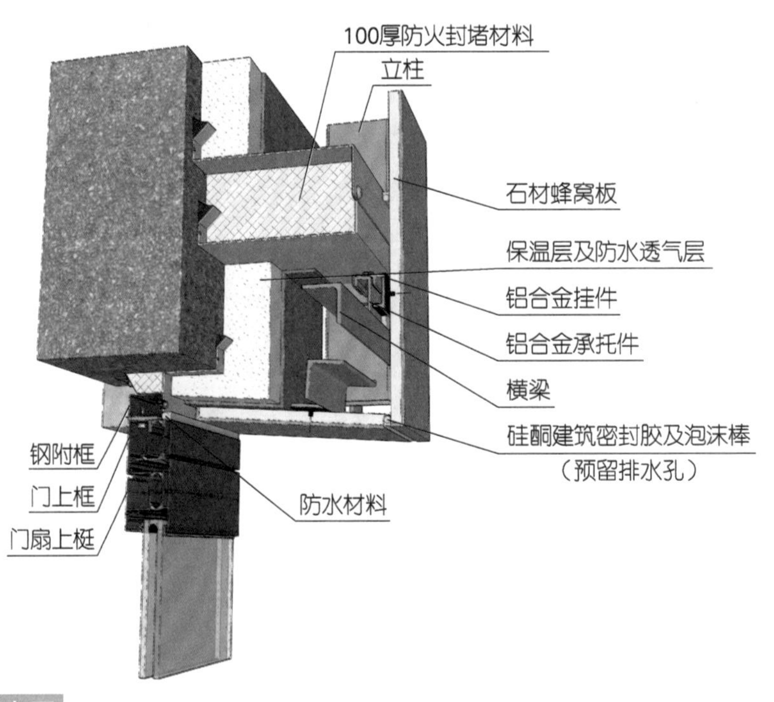

100厚防火封堵材料

立柱

石材蜂窝板

保温层及防水透气层

铝合金挂件

铝合金承托件

横梁

硅酮建筑密封胶及泡沫棒
（预留排水孔）

钢附框

门上框

门扇上梃

防水材料

门顶竖剖节点图

90°转角横剖节点图 C9

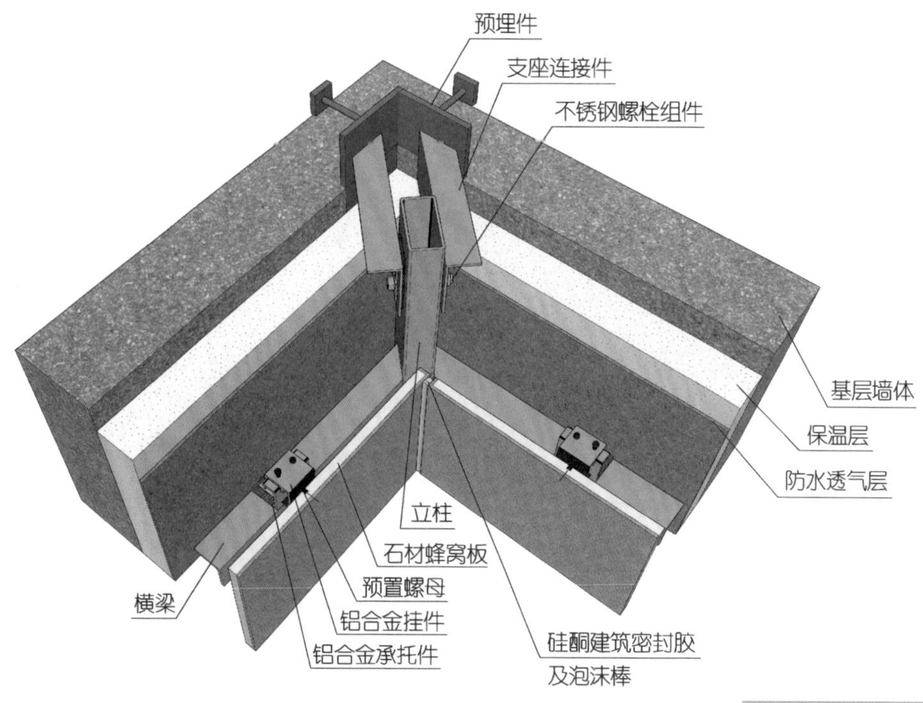

预埋件
支座连接件
不锈钢螺栓组件
基层墙体
保温层
防水透气层
立柱
石材蜂窝板
预置螺母
铝合金挂件
铝合金承托件
横梁
硅酮建筑密封胶及泡沫棒

90°阴角横剖节点图

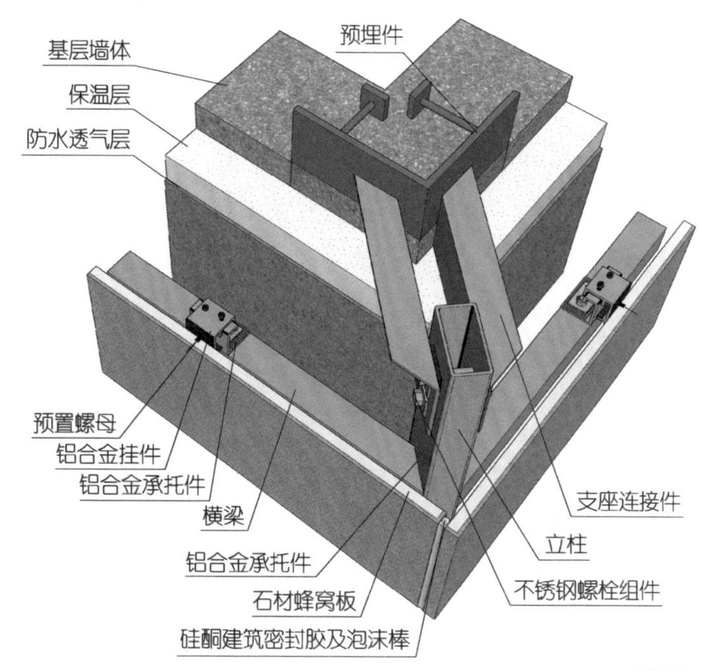

基层墙体
保温层
防水透气层
预埋件
预置螺母
铝合金挂件
铝合金承托件
横梁
铝合金承托件
石材蜂窝板
硅酮建筑密封胶及泡沫棒
支座连接件
立柱
不锈钢螺栓组件

90°阳角横剖节点图

135°转角横剖节点图 C10

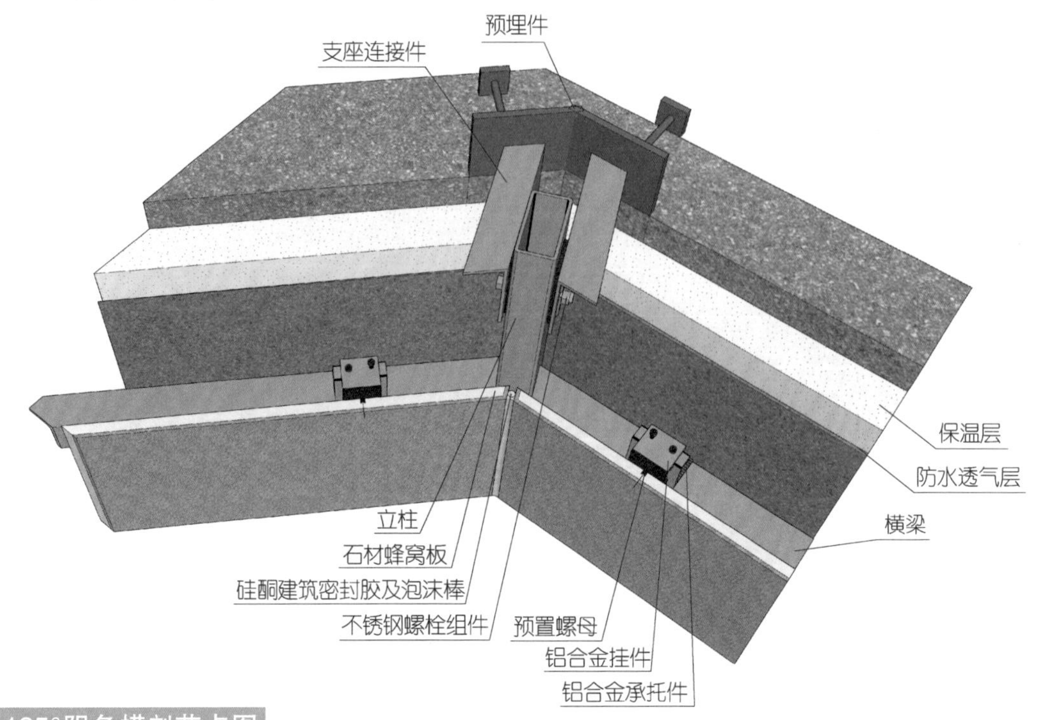

支座连接件　预埋件

保温层
防水透气层
横梁

立柱
石材蜂窝板
硅酮建筑密封胶及泡沫棒
不锈钢螺栓组件　预置螺母
铝合金挂件
铝合金承托件

135°阴角横剖节点图

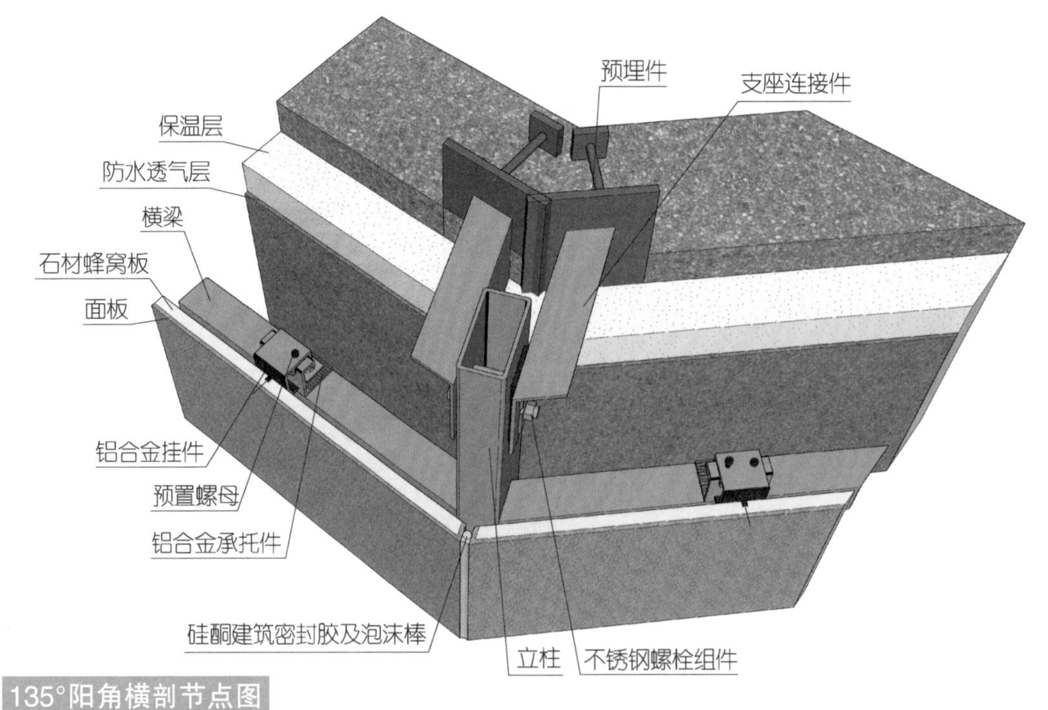

预埋件　支座连接件

保温层
防水透气层
横梁
石材蜂窝板
面板

铝合金挂件
预置螺母
铝合金承托件

硅酮建筑密封胶及泡沫棒
立柱　不锈钢螺栓组件

135°阳角横剖节点图

女儿墙收口、勒脚收口节点图 C11

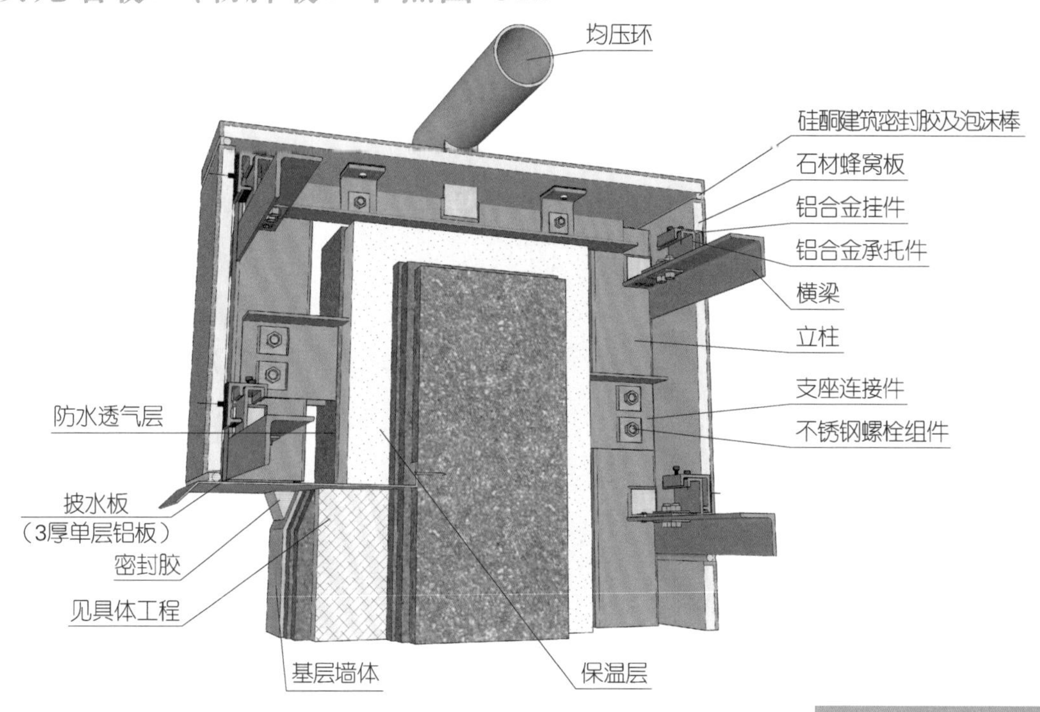

均压环

硅酮建筑密封胶及泡沫棒
石材蜂窝板
铝合金挂件
铝合金承托件
横梁
立柱
支座连接件
不锈钢螺栓组件

防水透气层

披水板
（3厚单层铝板）
密封胶
见具体工程

基层墙体

保温层

女儿墙收口节点图

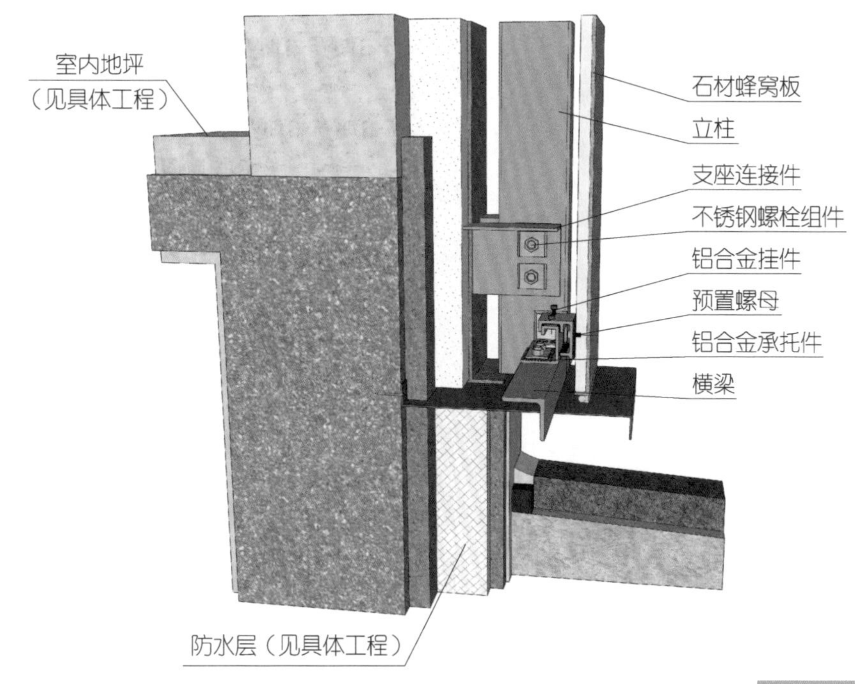

室内地坪
（见具体工程）

石材蜂窝板
立柱
支座连接件
不锈钢螺栓组件
铝合金挂件
预置螺母
铝合金承托件
横梁

防水层（见具体工程）

勒脚收口节点图

与室外吊顶相接竖剖节点图 C12

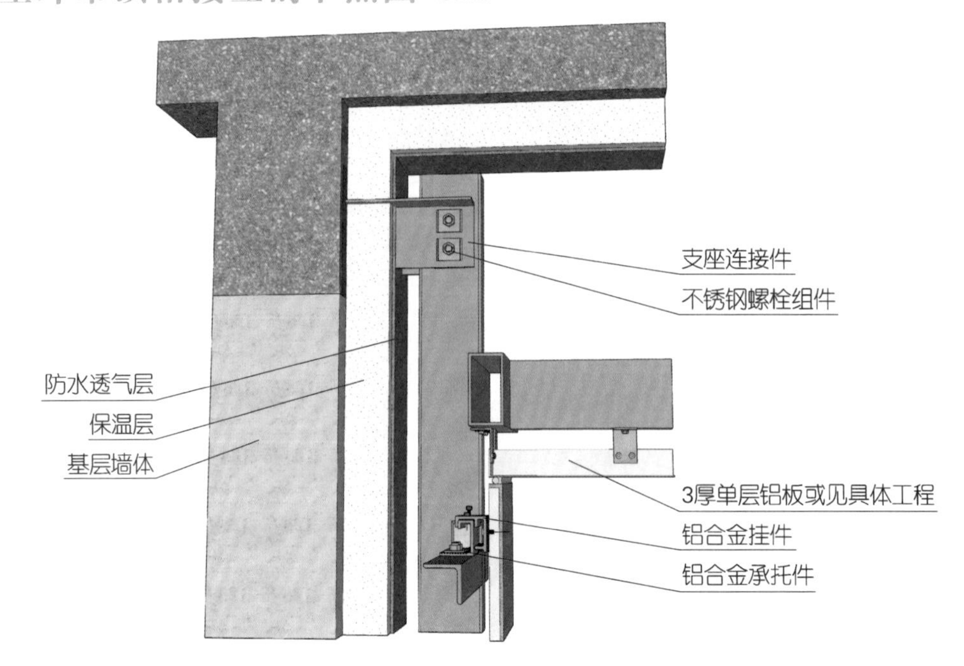

支座连接件
不锈钢螺栓组件

防水透气层
保温层
基层墙体

3厚单层铝板或见具体工程
铝合金挂件
铝合金承托件

与吊顶相接上收口节点图

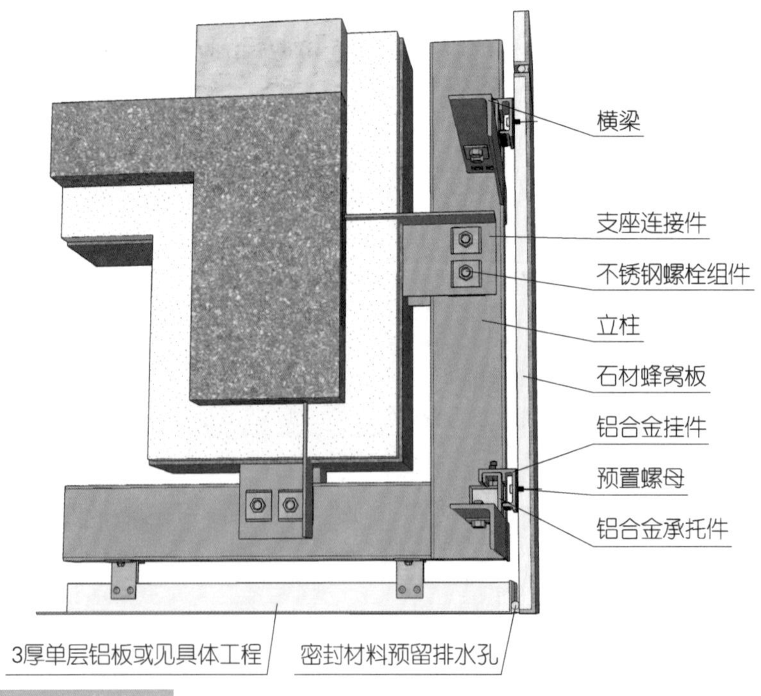

横梁

支座连接件
不锈钢螺栓组件
立柱
石材蜂窝板
铝合金挂件
预置螺母
铝合金承托件

3厚单层铝板或见具体工程　密封材料预留排水孔

与吊顶相接下收口节点图

侧封边、与雨篷相接节点图 C13

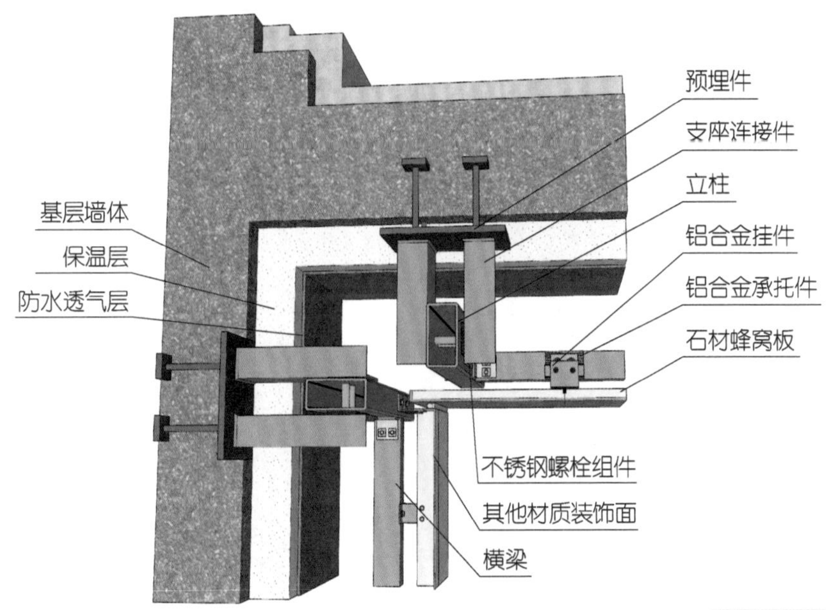

基层墙体
保温层
防水透气层

预埋件
支座连接件
立柱
铝合金挂件
铝合金承托件
石材蜂窝板

不锈钢螺栓组件
其他材质装饰面
横梁

侧封边横剖节点图

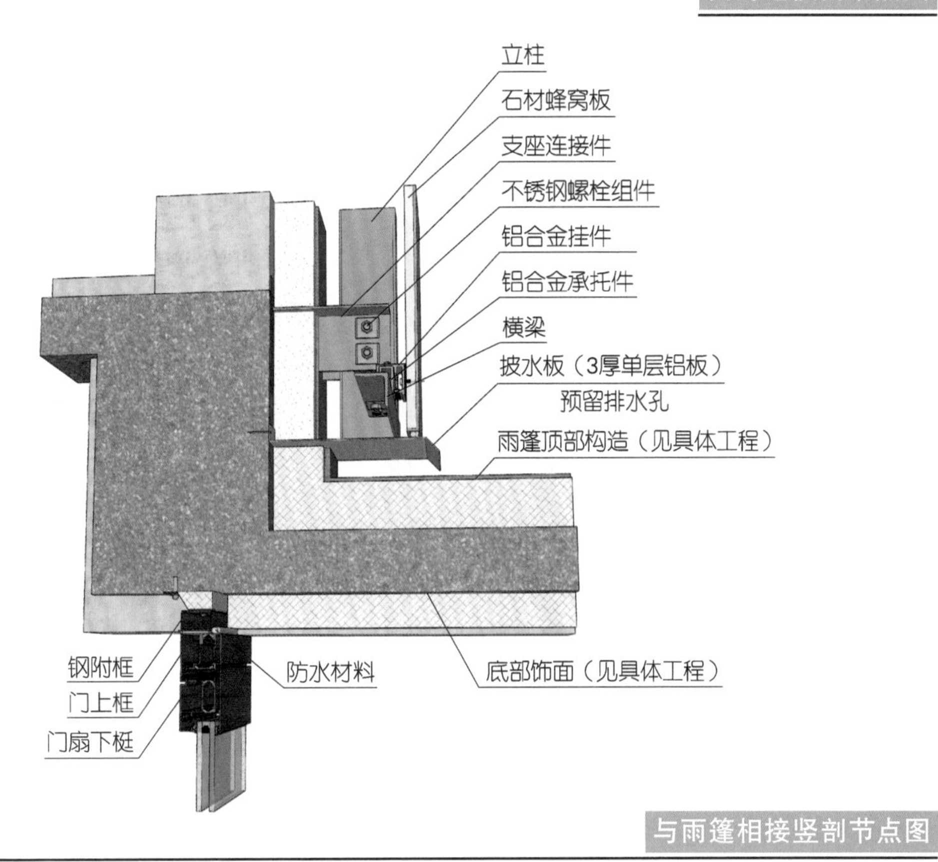

立柱
石材蜂窝板
支座连接件
不锈钢螺栓组件
铝合金挂件
铝合金承托件
横梁
披水板（3厚单层铝板）
预留排水孔
雨篷顶部构造（见具体工程）

钢附框
门上框
门扇下梃

防水材料

底部饰面（见具体工程）

与雨篷相接竖剖节点图

与其他材质幕墙相接横竖剖节点图 C14

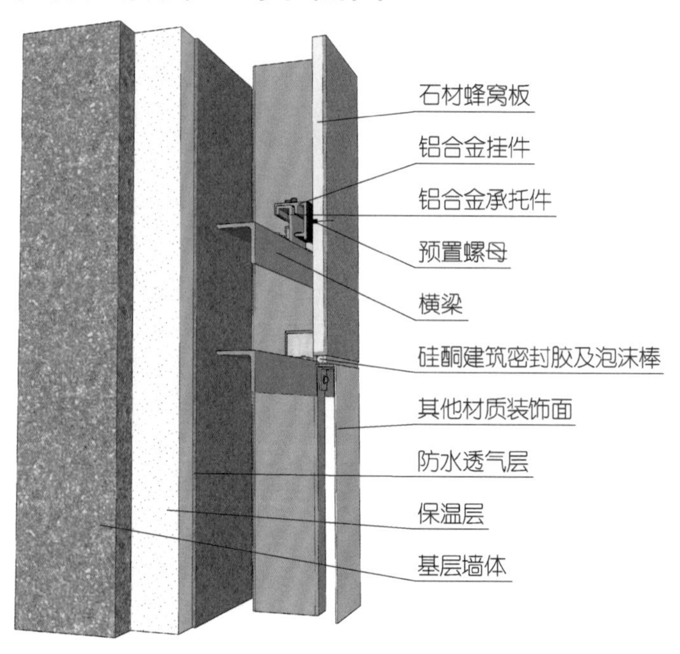

石材蜂窝板

铝合金挂件

铝合金承托件

预置螺母

横梁

硅酮建筑密封胶及泡沫棒

其他材质装饰面

防水透气层

保温层

基层墙体

上接口

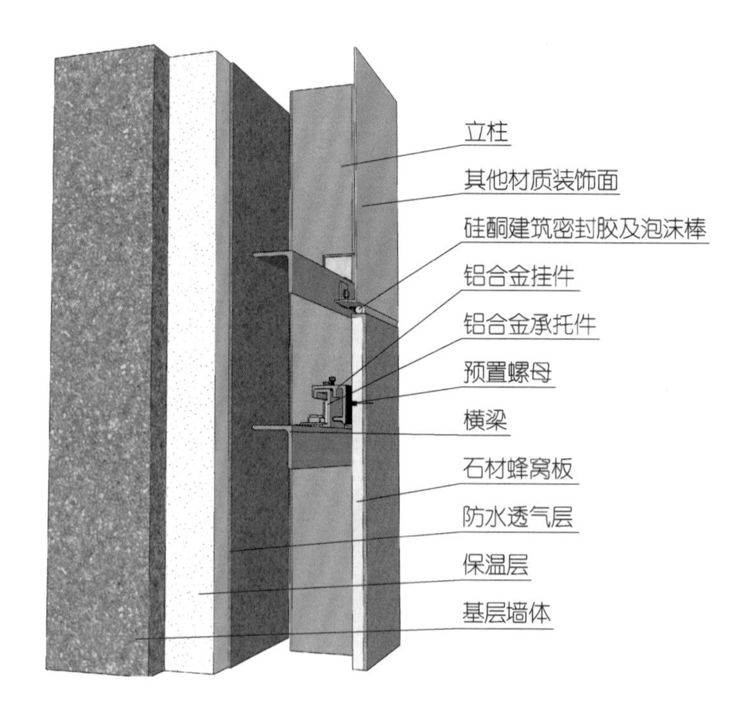

立柱

其他材质装饰面

硅酮建筑密封胶及泡沫棒

铝合金挂件

铝合金承托件

预置螺母

横梁

石材蜂窝板

防水透气层

保温层

基层墙体

下接口

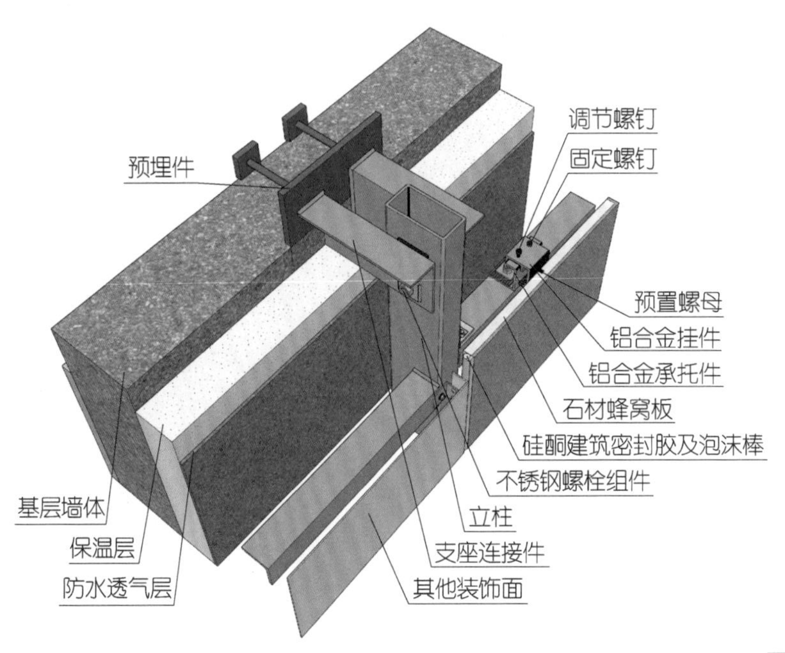

预埋件

调节螺钉
固定螺钉

预置螺母
铝合金挂件
铝合金承托件
石材蜂窝板
硅酮建筑密封胶及泡沫棒
不锈钢螺栓组件

基层墙体
保温层
防水透气层

立柱
支座连接件
其他装饰面

横剖节点图

117

变形缝节点图 C15

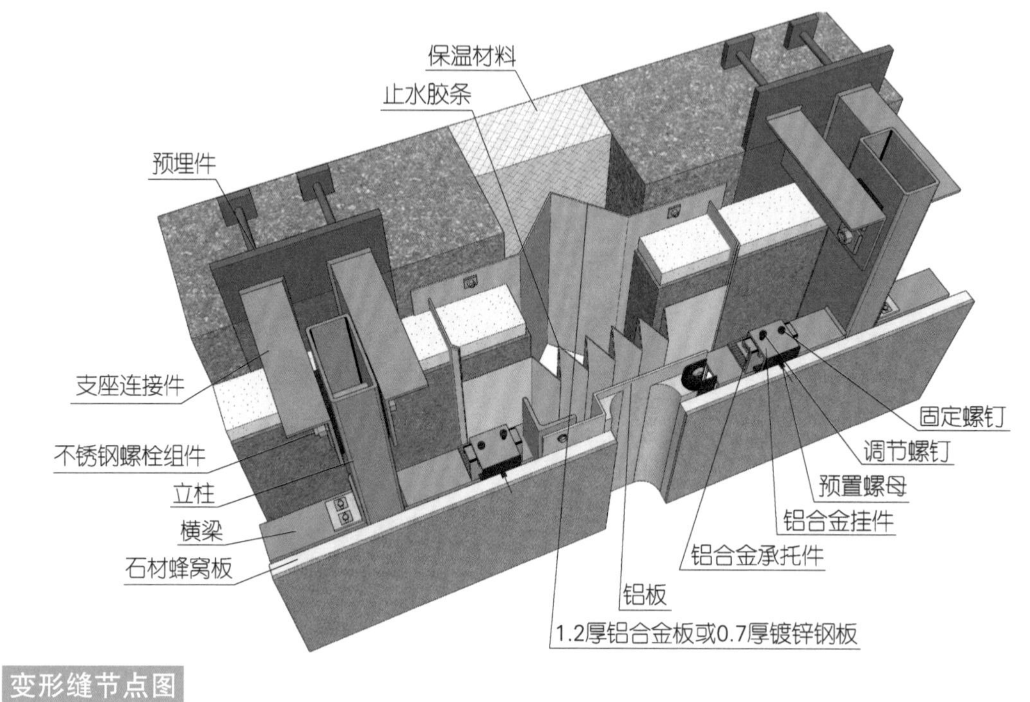

保温材料

止水胶条

预埋件

支座连接件

不锈钢螺栓组件

立柱

横梁

石材蜂窝板

固定螺钉

调节螺钉

预置螺母

铝合金挂件

铝合金承托件

铝板

1.2厚铝合金板或0.7厚镀锌钢板

变形缝节点图

D

纤维水泥板幕墙

三维模型动画演示

穿透支承连接纤维水泥板幕墙索引图D4

立面图

1-1剖面图

2-2剖面图（不带地下室）

3-3剖面图（带地下室）

图例

其他材质

纤维水泥板

玻璃

标准横竖剖节点图 D5

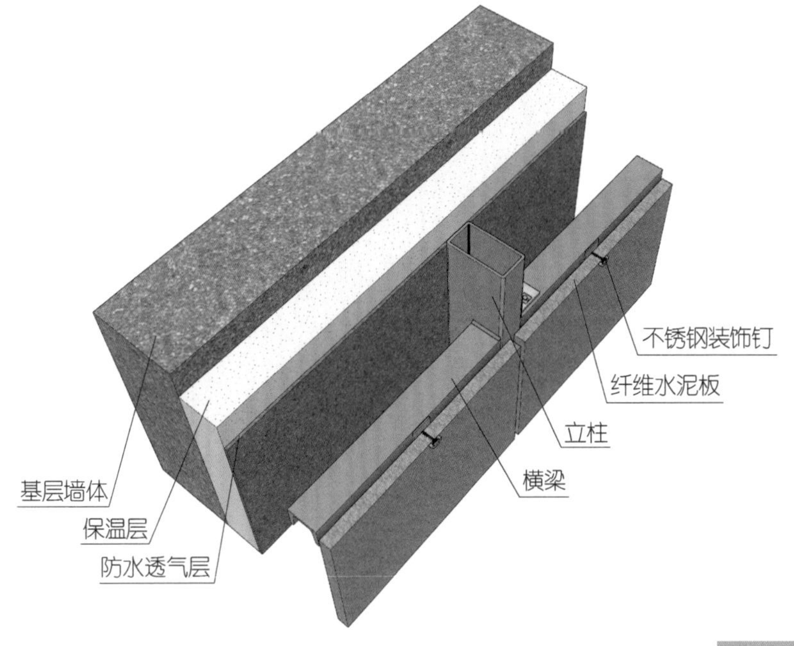

不锈钢装饰钉
纤维水泥板
立柱
横梁

基层墙体
保温层
防水透气层

标准横剖节点图

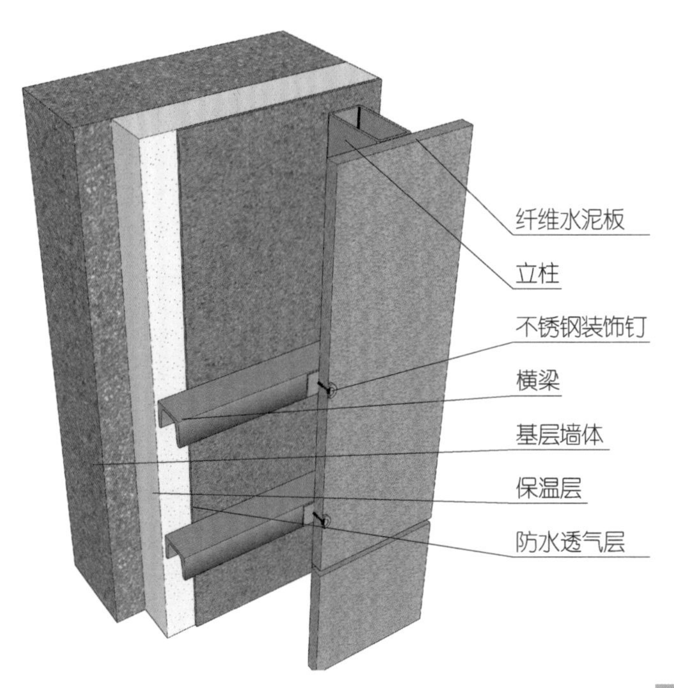

纤维水泥板
立柱
不锈钢装饰钉
横梁
基层墙体
保温层
防水透气层

标准竖剖节点图

D.1 穿透支承连接纤维水泥板幕墙（一）

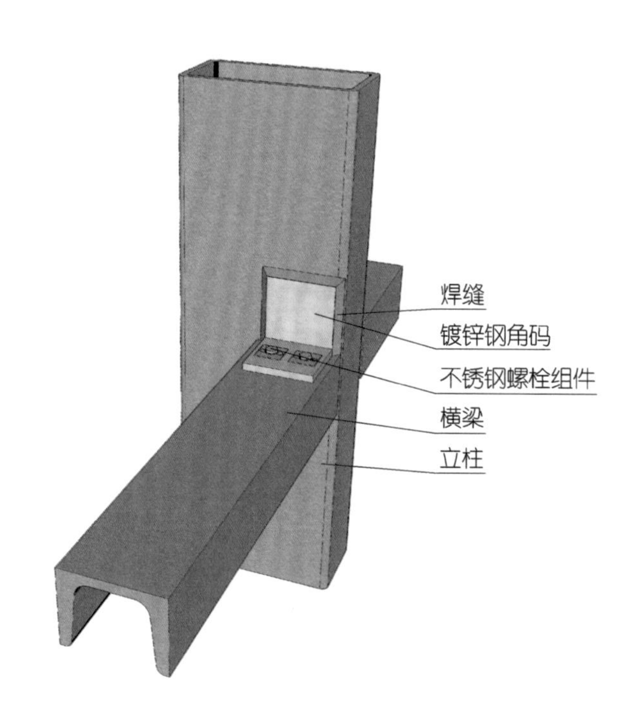

焊缝

镀锌钢角码

不锈钢螺栓组件

横梁

立柱

剖面图

层间横竖剖节点图 D6

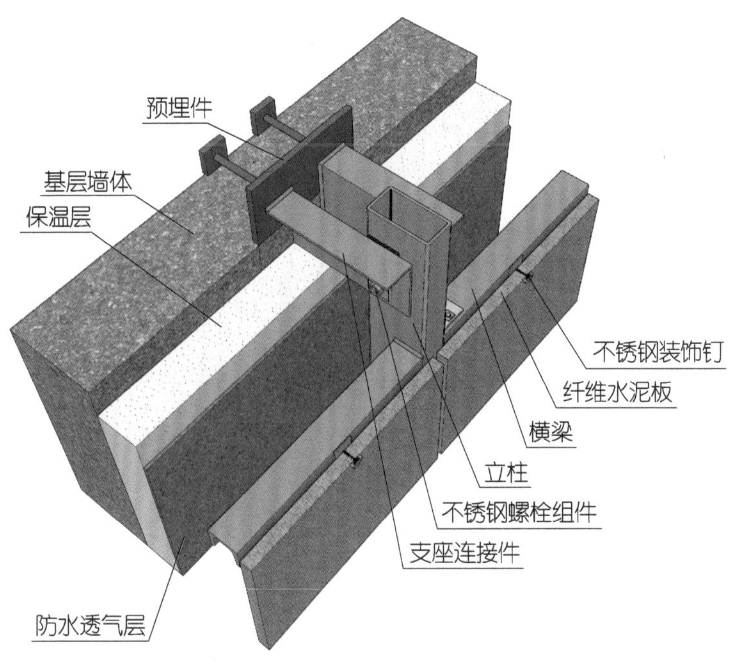

预埋件

基层墙体

保温层

不锈钢装饰钉

纤维水泥板

横梁

立柱

不锈钢螺栓组件

支座连接件

防水透气层

层间横剖节点图

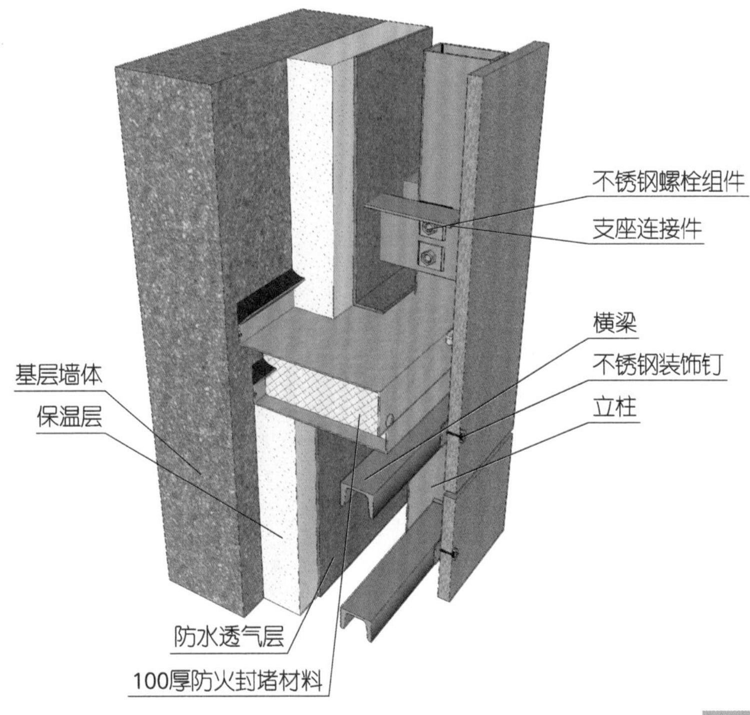

不锈钢螺栓组件

支座连接件

横梁

不锈钢装饰钉

立柱

基层墙体

保温层

防水透气层

100厚防火封堵材料

层间竖剖节点图

凹窗横竖剖节点图 D7

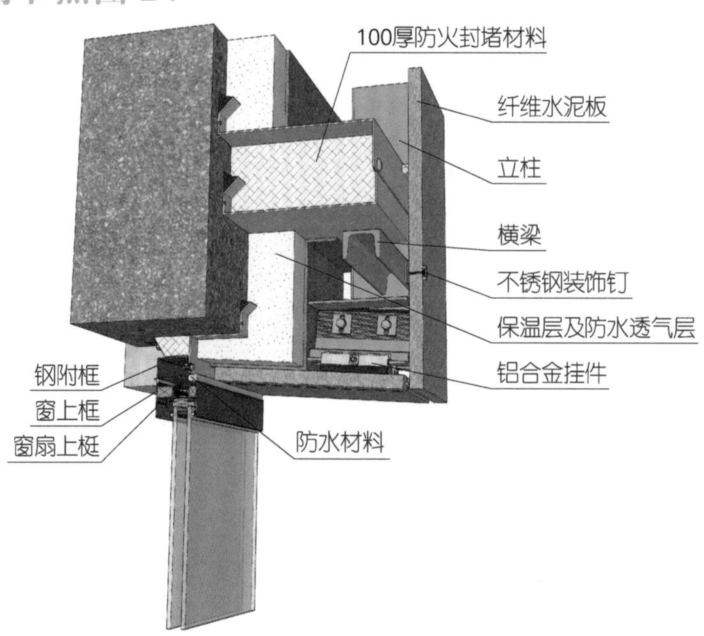

100厚防火封堵材料
纤维水泥板
立柱
横梁
不锈钢装饰钉
保温层及防水透气层
铝合金挂件

钢附框
窗上框
窗扇上梃

防水材料

窗上口

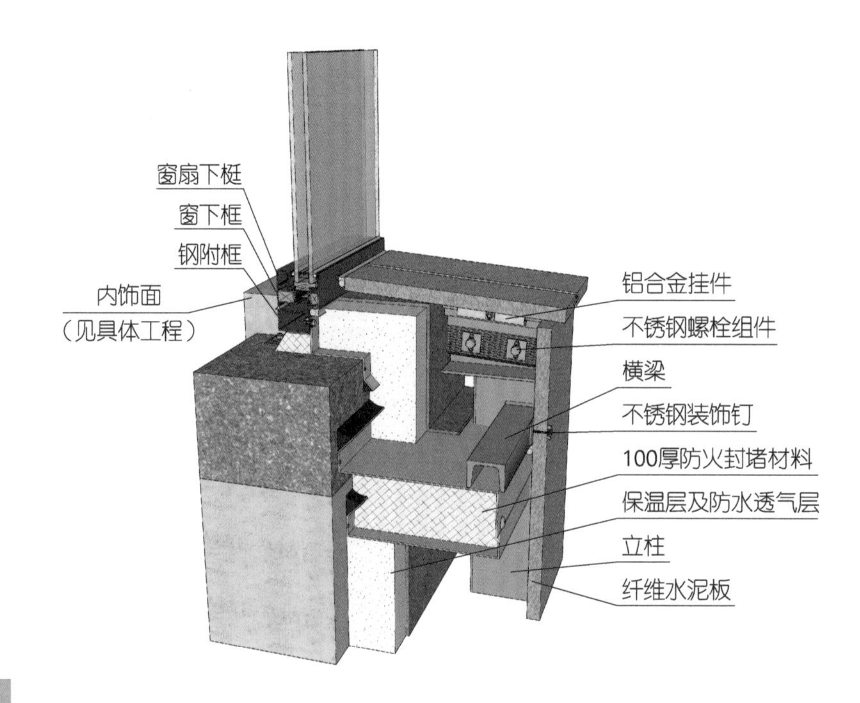

窗扇下梃
窗下框
钢附框
内饰面
（见具体工程）

铝合金挂件
不锈钢螺栓组件
横梁
不锈钢装饰钉
100厚防火封堵材料
保温层及防水透气层
立柱
纤维水泥板

窗下口

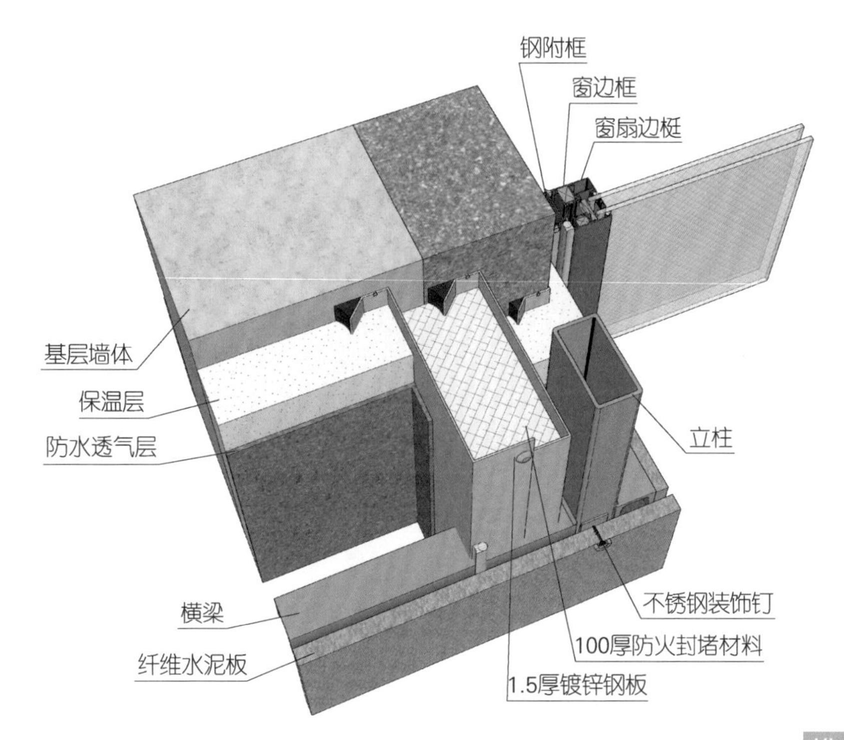

钢附框

窗边框

窗扇边梃

基层墙体

保温层

防水透气层

立柱

横梁

纤维水泥板

不锈钢装饰钉

100厚防火封堵材料

1.5厚镀锌钢板

横剖节点图

平窗横竖剖节点图（固定扇）D8

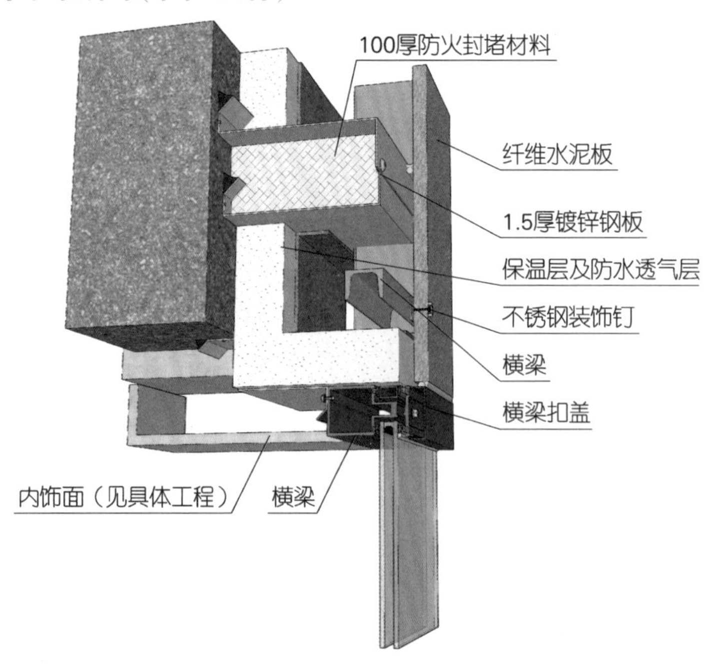

100厚防火封堵材料

纤维水泥板

1.5厚镀锌钢板

保温层及防水透气层

不锈钢装饰钉

横梁

横梁扣盖

内饰面（见具体工程）　横梁

窗上口

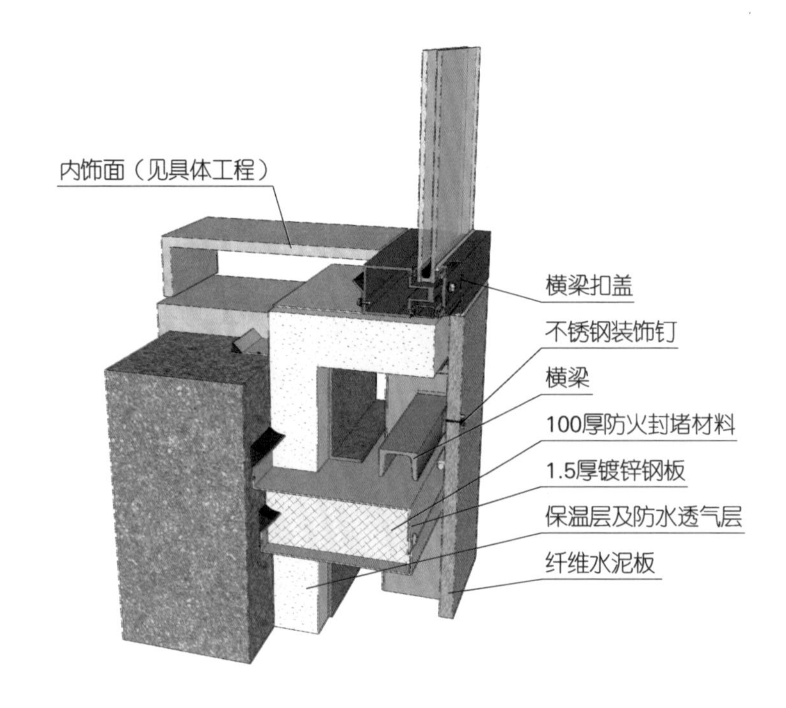

内饰面（见具体工程）

横梁扣盖

不锈钢装饰钉

横梁

100厚防火封堵材料

1.5厚镀锌钢板

保温层及防水透气层

纤维水泥板

窗下口

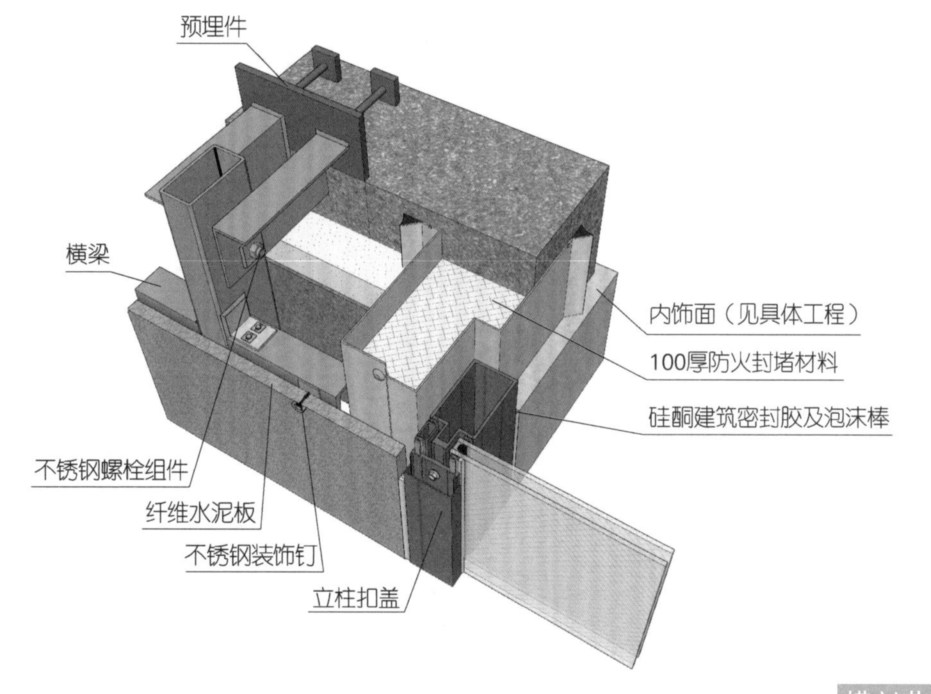

预埋件

横梁

内饰面（见具体工程）

100厚防火封堵材料

硅酮建筑密封胶及泡沫棒

不锈钢螺栓组件

纤维水泥板

不锈钢装饰钉

立柱扣盖

横剖节点图

门横竖剖节点图 D9

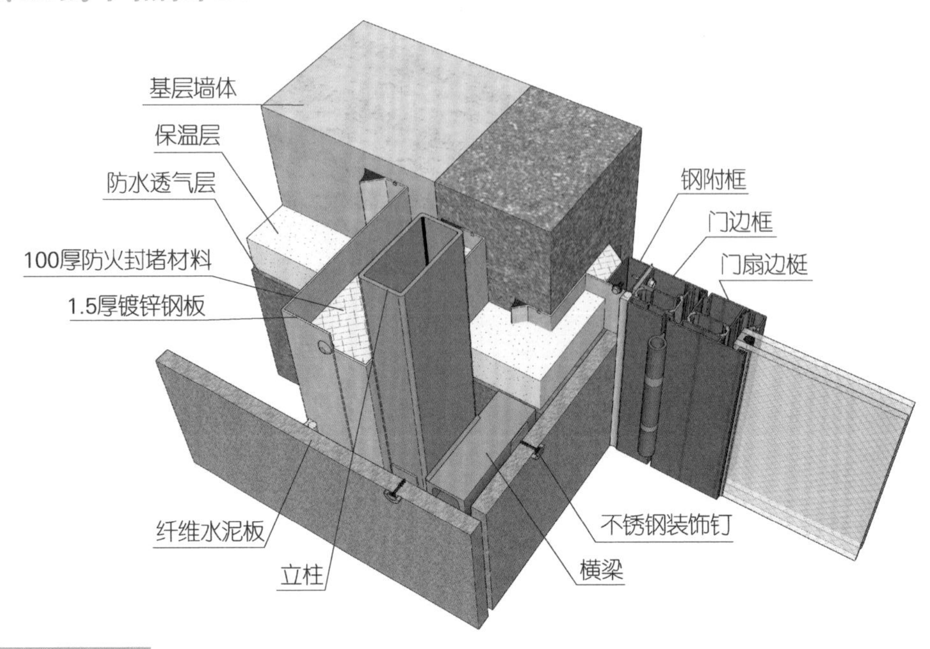

基层墙体
保温层
防水透气层
100厚防火封堵材料
1.5厚镀锌钢板
钢附框
门边框
门扇边梃
纤维水泥板
立柱
不锈钢装饰钉
横梁

门侧横剖节点图

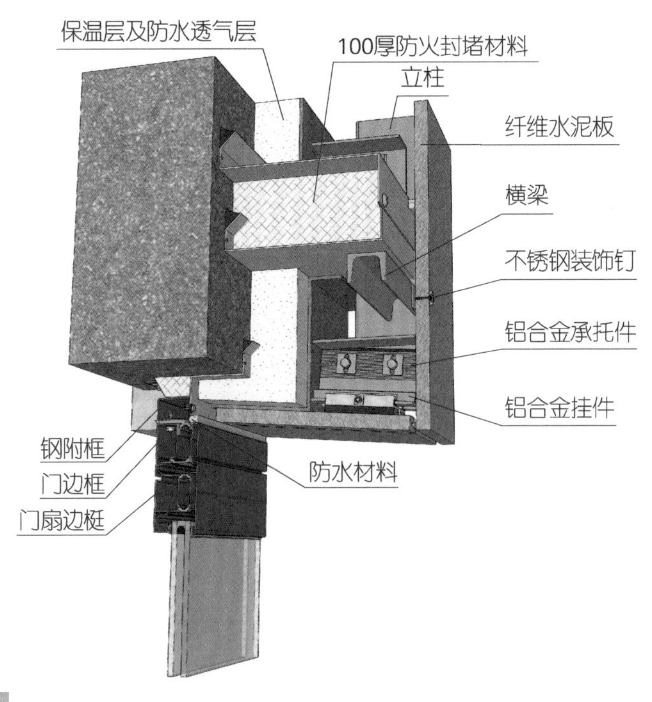

保温层及防水透气层
100厚防火封堵材料
立柱
纤维水泥板
横梁
不锈钢装饰钉
铝合金承托件
铝合金挂件
钢附框
门边框
门扇边梃
防水材料

门顶竖剖节点图

90°转角横剖节点图 D10

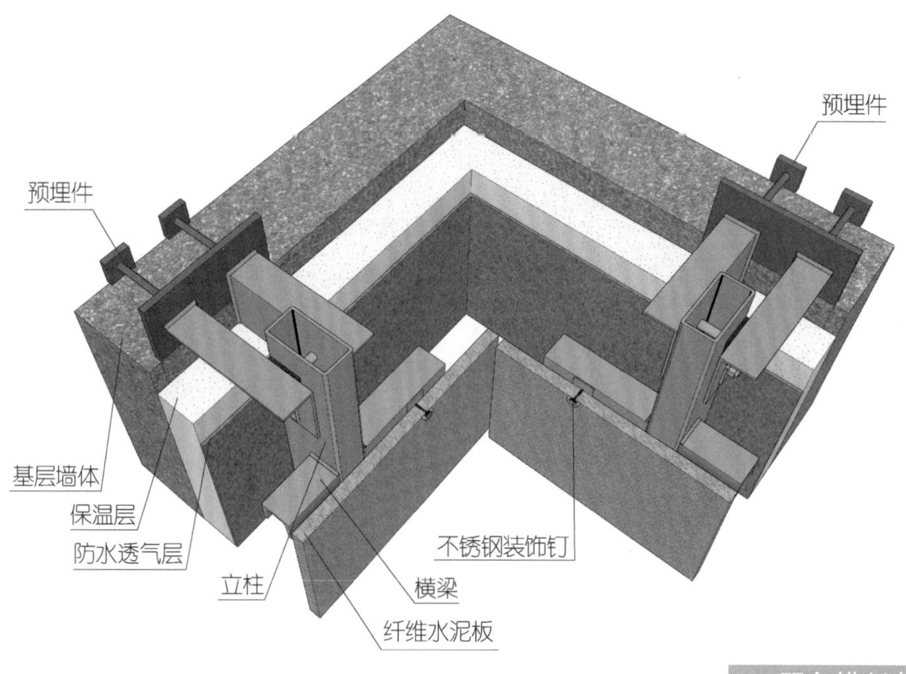

预埋件

预埋件

基层墙体
保温层
防水透气层
立柱

不锈钢装饰钉
横梁
纤维水泥板

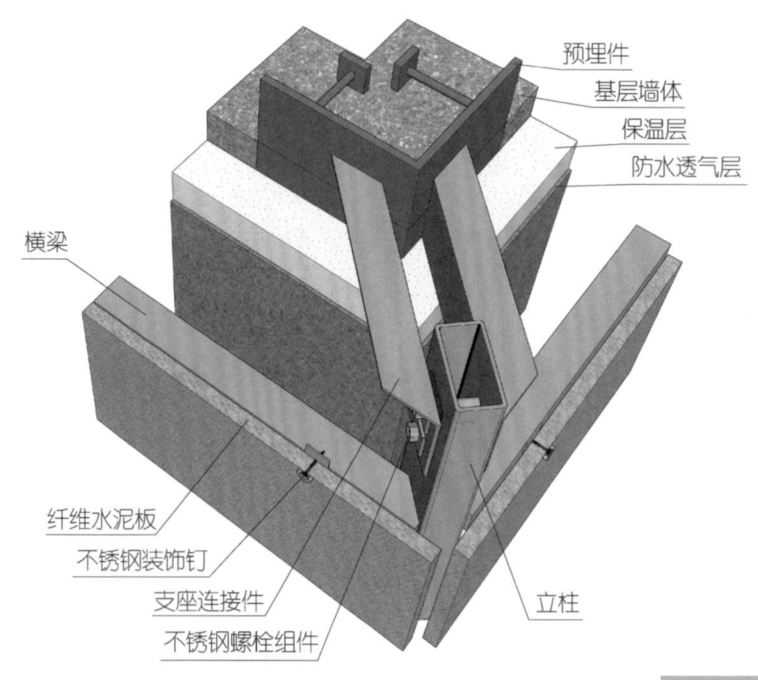

预埋件
基层墙体
保温层
防水透气层

横梁

纤维水泥板
不锈钢装饰钉
支座连接件
不锈钢螺栓组件

立柱

90°阳角横剖节点图

135°转角横剖节点图 D11

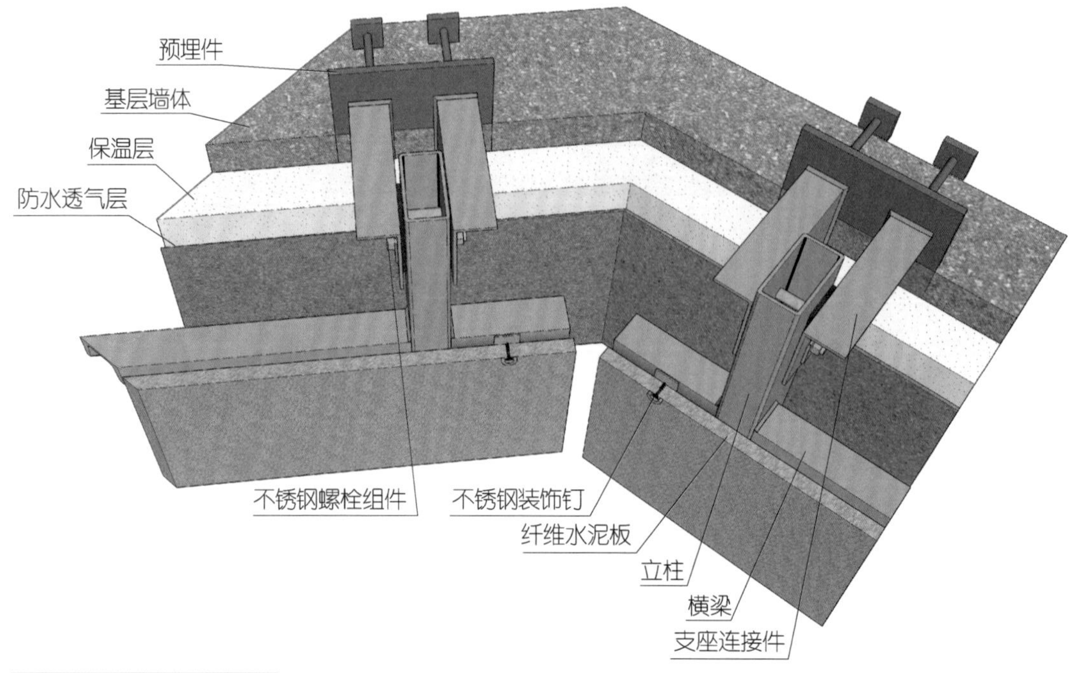

预埋件

基层墙体

保温层

防水透气层

不锈钢螺栓组件

不锈钢装饰钉

纤维水泥板

立柱

横梁

支座连接件

135°阴角横剖节点图

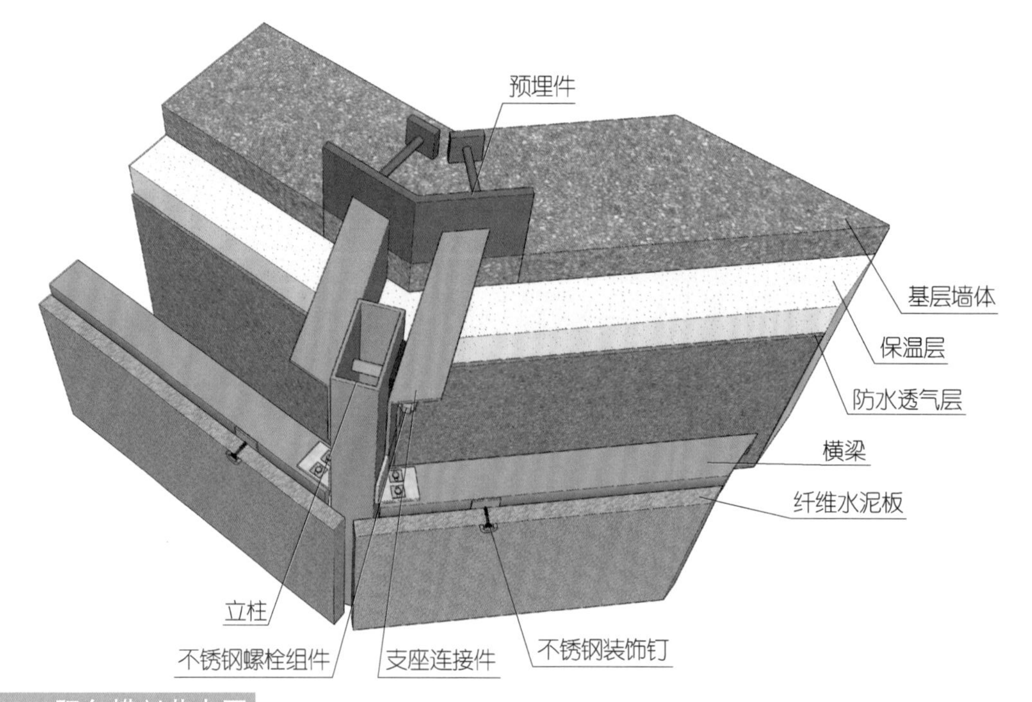

预埋件

基层墙体

保温层

防水透气层

横梁

纤维水泥板

立柱

不锈钢螺栓组件

支座连接件

不锈钢装饰钉

135°阳角横剖节点图

女儿墙收口、勒脚收口节点图 D12

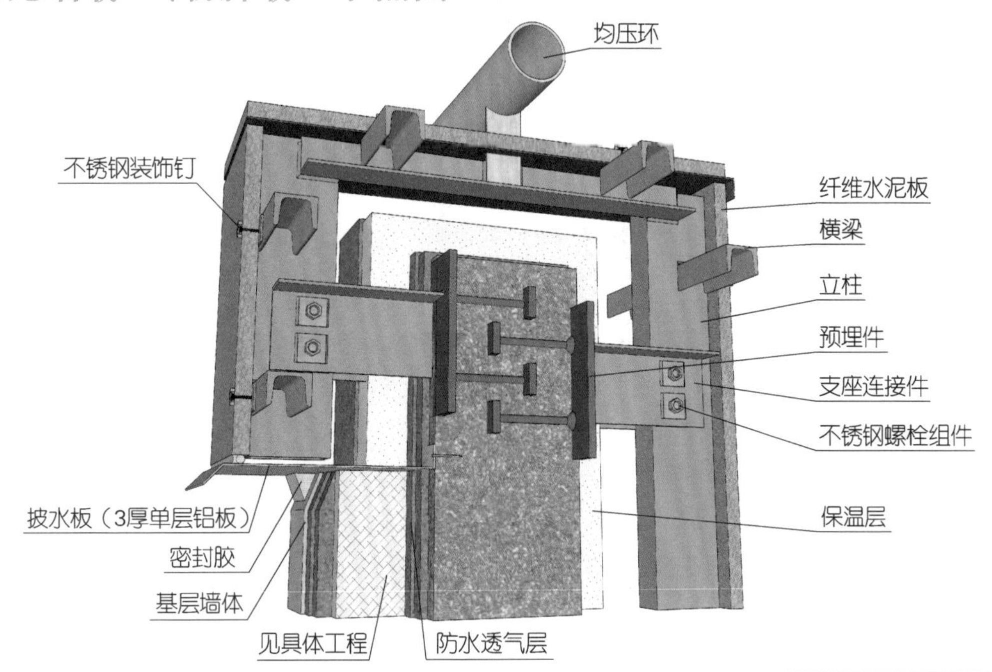

均压环

不锈钢装饰钉

纤维水泥板
横梁
立柱
预埋件
支座连接件
不锈钢螺栓组件

保温层

披水板（3厚单层铝板）
密封胶
基层墙体

见具体工程　　防水透气层

女儿墙收口节点图

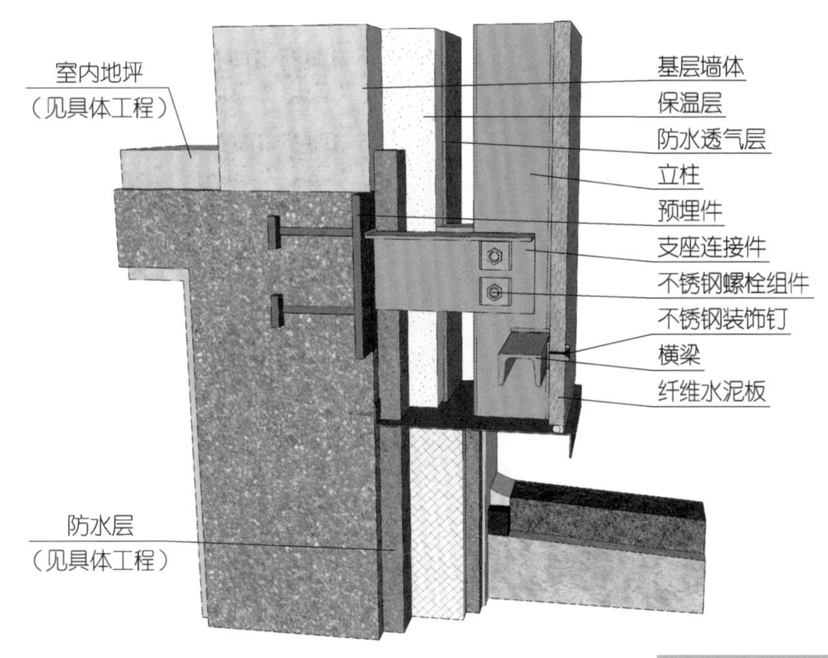

室内地坪
（见具体工程）

基层墙体
保温层
防水透气层
立柱
预埋件
支座连接件
不锈钢螺栓组件
不锈钢装饰钉
横梁
纤维水泥板

防水层
（见具体工程）

与地面相接竖剖节点图

与室外吊顶相接竖剖节点图 D13

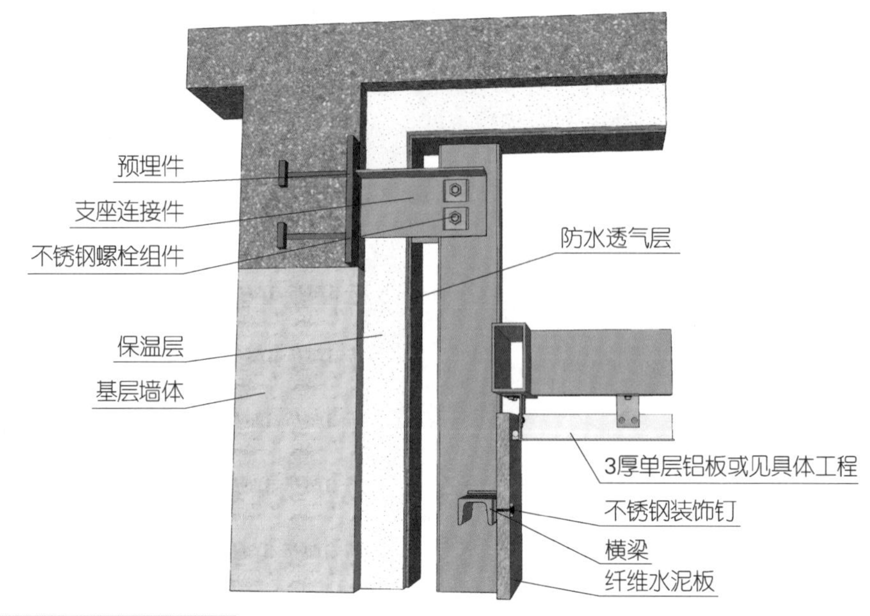

预埋件
支座连接件
不锈钢螺栓组件
防水透气层
保温层
基层墙体
3厚单层铝板或见具体工程
不锈钢装饰钉
横梁
纤维水泥板

与吊顶相接上收口节点图

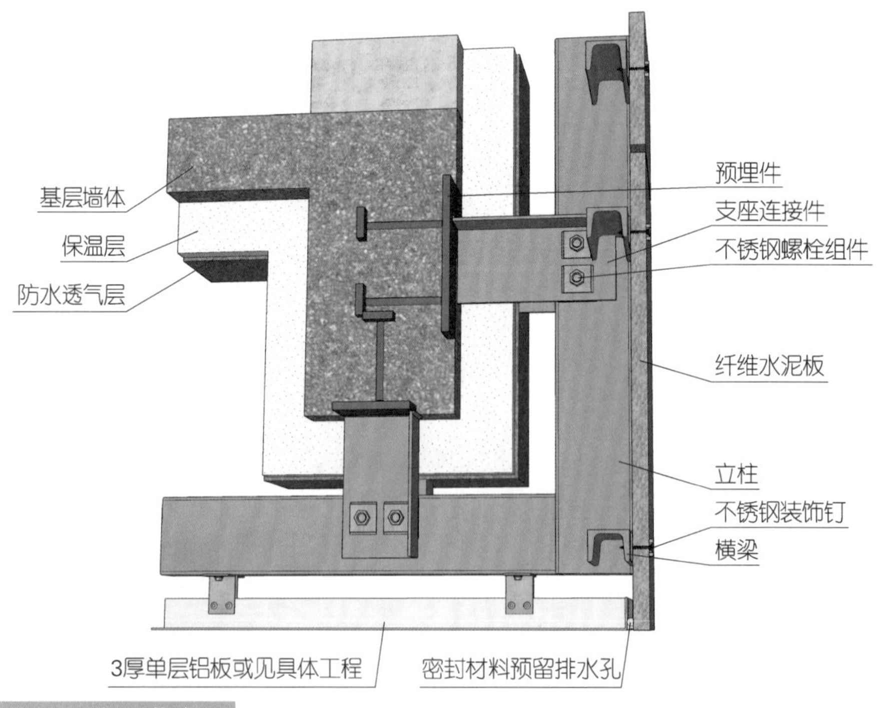

基层墙体
保温层
防水透气层
预埋件
支座连接件
不锈钢螺栓组件
纤维水泥板
立柱
不锈钢装饰钉
横梁
3厚单层铝板或见具体工程
密封材料预留排水孔

与吊顶相接下收口节点图

侧封边、与雨篷相接节点图 D14

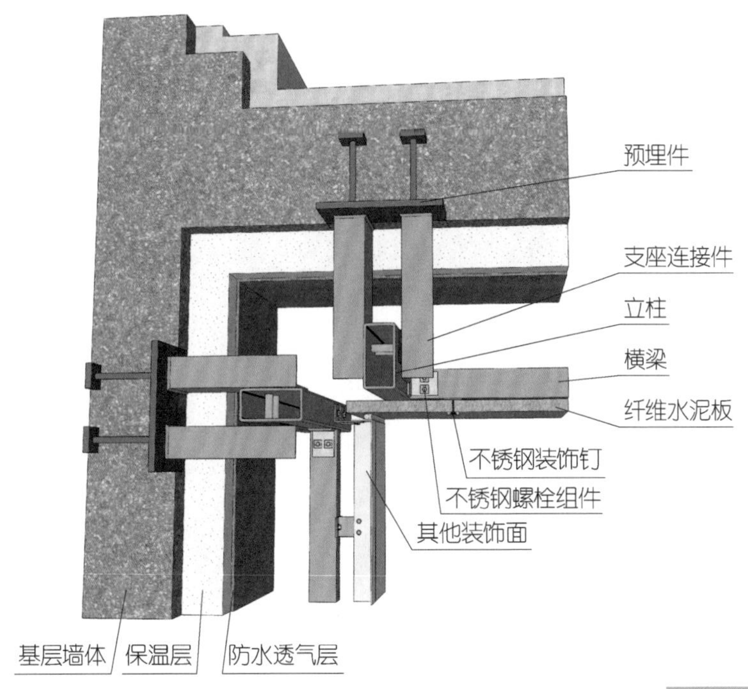

预埋件
支座连接件
立柱
横梁
纤维水泥板
不锈钢装饰钉
不锈钢螺栓组件
其他装饰面

基层墙体 保温层 防水透气层

侧封边横剖节点图

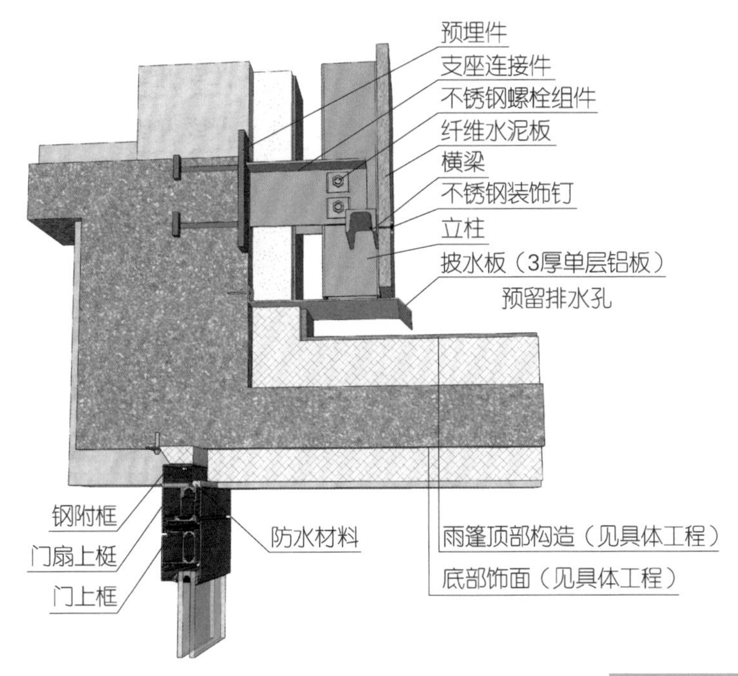

预埋件
支座连接件
不锈钢螺栓组件
纤维水泥板
横梁
不锈钢装饰钉
立柱
披水板（3厚单层铝板）
预留排水孔

钢附框
门扇上梃
门上框

防水材料

雨篷顶部构造（见具体工程）
底部饰面（见具体工程）

与雨篷相接竖剖节点图

与其他材质幕墙相接横竖剖节点图 D15

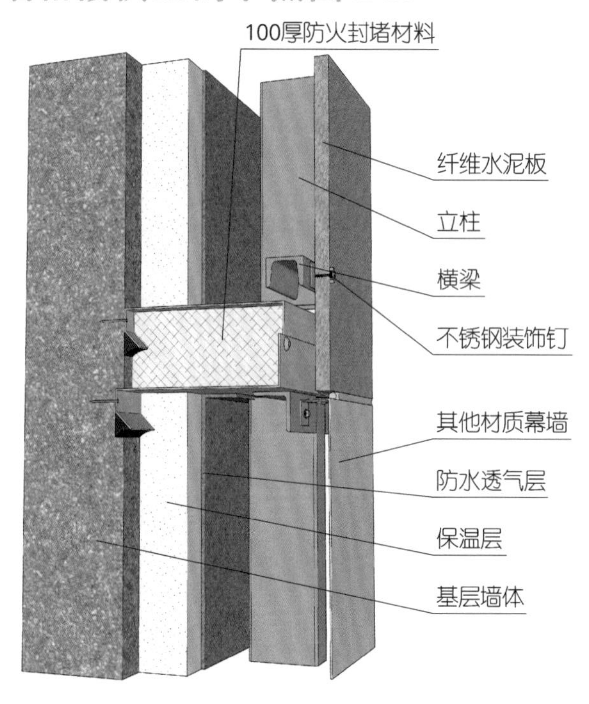

100厚防火封堵材料

纤维水泥板

立柱

横梁

不锈钢装饰钉

其他材质幕墙

防水透气层

保温层

基层墙体

上接口

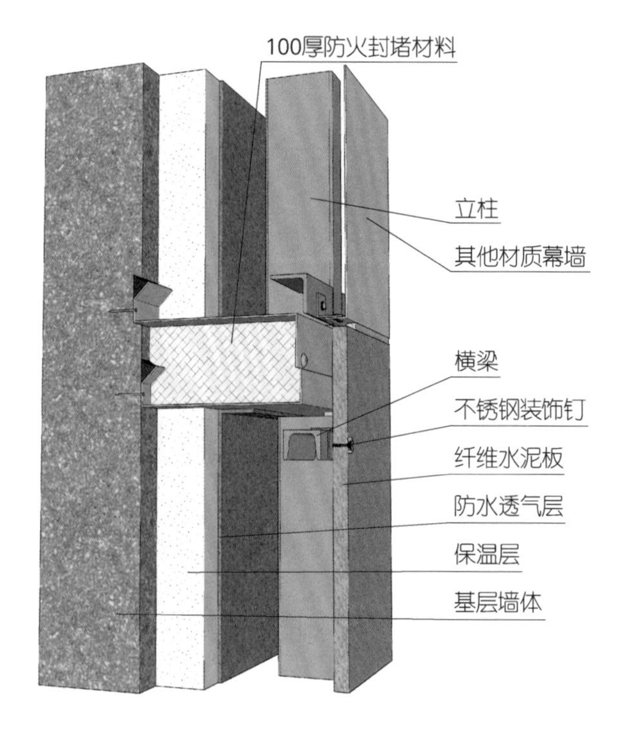

100厚防火封堵材料

立柱

其他材质幕墙

横梁

不锈钢装饰钉

纤维水泥板

防水透气层

保温层

基层墙体

下接口

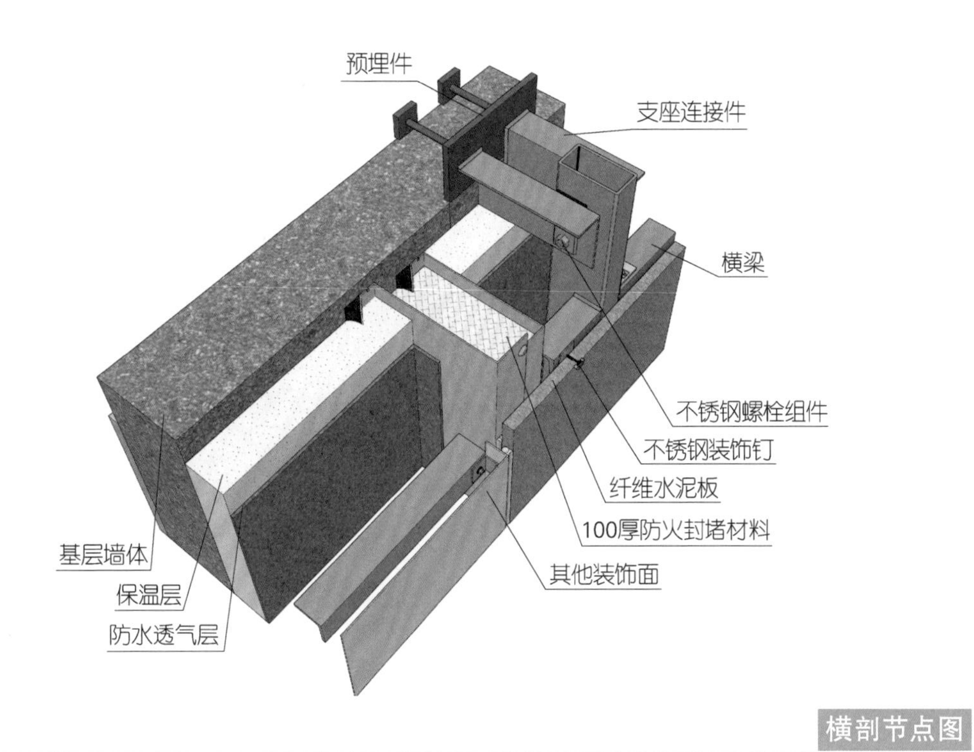

预埋件

支座连接件

横梁

不锈钢螺栓组件
不锈钢装饰钉
纤维水泥板
100厚防火封堵材料
其他装饰面

基层墙体
保温层
防水透气层

横剖节点图

变形缝节点图 D16

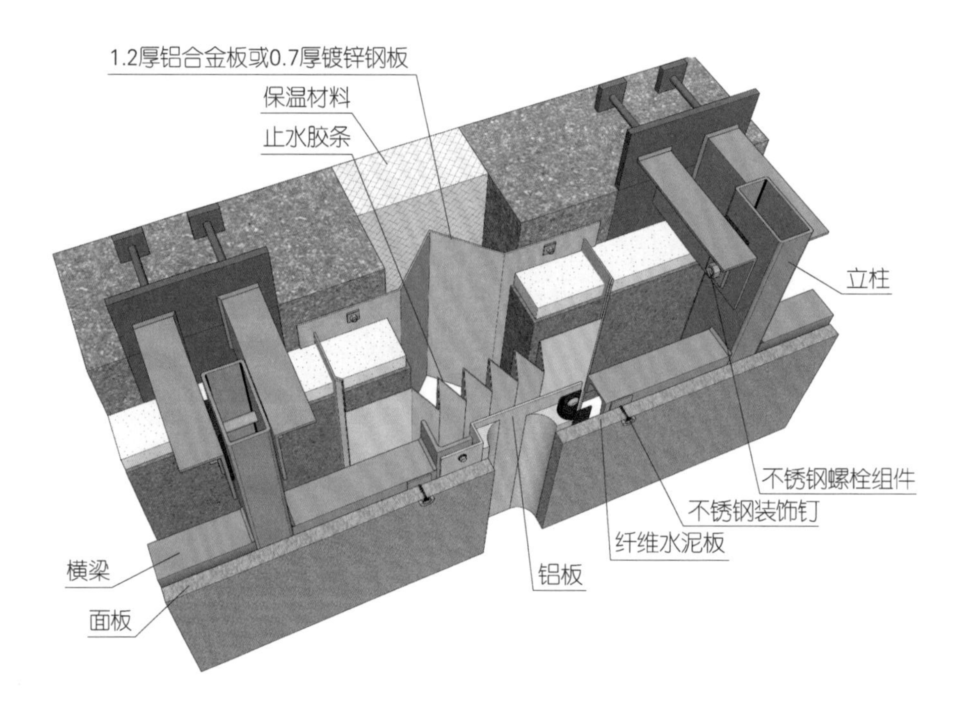

1.2厚铝合金板或0.7厚镀锌钢板
保温材料
止水胶条

立柱

不锈钢螺栓组件
不锈钢装饰钉
纤维水泥板

横梁
面板

铝板

标准横竖剖节点图 D17

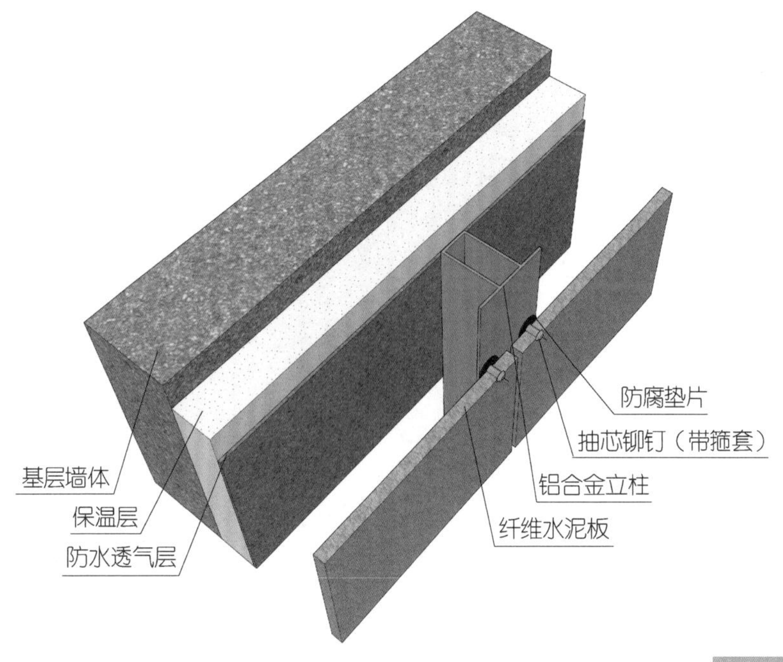

防腐垫片
抽芯铆钉（带箍套）
铝合金立柱
纤维水泥板

基层墙体
保温层
防水透气层

标准横剖节点图

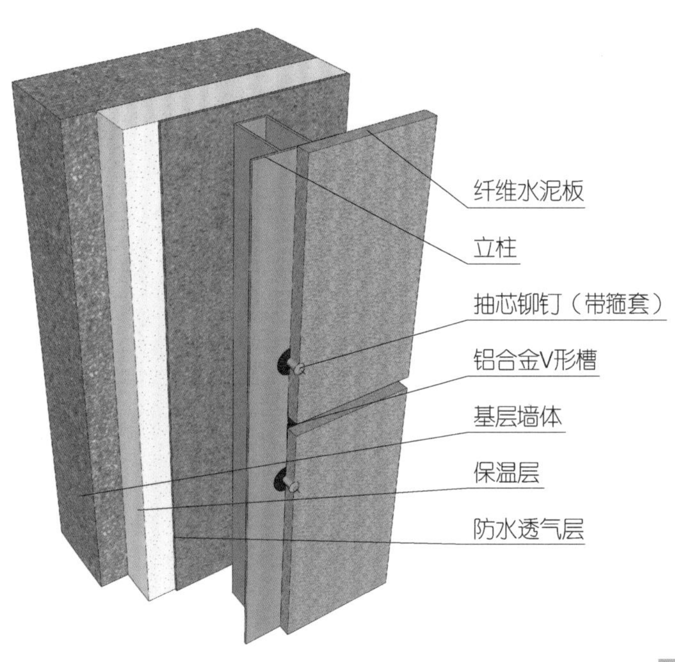

纤维水泥板

立柱

抽芯铆钉（带箍套）

铝合金V形槽

基层墙体

保温层

防水透气层

标准竖剖节点图

D.2 穿透支承连接纤维水泥板幕墙 (二)

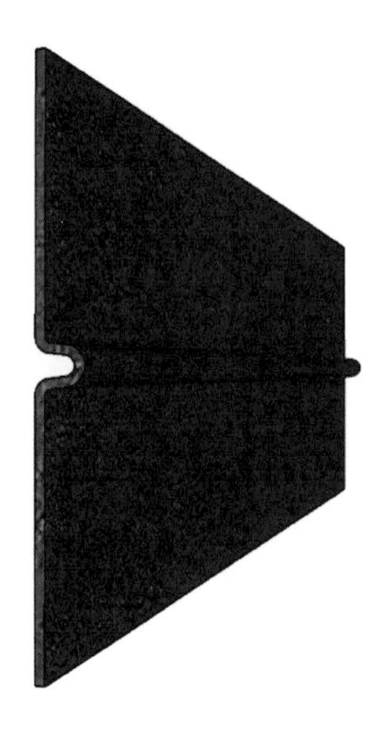

V 形槽详图

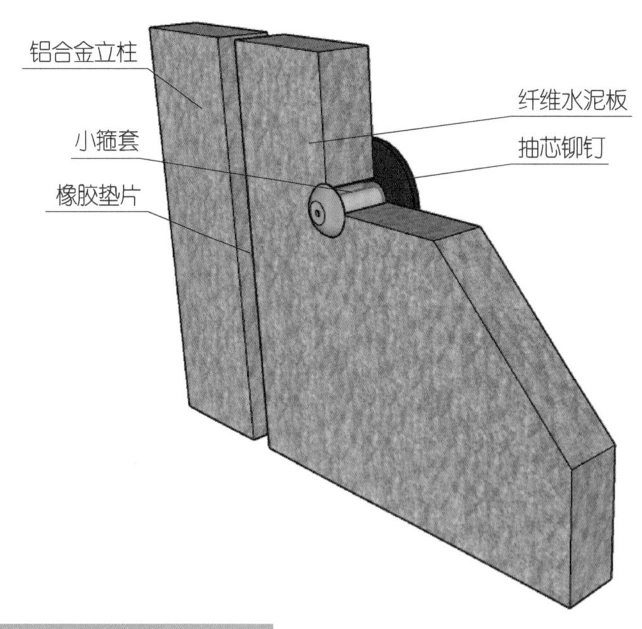

铝合金立柱

纤维水泥板

小箍套

抽芯铆钉

橡胶垫片

抽芯铆钉 (带小箍套) (紧固点) 轴测图

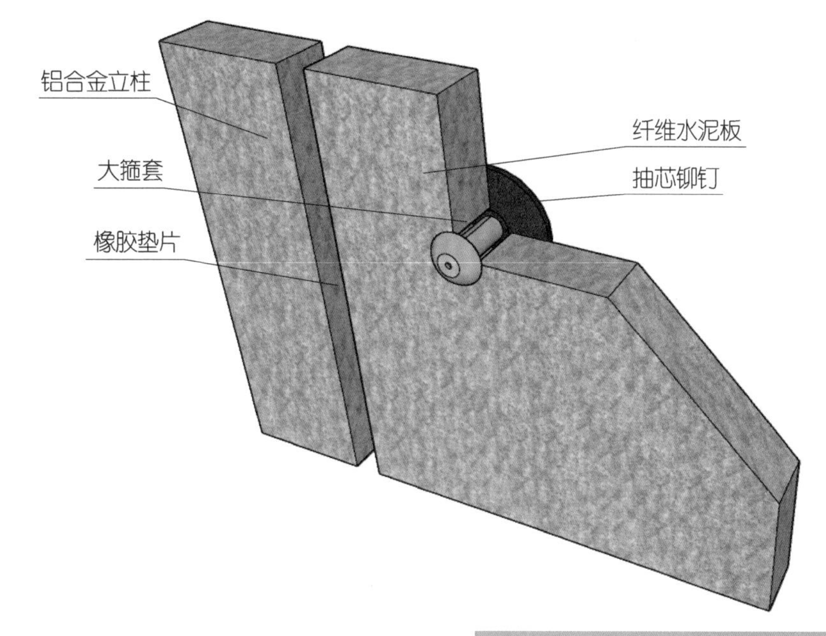

铝合金立柱

大箍套

橡胶垫片

纤维水泥板

抽芯铆钉

抽芯铆钉(带大箍套)(滑动点)轴测图

层间横竖剖节点图 D18

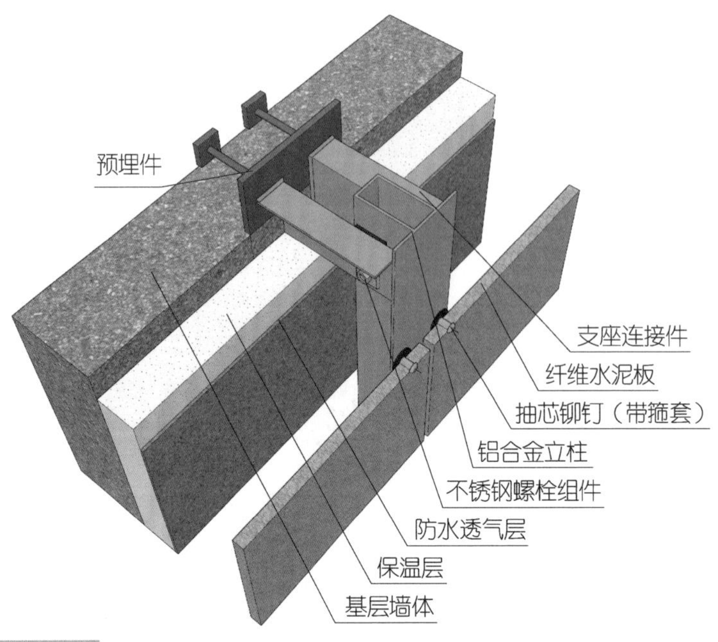

预埋件

支座连接件
纤维水泥板
抽芯铆钉（带箍套）
铝合金立柱
不锈钢螺栓组件
防水透气层
保温层
基层墙体

层间横剖标准节点图

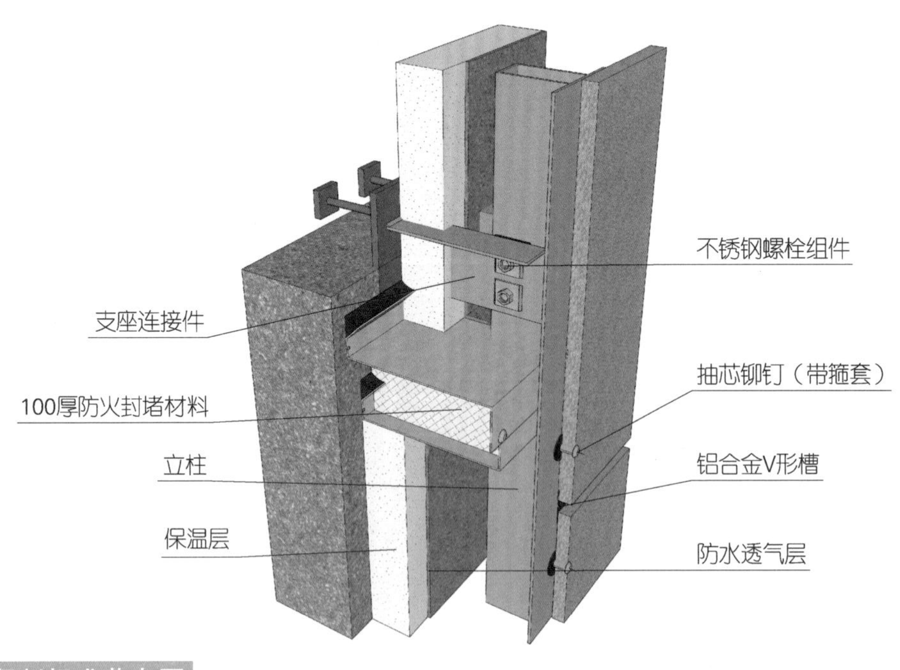

不锈钢螺栓组件

支座连接件

抽芯铆钉（带箍套）

100厚防火封堵材料

立柱

铝合金V形槽

保温层

防水透气层

层间竖剖标准节点图

凹窗横竖剖节点图 D19

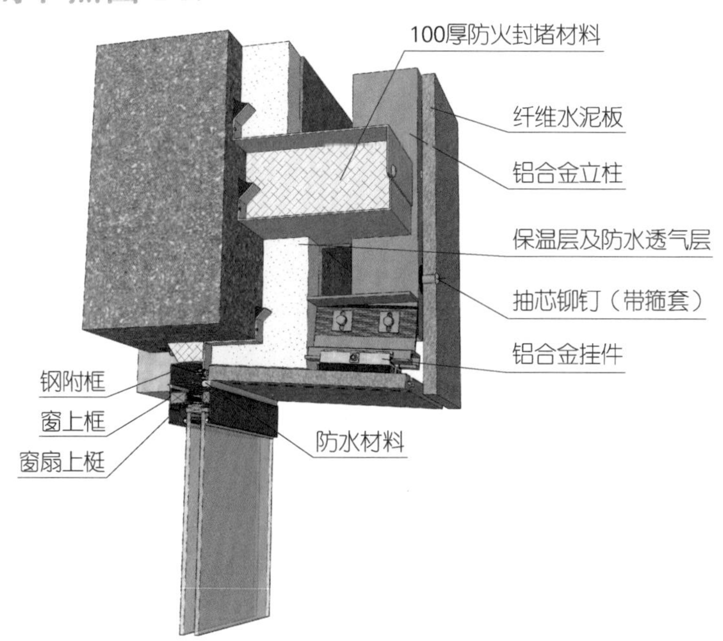

100厚防火封堵材料

纤维水泥板

铝合金立柱

保温层及防水透气层

抽芯铆钉（带箍套）

铝合金挂件

钢附框

窗上框

窗扇上梃

防水材料

窗上口

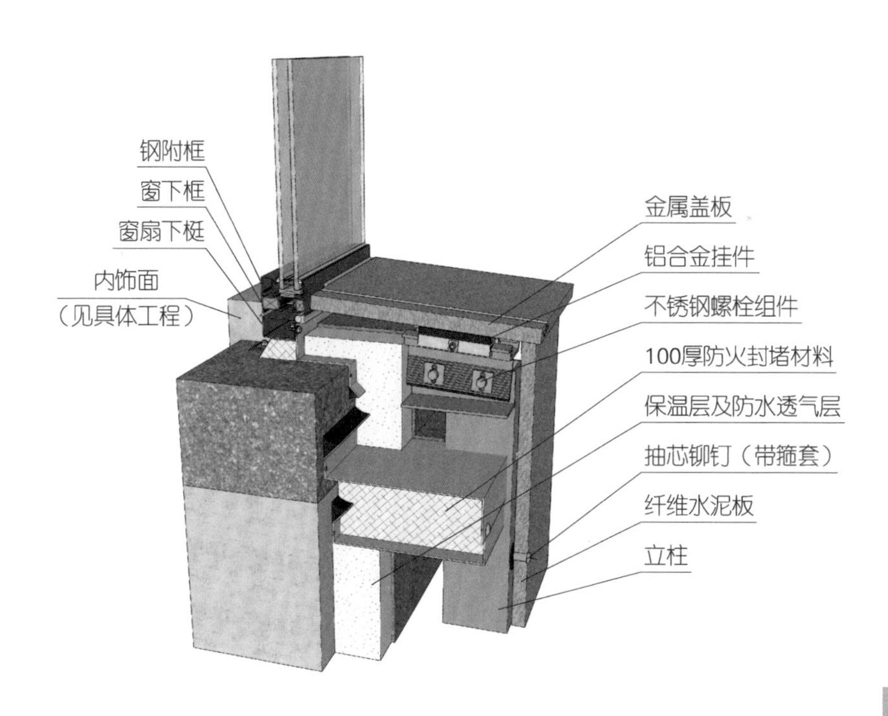

钢附框

窗下框

窗扇下梃

内饰面
（见具体工程）

金属盖板

铝合金挂件

不锈钢螺栓组件

100厚防火封堵材料

保温层及防水透气层

抽芯铆钉（带箍套）

纤维水泥板

立柱

窗下口

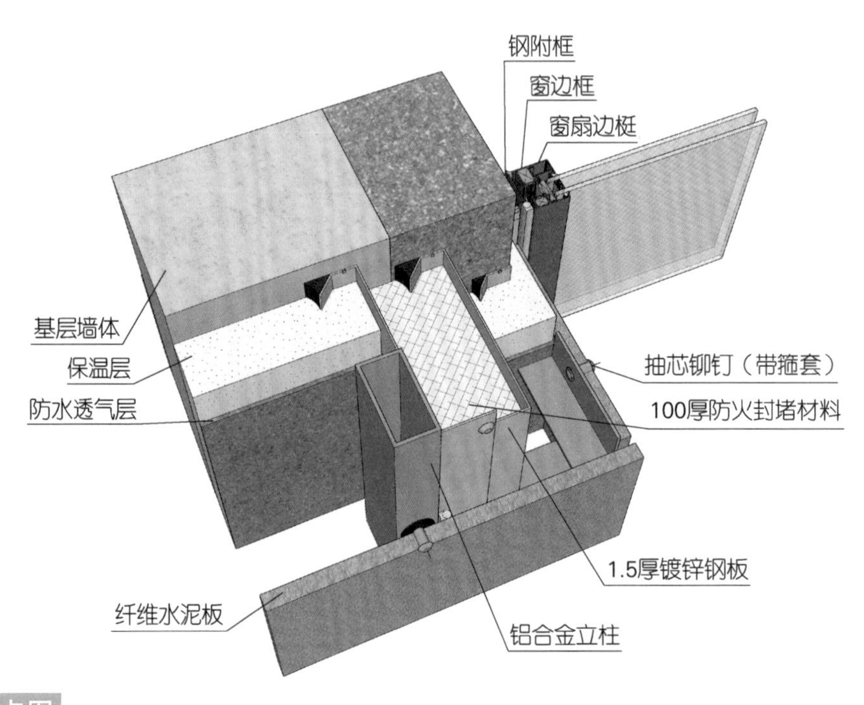

钢附框

窗边框

窗扇边梃

基层墙体

保温层

防水透气层

抽芯铆钉（带箍套）

100厚防火封堵材料

1.5厚镀锌钢板

纤维水泥板

铝合金立柱

横剖节点图

90°转角横剖节点图 D20

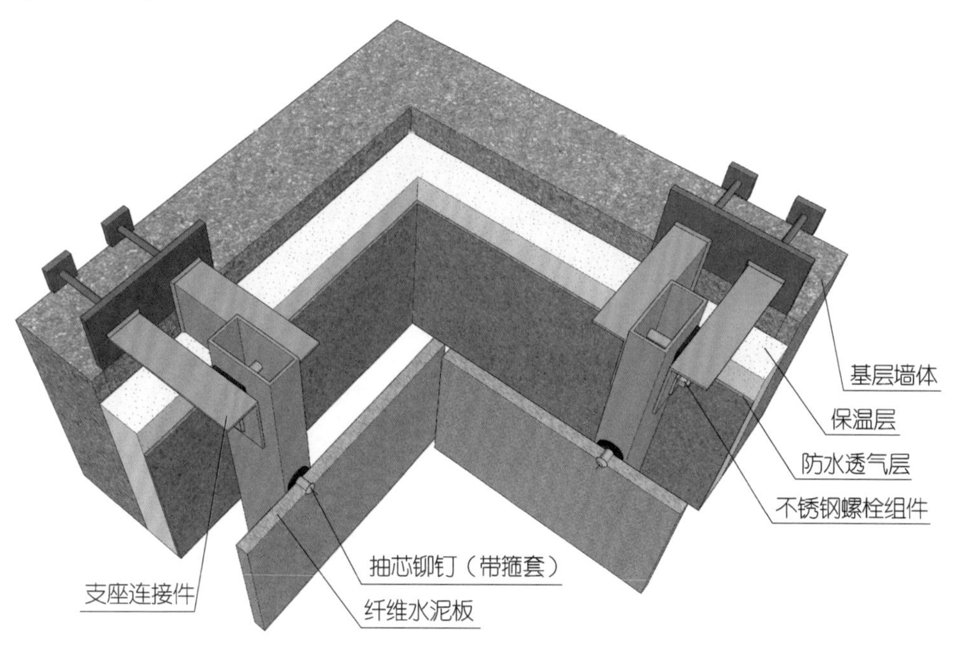

基层墙体
保温层
防水透气层
不锈钢螺栓组件

支座连接件
抽芯铆钉（带箍套）
纤维水泥板

90°阴角横剖节点图

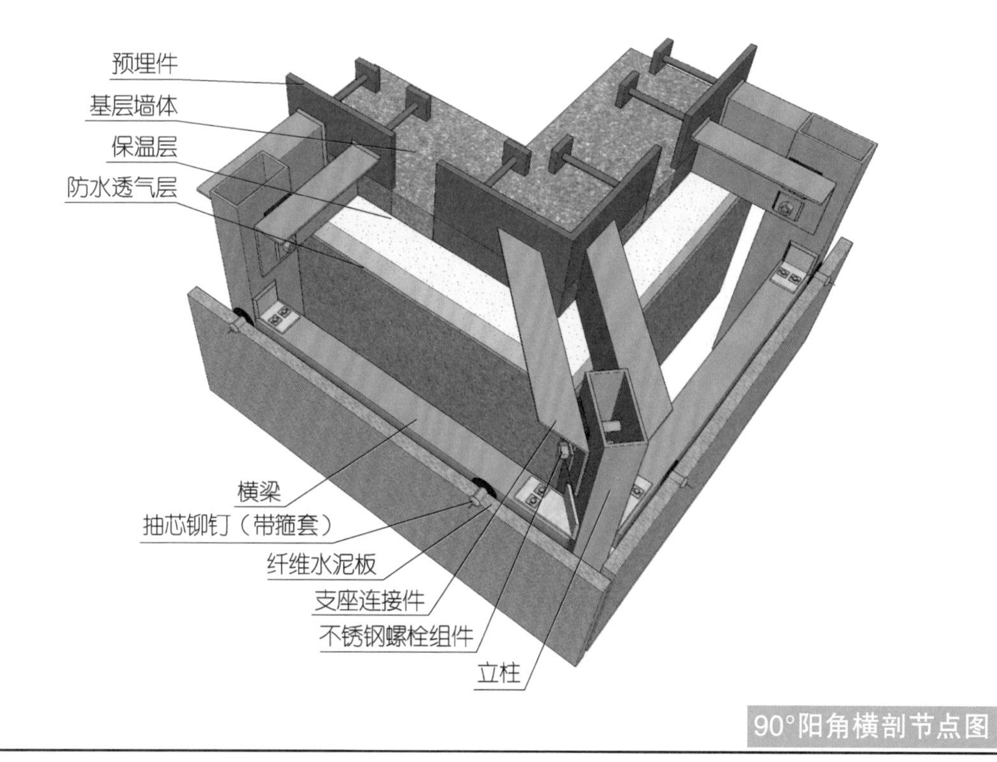

预埋件
基层墙体
保温层
防水透气层

横梁
抽芯铆钉（带箍套）
纤维水泥板
支座连接件
不锈钢螺栓组件
立柱

90°阳角横剖节点图

135°转角横剖节点图 D21

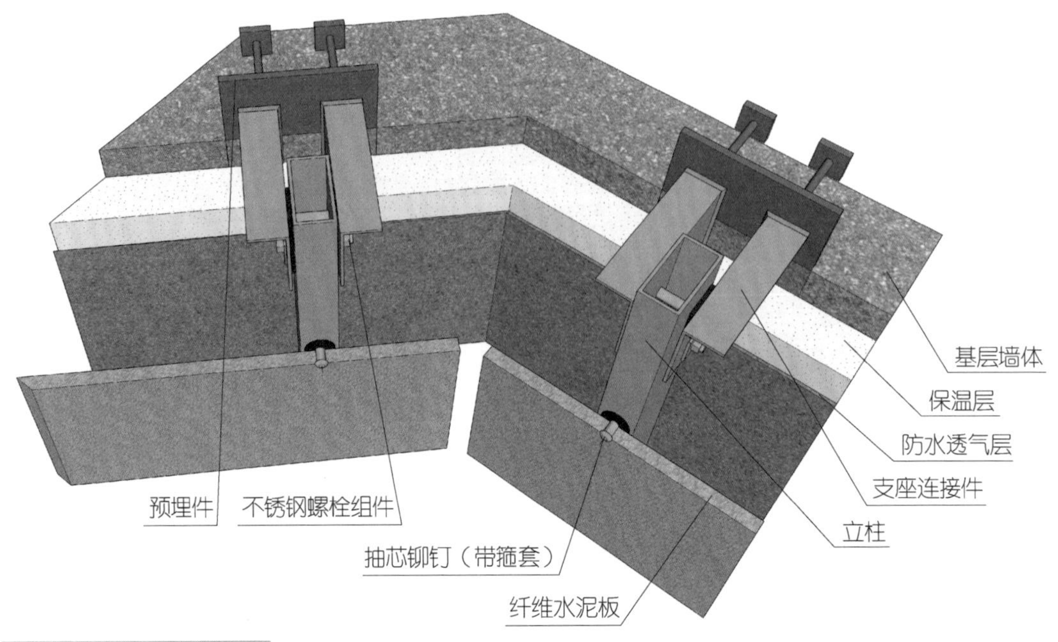

预埋件　不锈钢螺栓组件

抽芯铆钉（带箍套）

纤维水泥板

基层墙体
保温层
防水透气层
支座连接件
立柱

135°阴角横剖节点图

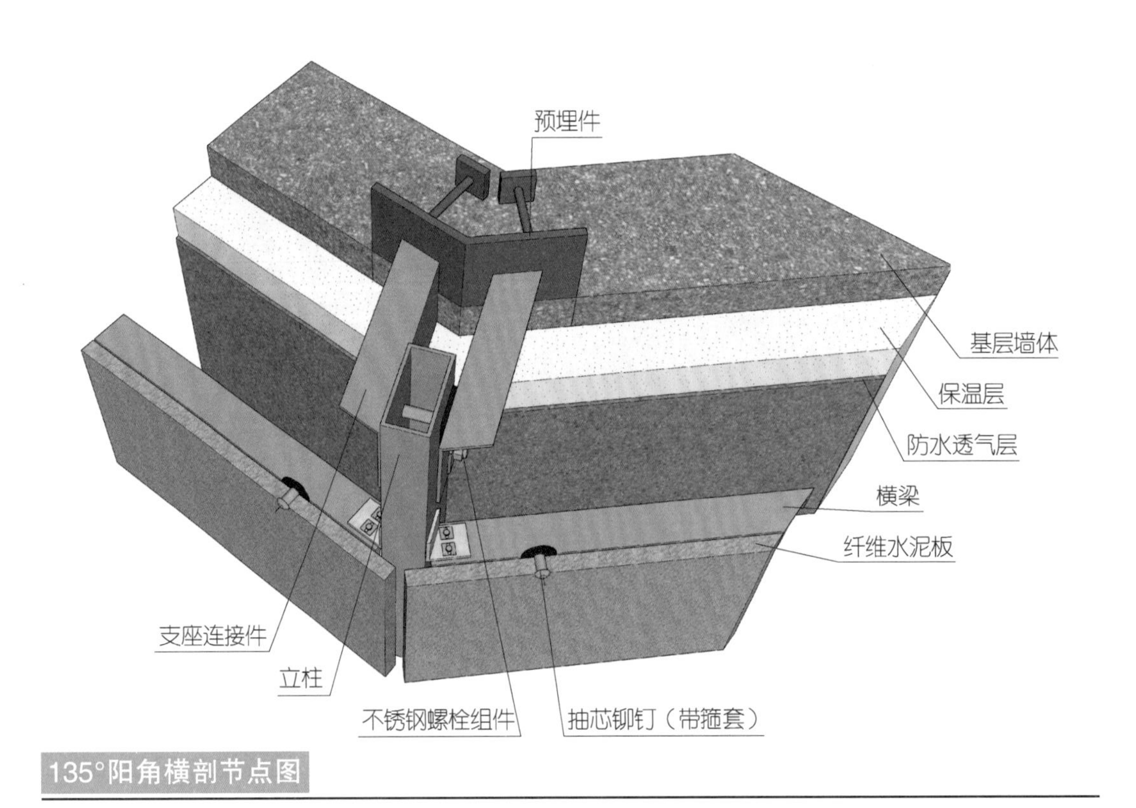

预埋件

基层墙体
保温层
防水透气层
横梁
纤维水泥板

支座连接件

立柱

不锈钢螺栓组件　抽芯铆钉（带箍套）

135°阳角横剖节点图

女儿墙收口、勒脚收口节点图 D22

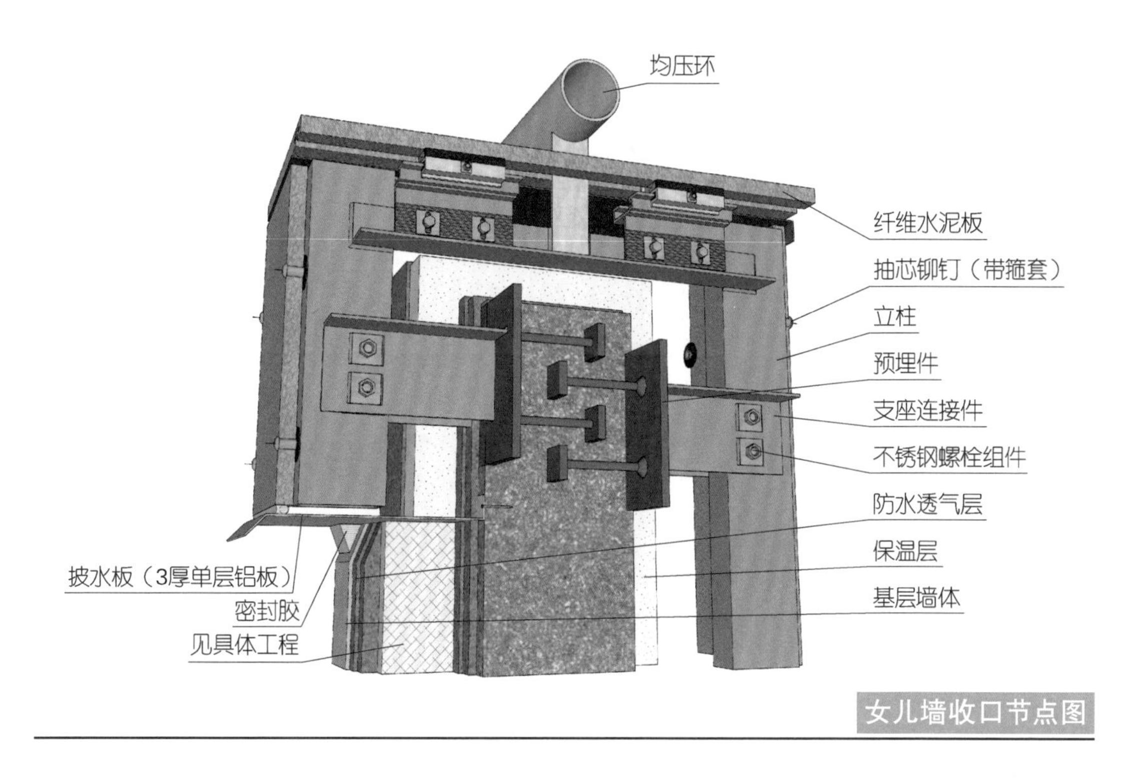

均压环

纤维水泥板

抽芯铆钉（带箍套）

立柱

预埋件

支座连接件

不锈钢螺栓组件

防水透气层

保温层

基层墙体

披水板（3厚单层铝板）

密封胶

见具体工程

女儿墙收口节点图

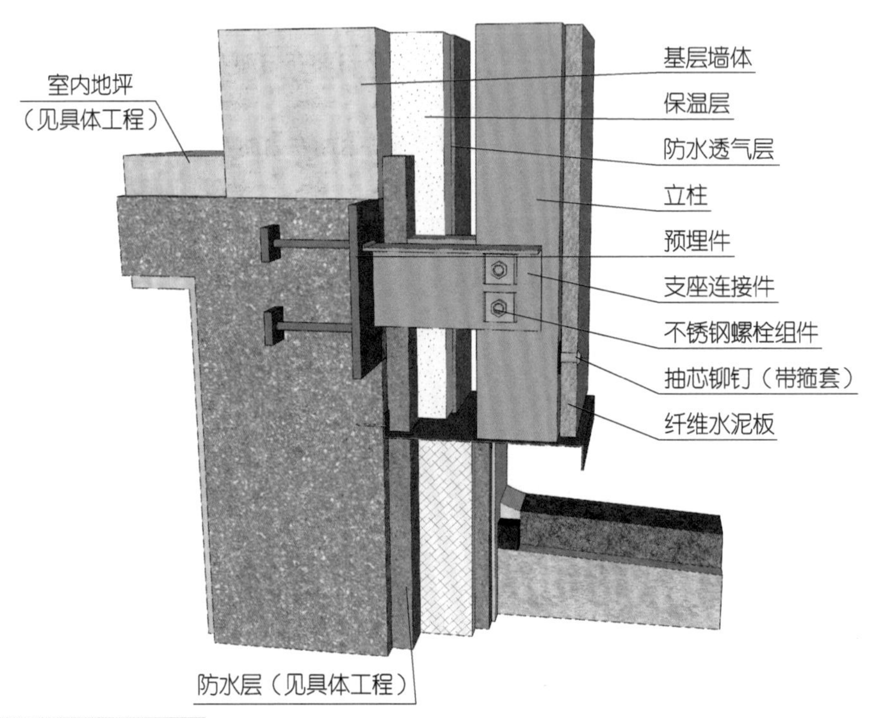

室内地坪
（见具体工程）

基层墙体

保温层

防水透气层

立柱

预埋件

支座连接件

不锈钢螺栓组件

抽芯铆钉（带箍套）

纤维水泥板

防水层（见具体工程）

与地面相接竖剖节点图

E

高压热固化木纤维板幕墙

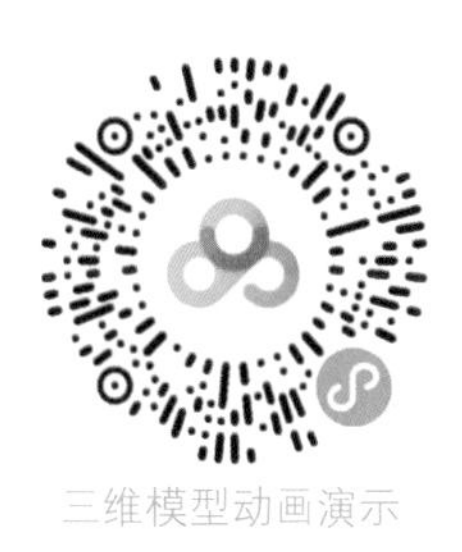

三维模型动画演示

E.1

穿透支承连接木纤维板幕墙

穿透支承连接木纤维板幕墙索引图E5

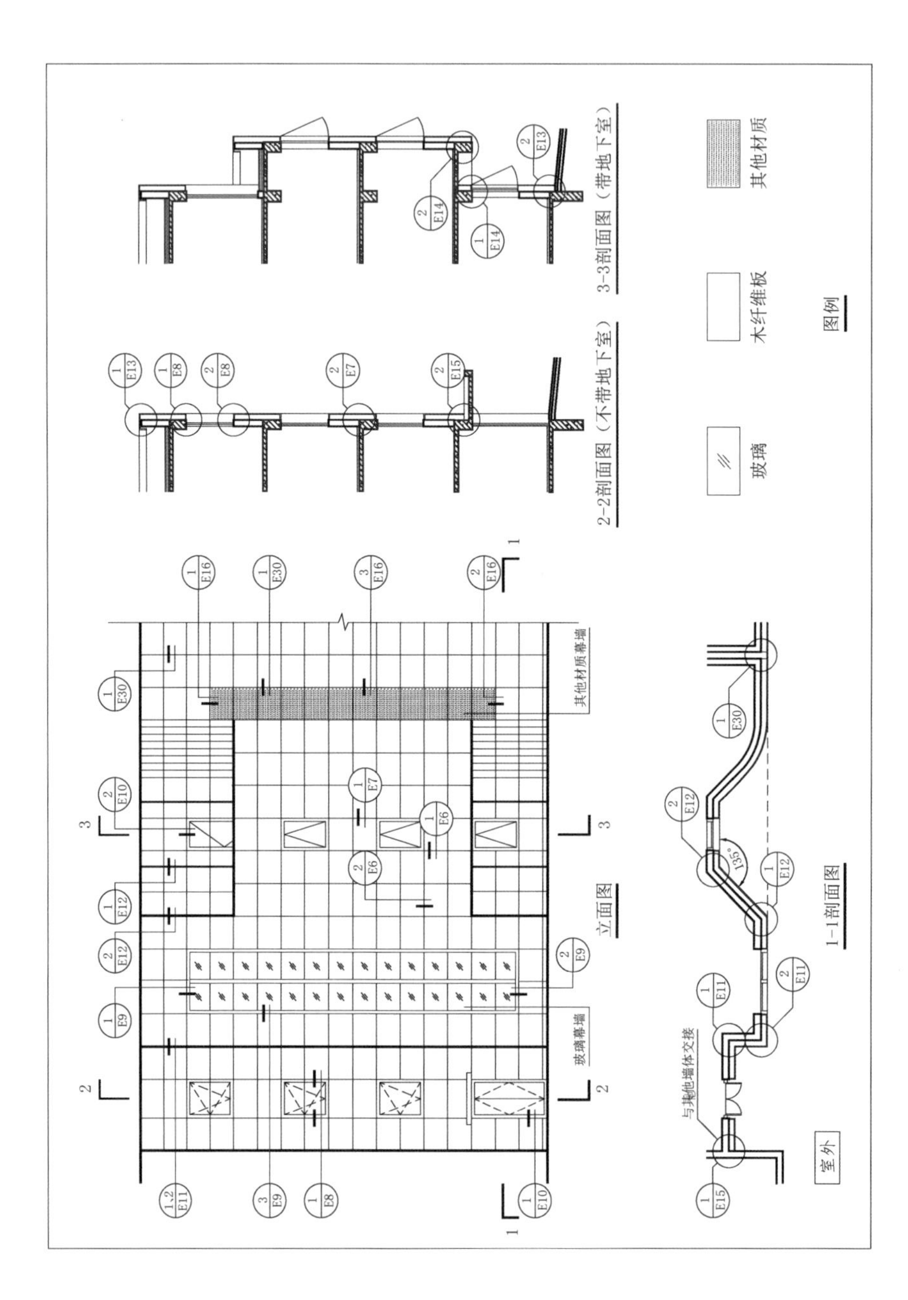

标准横竖剖节点图 E6

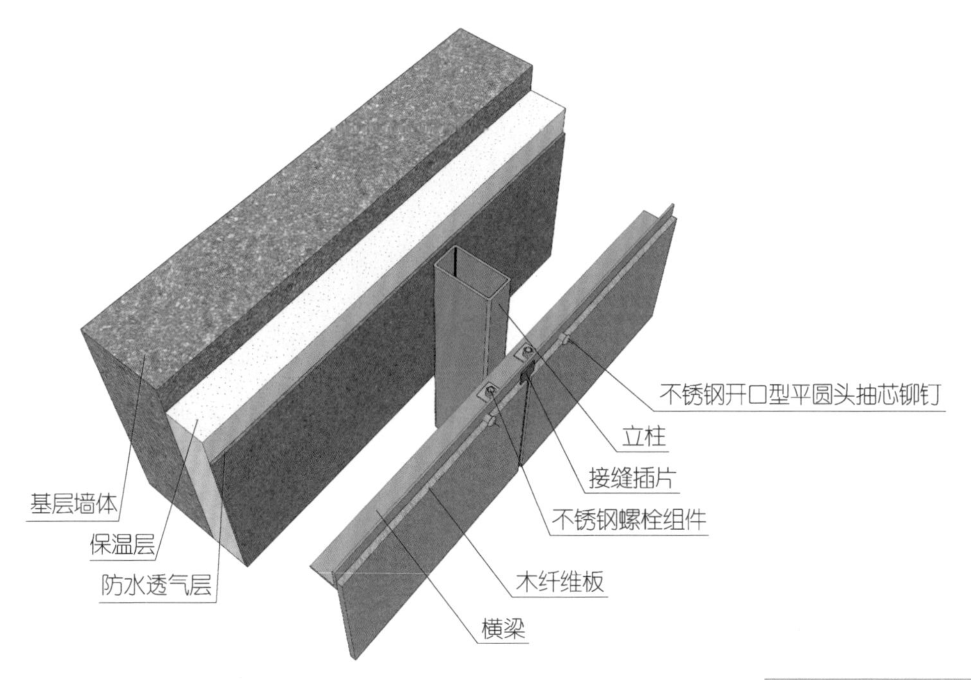

不锈钢开口型平圆头抽芯铆钉
立柱
接缝插片
不锈钢螺栓组件
木纤维板
横梁

基层墙体
保温层
防水透气层

标准横剖节点图

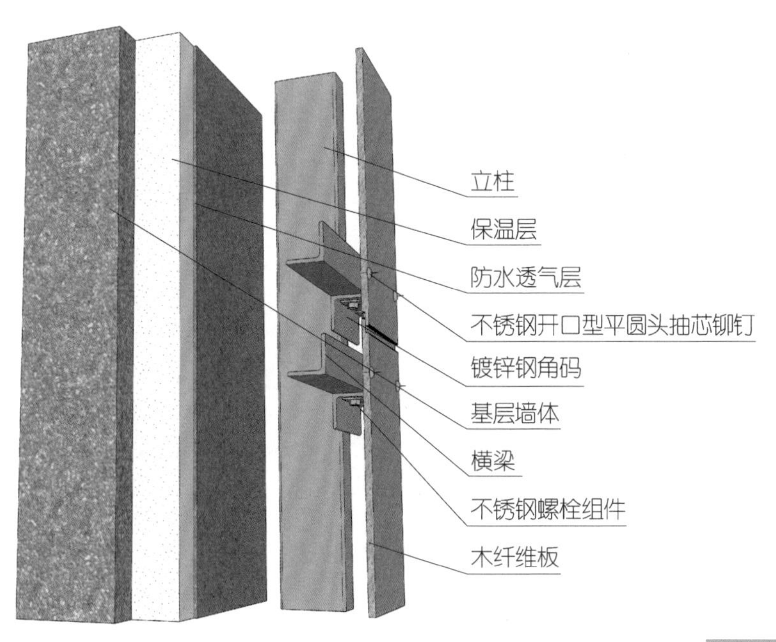

立柱
保温层
防水透气层
不锈钢开口型平圆头抽芯铆钉
镀锌钢角码
基层墙体
横梁
不锈钢螺栓组件
木纤维板

标准竖剖节点图

层间横竖剖节点图 E7

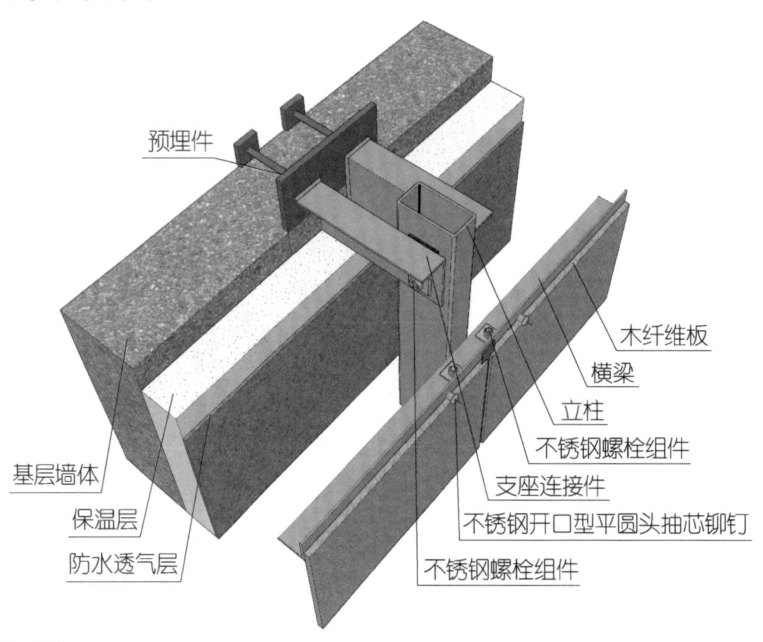

预埋件

木纤维板
横梁
立柱
不锈钢螺栓组件
支座连接件
不锈钢开口型平圆头抽芯铆钉
不锈钢螺栓组件

基层墙体
保温层
防水透气层

层间横剖节点图

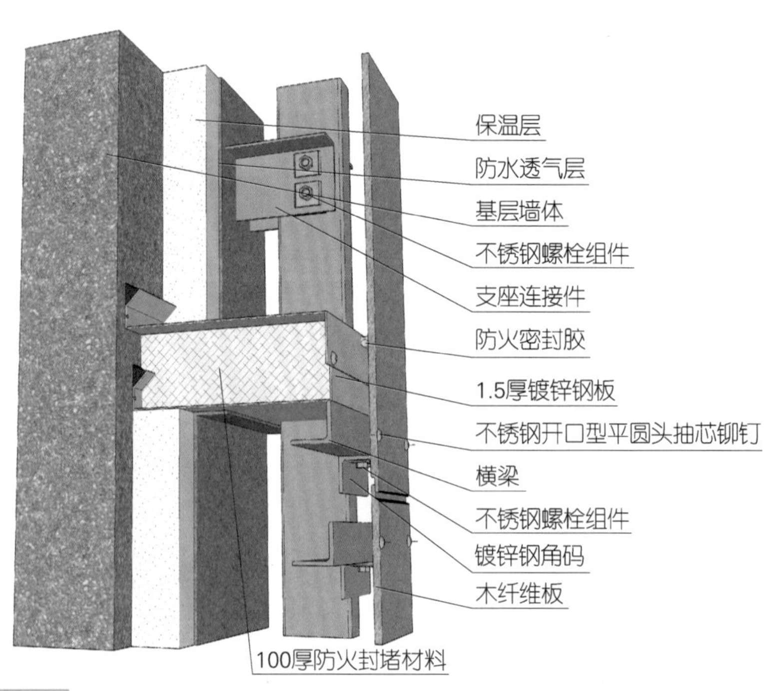

保温层
防水透气层
基层墙体
不锈钢螺栓组件
支座连接件
防火密封胶
1.5厚镀锌钢板
不锈钢开口型平圆头抽芯铆钉
横梁
不锈钢螺栓组件
镀锌钢角码
木纤维板

100厚防火封堵材料

层间竖剖节点图

凹窗横竖剖节点图 E8

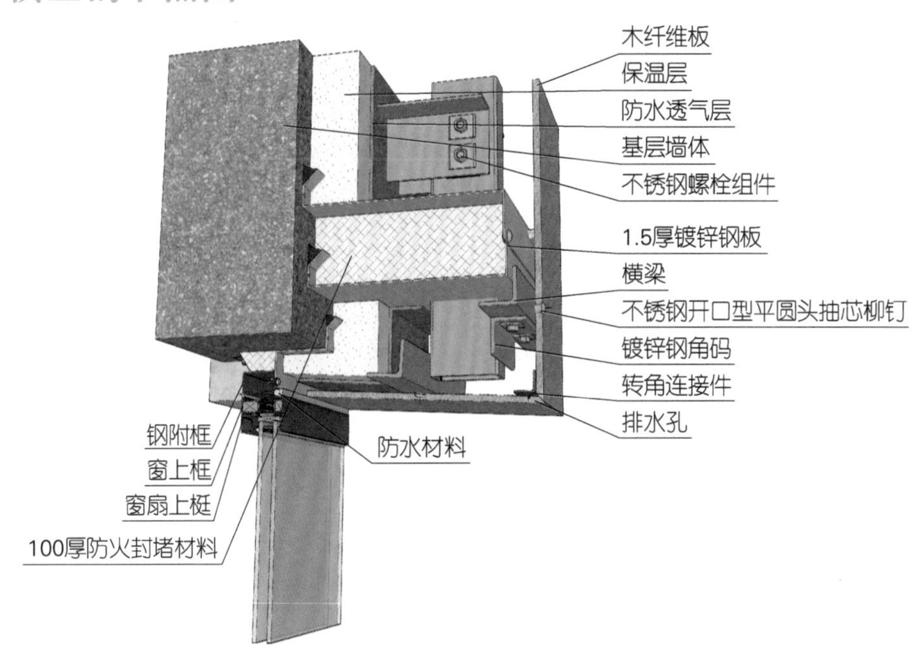

木纤维板
保温层
防水透气层
基层墙体
不锈钢螺栓组件

1.5厚镀锌钢板
横梁
不锈钢开口型平圆头抽芯柳钉
镀锌钢角码
转角连接件
排水孔

钢附框
窗上框
窗扇上梃
100厚防火封堵材料

防水材料

窗上口

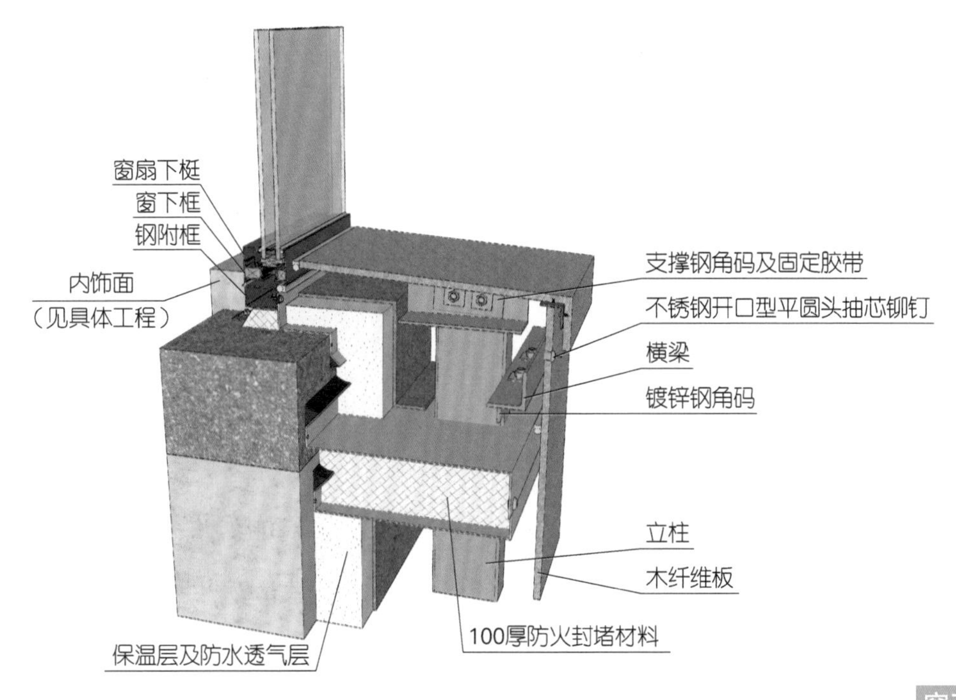

窗扇下梃
窗下框
钢附框
内饰面
（见具体工程）

支撑钢角码及固定胶带
不锈钢开口型平圆头抽芯铆钉
横梁
镀锌钢角码

立柱
木纤维板

保温层及防水透气层
100厚防火封堵材料

窗下口

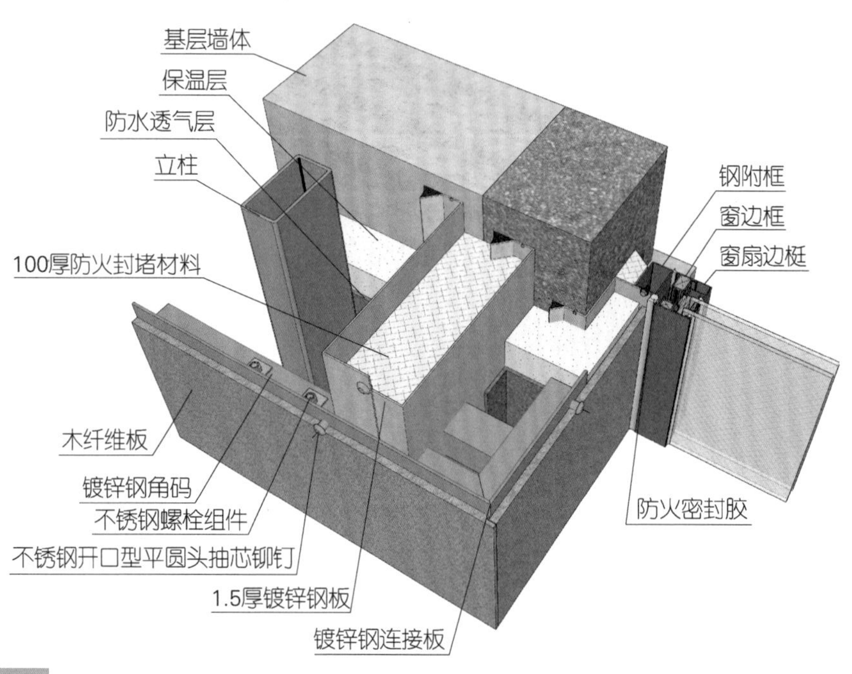

基层墙体

保温层

防水透气层

立柱

钢附框

窗边框

窗扇边梃

100厚防火封堵材料

木纤维板

镀锌钢角码

不锈钢螺栓组件

不锈钢开口型平圆头抽芯铆钉

1.5厚镀锌钢板

镀锌钢连接板

防火密封胶

横剖节点图

平窗横竖剖节点图(固定扇) E9

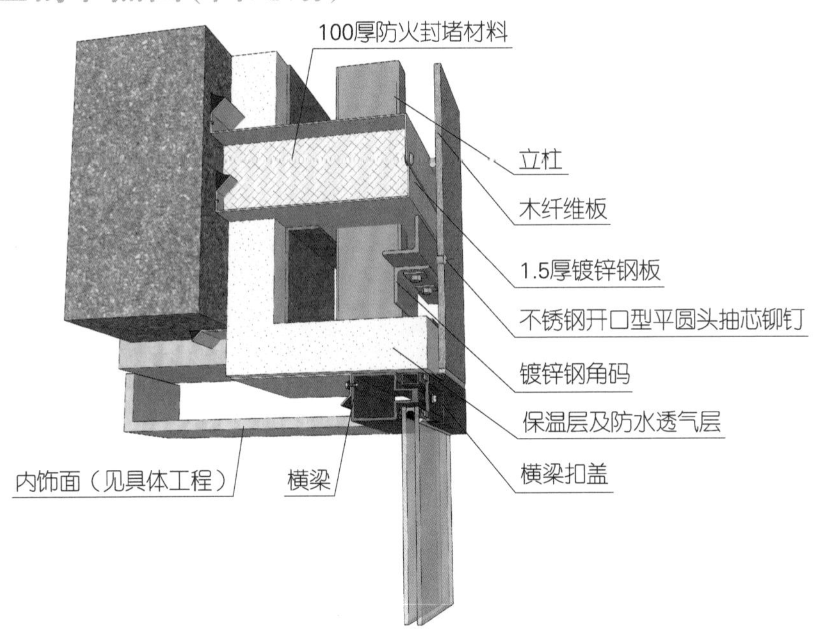

- 100厚防火封堵材料
- 立杜
- 木纤维板
- 1.5厚镀锌钢板
- 不锈钢开口型平圆头抽芯铆钉
- 镀锌钢角码
- 保温层及防水透气层
- 横梁扣盖
- 内饰面（见具体工程）
- 横梁

窗上口

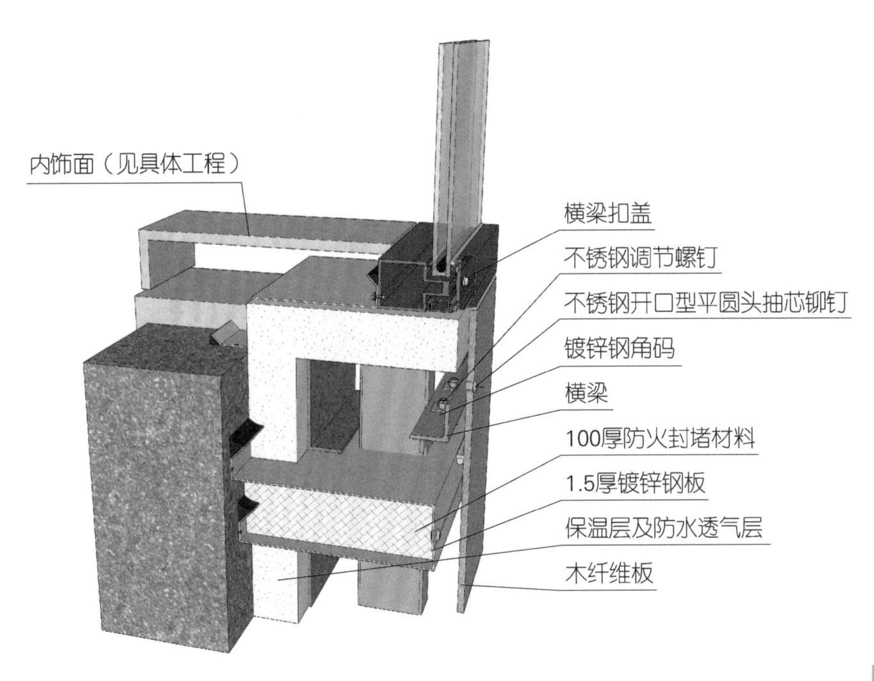

- 内饰面（见具体工程）
- 横梁扣盖
- 不锈钢调节螺钉
- 不锈钢开口型平圆头抽芯铆钉
- 镀锌钢角码
- 横梁
- 100厚防火封堵材料
- 1.5厚镀锌钢板
- 保温层及防水透气层
- 木纤维板

窗下口

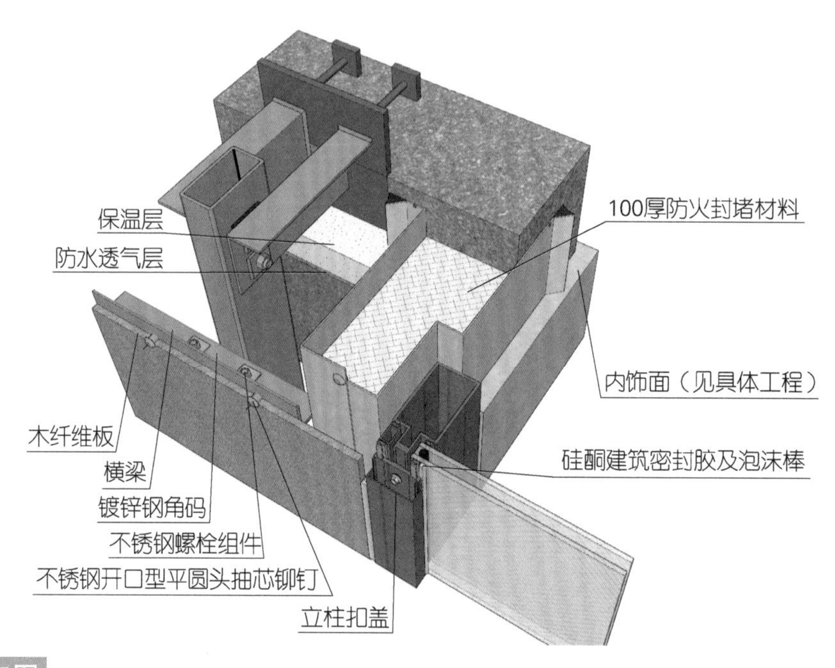

保温层

防水透气层

100厚防火封堵材料

内饰面（见具体工程）

木纤维板

横梁

镀锌钢角码

不锈钢螺栓组件

不锈钢开口型平圆头抽芯铆钉

立柱扣盖

硅酮建筑密封胶及泡沫棒

横剖节点图

门横竖剖节点图 E10

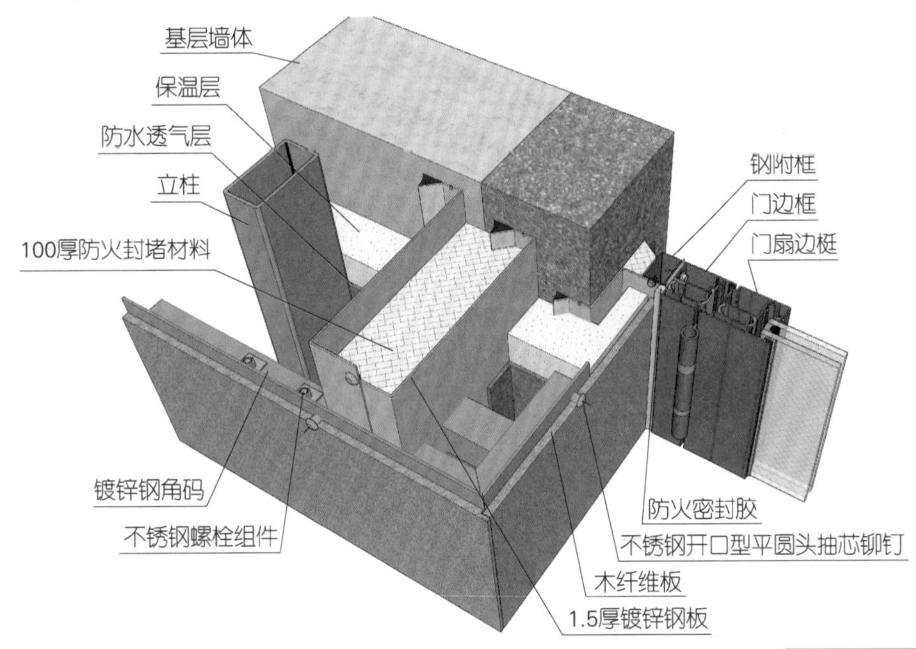

基层墙体
保温层
防水透气层
立柱
100厚防火封堵材料

钢附框
门边框
门扇边梃

镀锌钢角码
不锈钢螺栓组件

防火密封胶
不锈钢开口型平圆头抽芯铆钉
木纤维板
1.5厚镀锌钢板

门侧横剖节点图

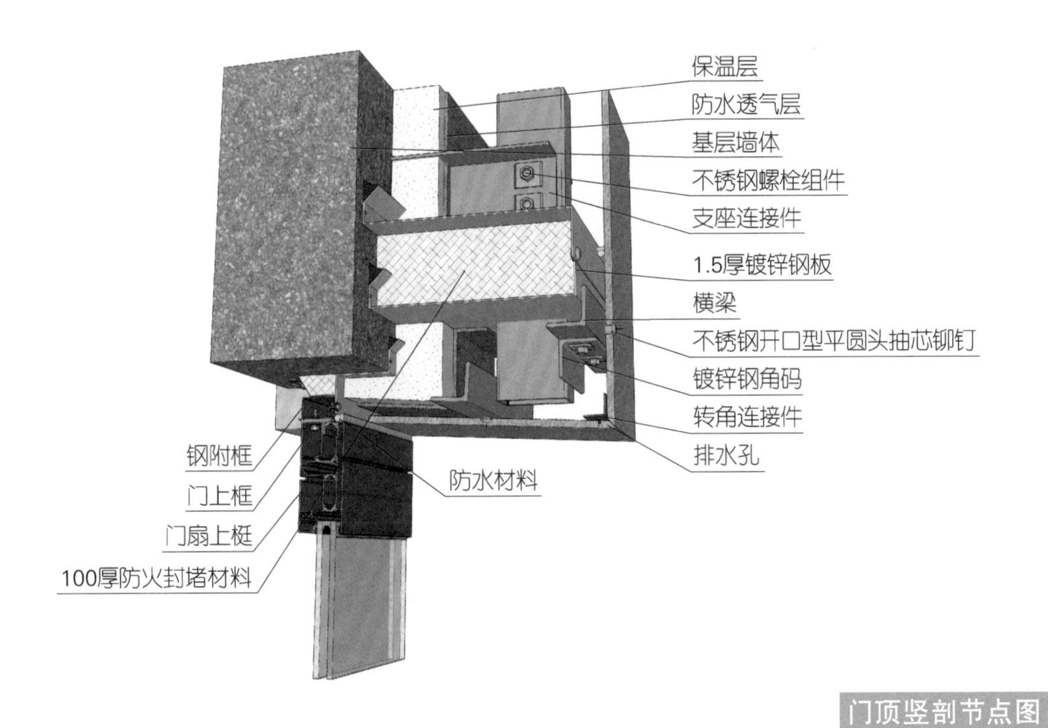

保温层
防水透气层
基层墙体
不锈钢螺栓组件
支座连接件
1.5厚镀锌钢板
横梁
不锈钢开口型平圆头抽芯铆钉
镀锌钢角码
转角连接件
排水孔

钢附框
门上框
门扇上梃
100厚防火封堵材料
防水材料

门顶竖剖节点图

90°转角横剖节点图 E11

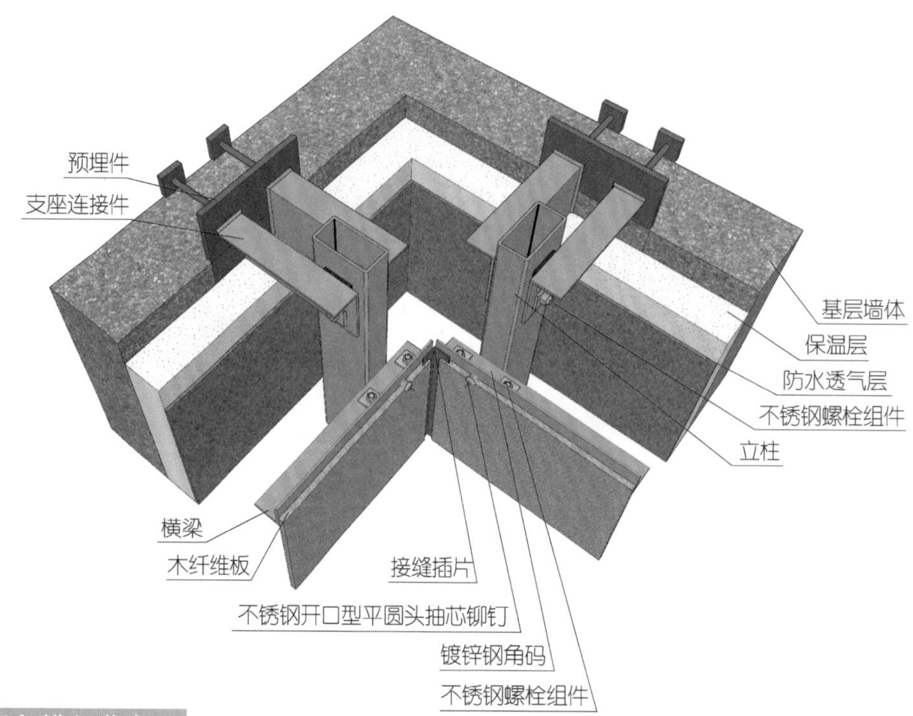

预埋件
支座连接件

基层墙体
保温层
防水透气层
不锈钢螺栓组件
立柱

横梁
木纤维板

接缝插片
不锈钢开口型平圆头抽芯铆钉
镀锌钢角码
不锈钢螺栓组件

90°阴角横剖节点图

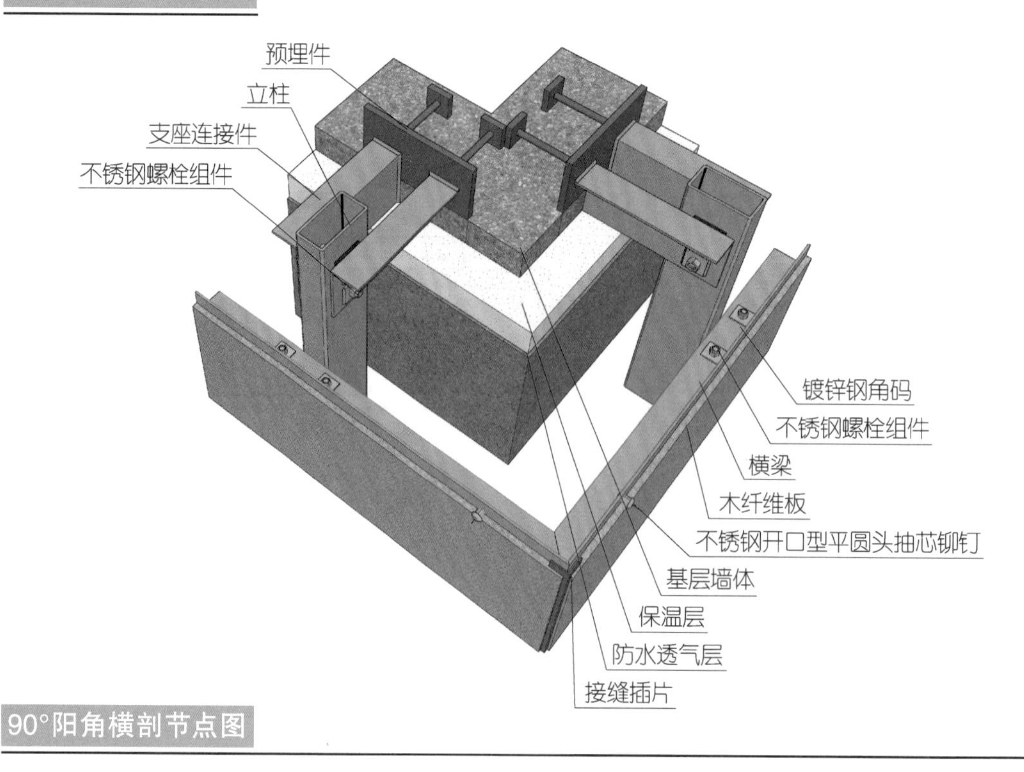

预埋件
立柱
支座连接件
不锈钢螺栓组件

镀锌钢角码
不锈钢螺栓组件
横梁
木纤维板
不锈钢开口型平圆头抽芯铆钉
基层墙体
保温层
防水透气层
接缝插片

90°阳角横剖节点图

135°转角横剖节点图 E12

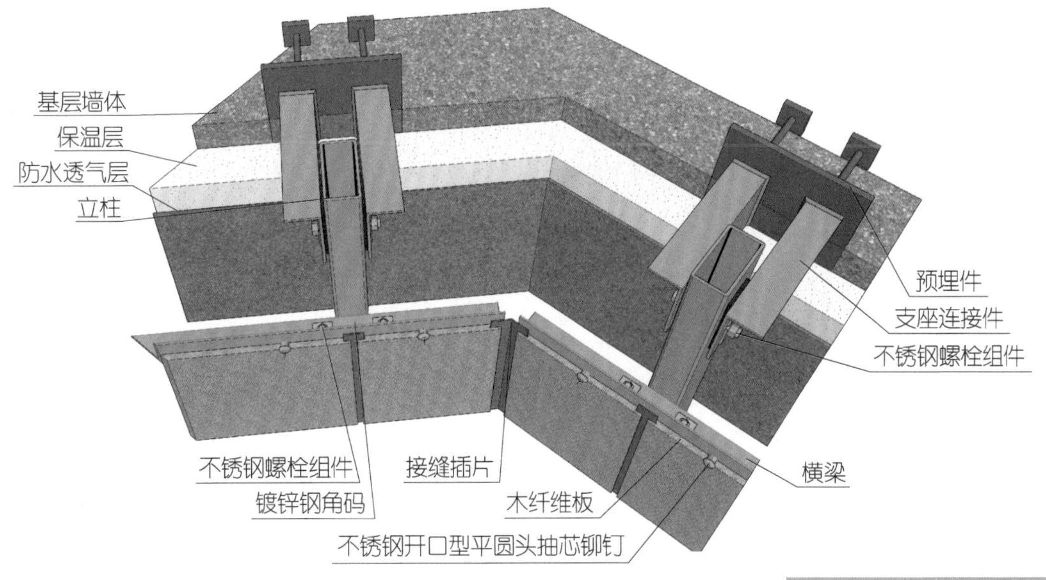

基层墙体
保温层
防水透气层
立柱

预埋件
支座连接件
不锈钢螺栓组件

不锈钢螺栓组件
镀锌钢角码
接缝插片
木纤维板
不锈钢开口型平圆头抽芯铆钉
横梁

135°阴角横剖节点图

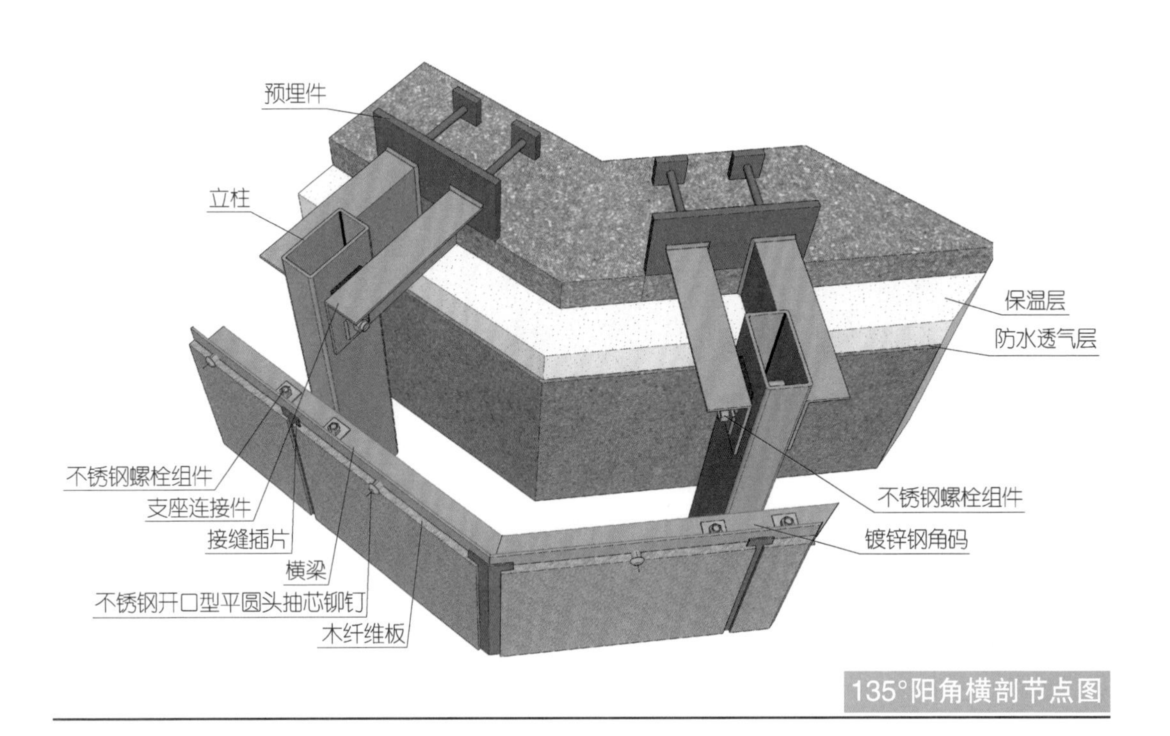

预埋件

立柱

保温层
防水透气层

不锈钢螺栓组件
支座连接件
接缝插片
横梁
不锈钢开口型平圆头抽芯铆钉
木纤维板

不锈钢螺栓组件
镀锌钢角码

135°阳角横剖节点图

女儿墙收口、勒脚收口节点图 E13

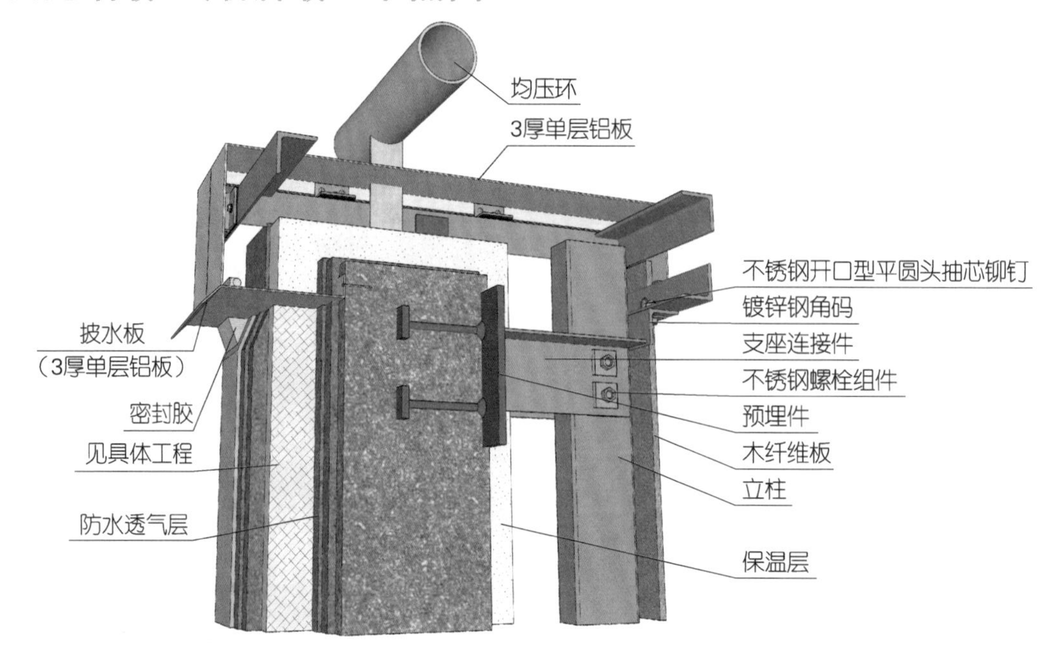

均压环

3厚单层铝板

不锈钢开口型平圆头抽芯铆钉

镀锌钢角码

支座连接件

不锈钢螺栓组件

预埋件

木纤维板

立柱

保温层

披水板
（3厚单层铝板）

密封胶

见具体工程

防水透气层

女儿墙收口节点图

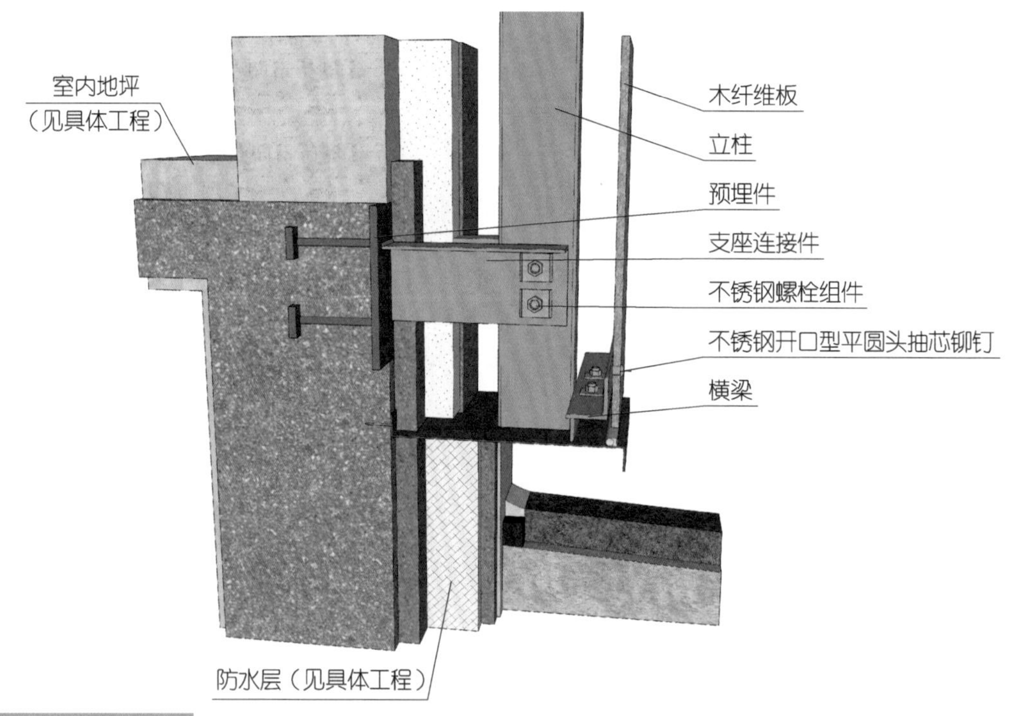

室内地坪
（见具体工程）

木纤维板

立柱

预埋件

支座连接件

不锈钢螺栓组件

不锈钢开口型平圆头抽芯铆钉

横梁

防水层（见具体工程）

勒脚收口节点图

与室外吊顶相接竖剖节点图 E14

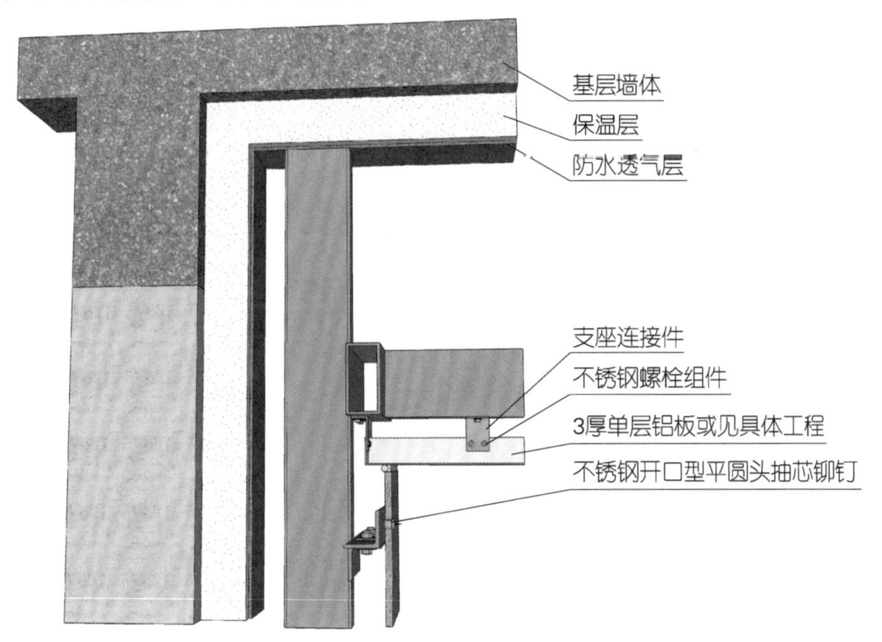

基层墙体

保温层

防水透气层

支座连接件

不锈钢螺栓组件

3厚单层铝板或见具体工程

不锈钢开口型平圆头抽芯铆钉

与吊顶相接上收口节点图

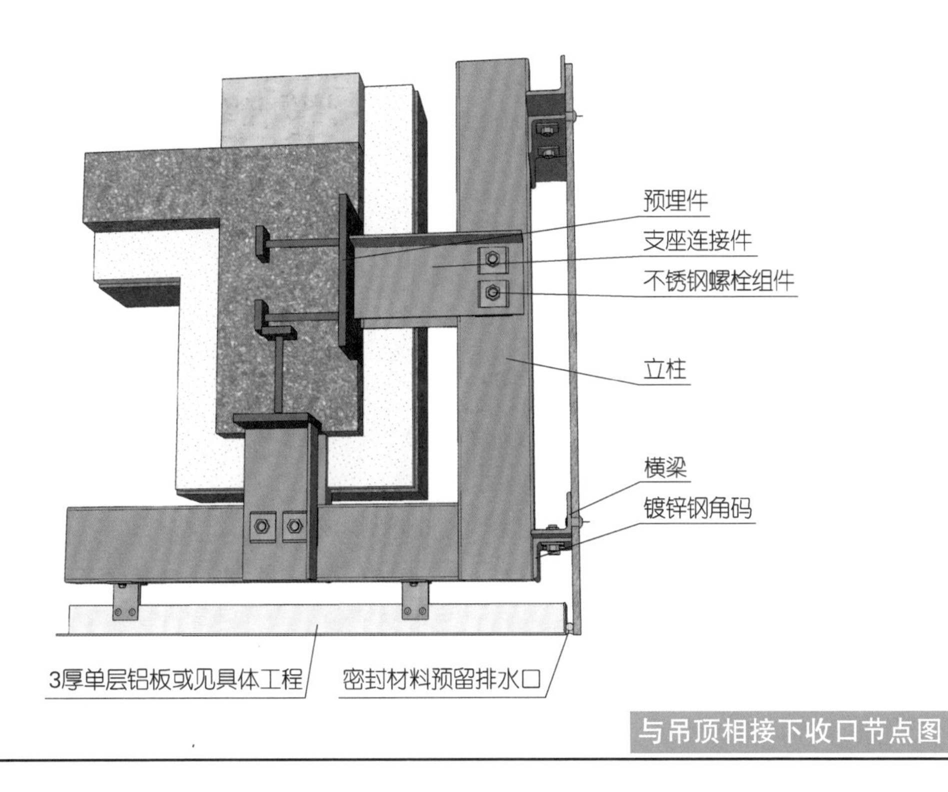

预埋件

支座连接件

不锈钢螺栓组件

立柱

横梁

镀锌钢角码

3厚单层铝板或见具体工程   密封材料预留排水口

与吊顶相接下收口节点图

侧封边、与雨篷相接节点图 E15

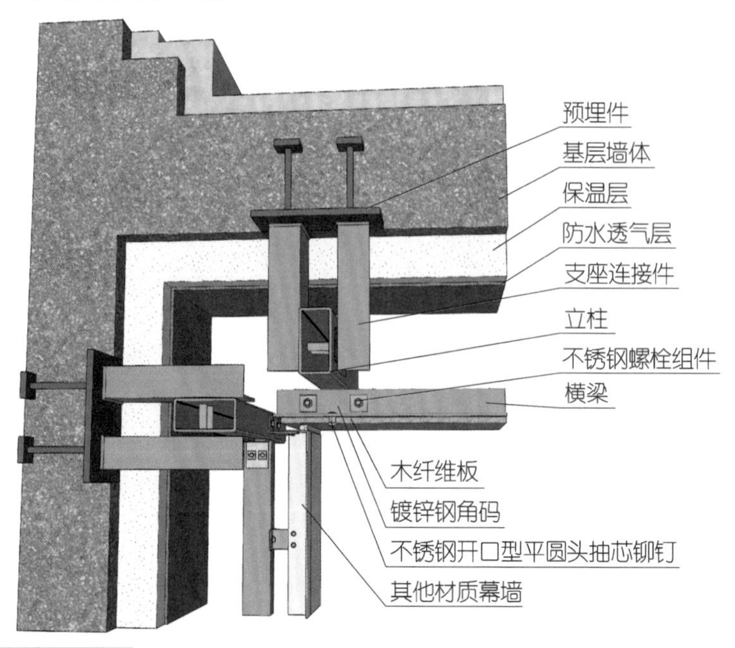

预埋件
基层墙体
保温层
防水透气层
支座连接件
立柱
不锈钢螺栓组件
横梁
木纤维板
镀锌钢角码
不锈钢开口型平圆头抽芯铆钉
其他材质幕墙

与雨篷相接竖剖节点图

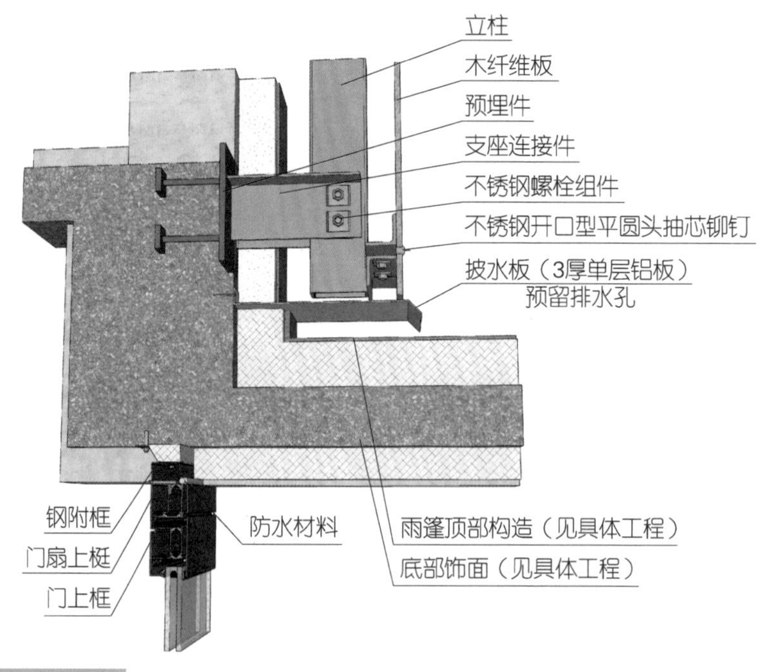

立柱
木纤维板
预埋件
支座连接件
不锈钢螺栓组件
不锈钢开口型平圆头抽芯铆钉
披水板（3厚单层铝板）
预留排水孔

钢附框
门扇上梃
门上框
防水材料
雨篷顶部构造（见具体工程）
底部饰面（见具体工程）

勒脚收口竖剖节点图

与其他材质幕墙相接横竖剖节点图 E16

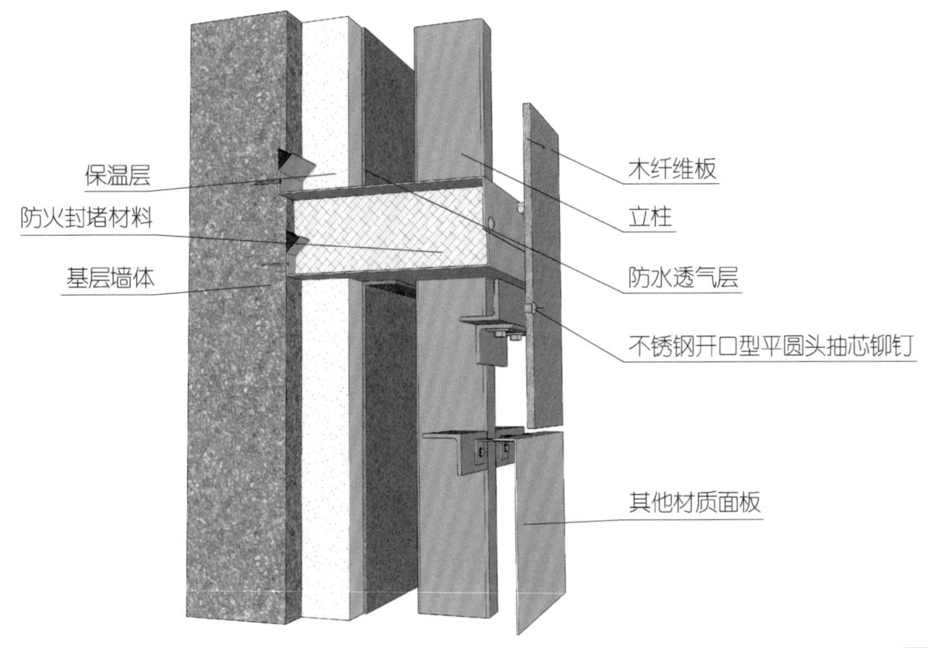

保温层
防火封堵材料
基层墙体

木纤维板
立柱
防水透气层
不锈钢开口型平圆头抽芯铆钉

其他材质面板

上接口

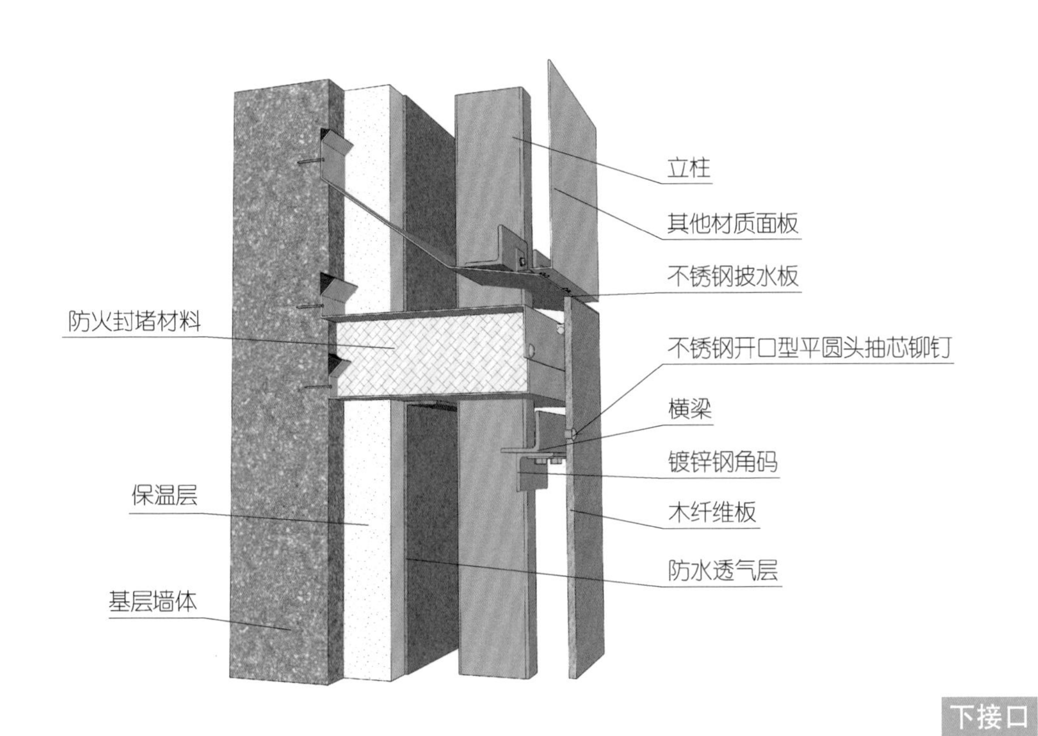

防火封堵材料

立柱
其他材质面板
不锈钢披水板
不锈钢开口型平圆头抽芯铆钉
横梁
镀锌钢角码
木纤维板
防水透气层

保温层

基层墙体

下接口

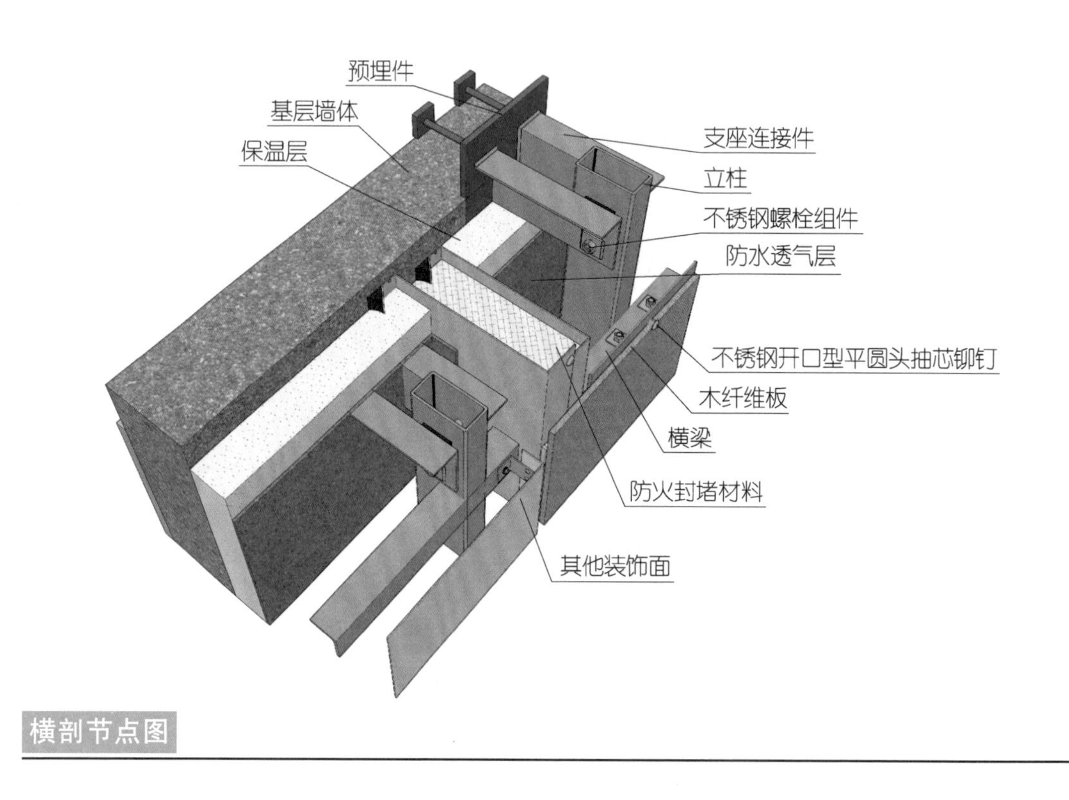

预埋件

基层墙体

保温层

支座连接件

立柱

不锈钢螺栓组件

防水透气层

不锈钢开口型平圆头抽芯铆钉

木纤维板

横梁

防火封堵材料

其他装饰面

横剖节点图

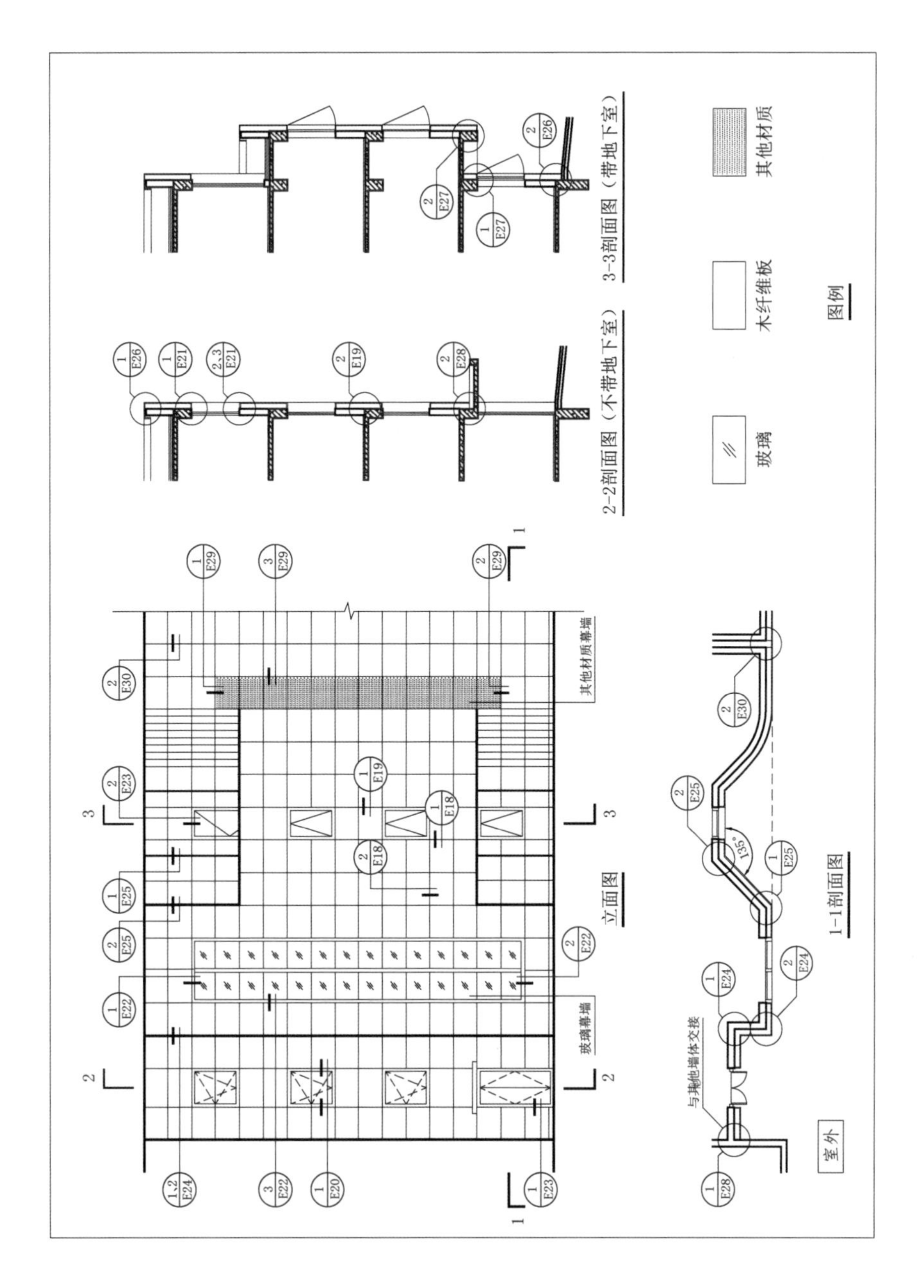

图例

其他材质

木纤维板

玻璃

背面支承连接木纤维板幕墙索引图E17

163

标准横竖剖节点图 E18

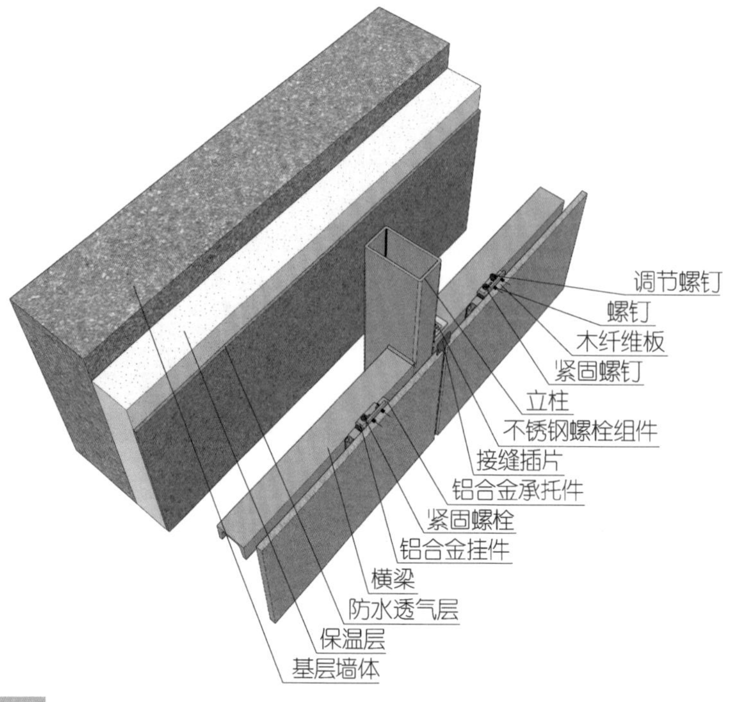

调节螺钉
螺钉
木纤维板
紧固螺钉
立柱
不锈钢螺栓组件
接缝插片
铝合金承托件
紧固螺栓
铝合金挂件
横梁
防水透气层
保温层
基层墙体

标准横剖节点图

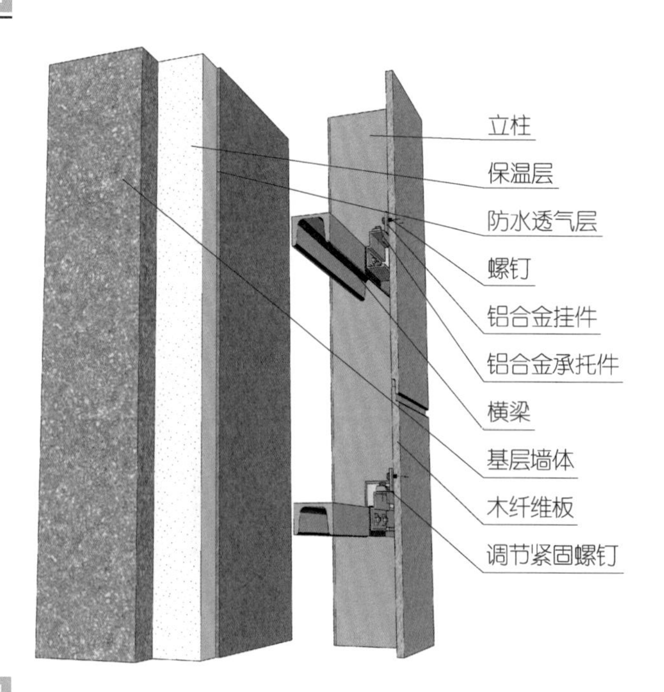

立柱
保温层
防水透气层
螺钉
铝合金挂件
铝合金承托件
横梁
基层墙体
木纤维板
调节紧固螺钉

标准竖剖节点图

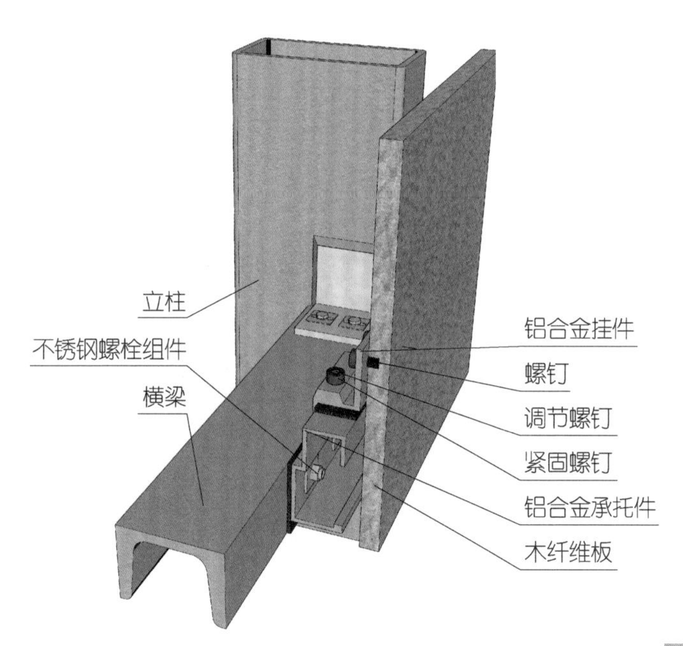

立柱

不锈钢螺栓组件

横梁

铝合金挂件

螺钉

调节螺钉

紧固螺钉

铝合金承托件

木纤维板

细部节点大样图

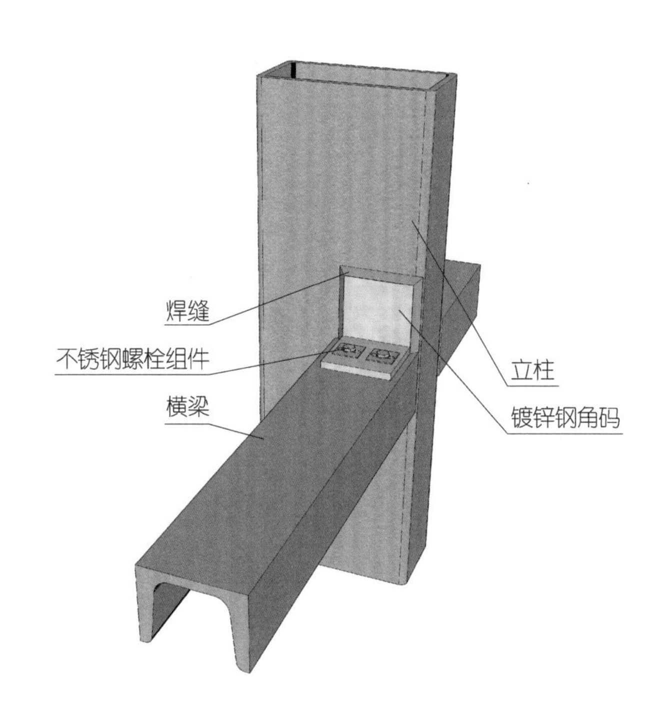

焊缝

不锈钢螺栓组件

横梁

立柱

镀锌钢角码

剖面图

层间横竖剖节点图 E19

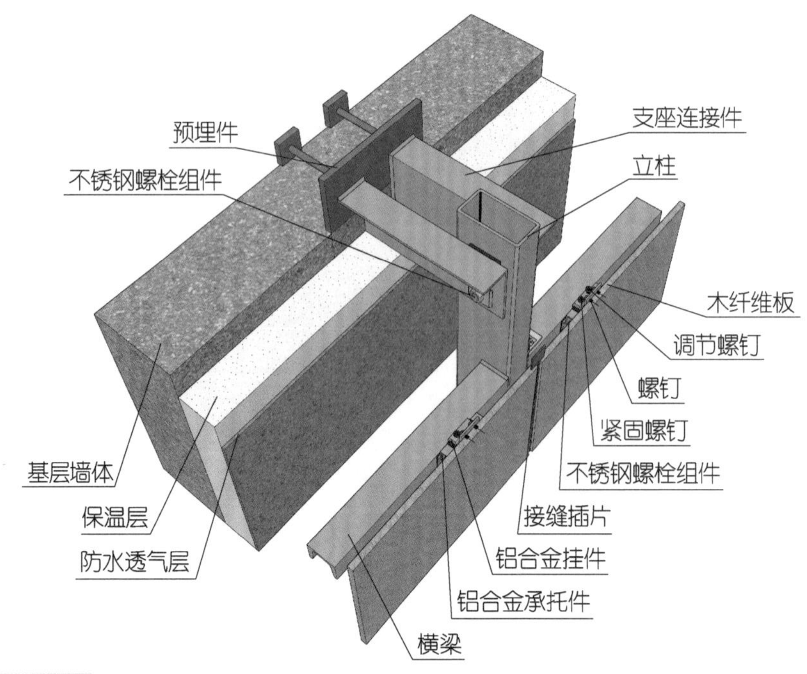

预埋件

不锈钢螺栓组件

支座连接件

立柱

木纤维板

调节螺钉

螺钉

紧固螺钉

不锈钢螺栓组件

接缝插片

铝合金挂件

铝合金承托件

基层墙体

保温层

防水透气层

横梁

层间横剖节点图

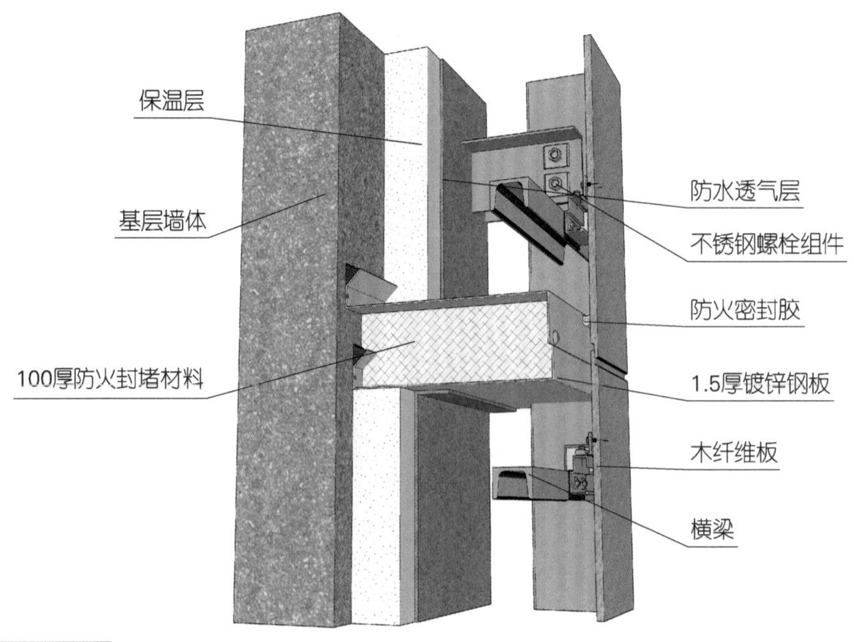

保温层

基层墙体

100厚防火封堵材料

防水透气层

不锈钢螺栓组件

防火密封胶

1.5厚镀锌钢板

木纤维板

横梁

层间竖剖节点图

凹窗横剖节点图 E20

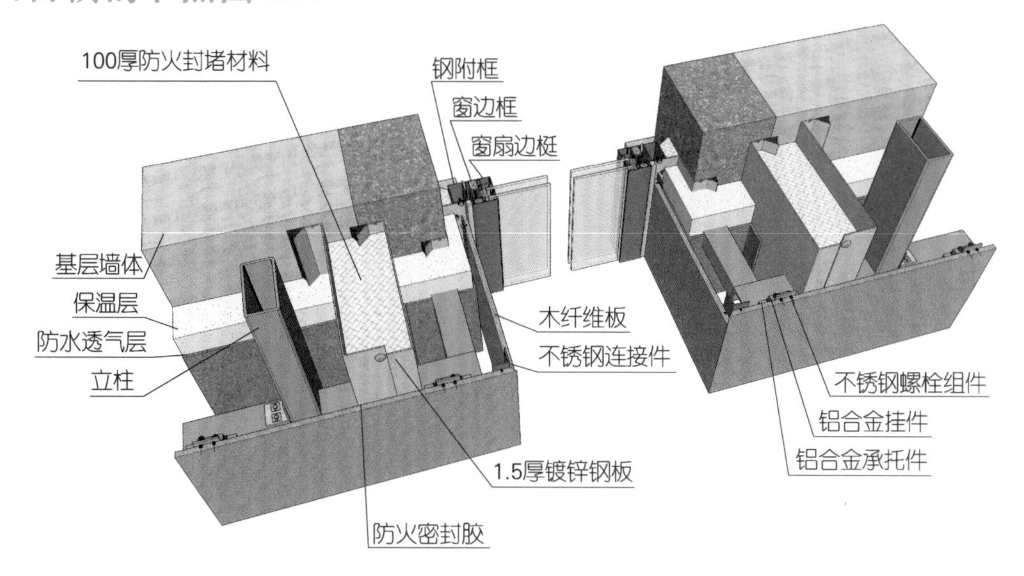

100厚防火封堵材料
钢附框
窗边框
窗扇边梃
基层墙体
保温层
防水透气层
立柱
木纤维板
不锈钢连接件
不锈钢螺栓组件
铝合金挂件
铝合金承托件
1.5厚镀锌钢板
防火密封胶

凹窗竖剖节点图 E21

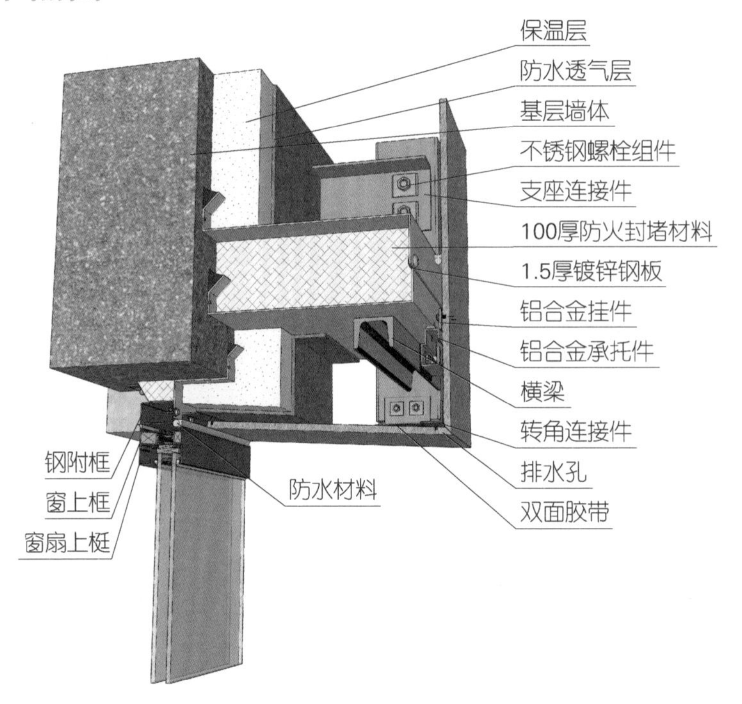

保温层
防水透气层
基层墙体
不锈钢螺栓组件
支座连接件
100厚防火封堵材料
1.5厚镀锌钢板
铝合金挂件
铝合金承托件
横梁
转角连接件
排水孔
双面胶带

钢附框
窗上框
窗扇上梃

防水材料

窗上口

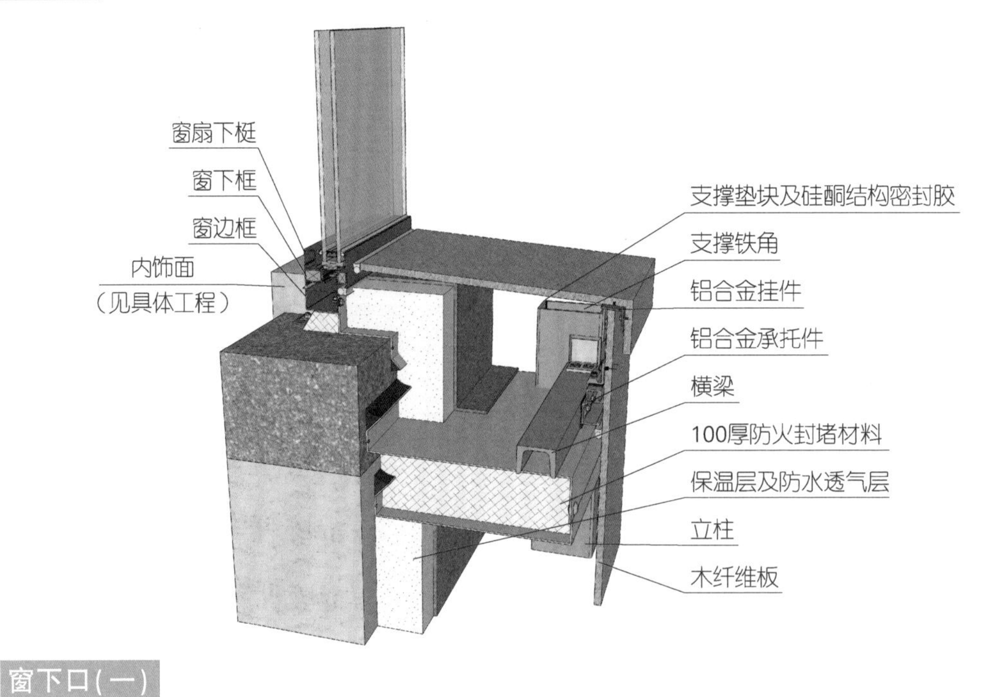

窗扇下梃
窗下框
窗边框
内饰面
（见具体工程）

支撑垫块及硅酮结构密封胶
支撑铁角
铝合金挂件
铝合金承托件
横梁
100厚防火封堵材料
保温层及防水透气层
立柱
木纤维板

窗下口（一）

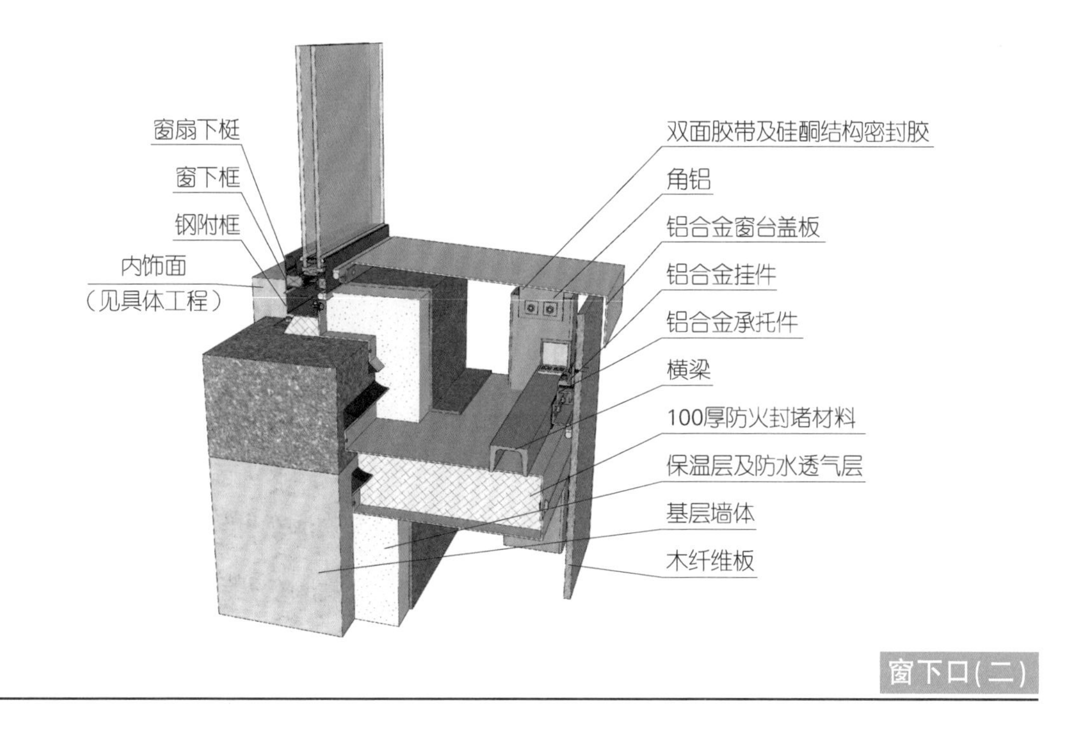

窗扇下梃

窗下框

钢附框

内饰面
（见具体工程）

双面胶带及硅酮结构密封胶

角铝

铝合金窗台盖板

铝合金挂件

铝合金承托件

横梁

100厚防火封堵材料

保温层及防水透气层

基层墙体

木纤维板

窗下口(二)

平窗横竖剖节点图（固定扇）E22

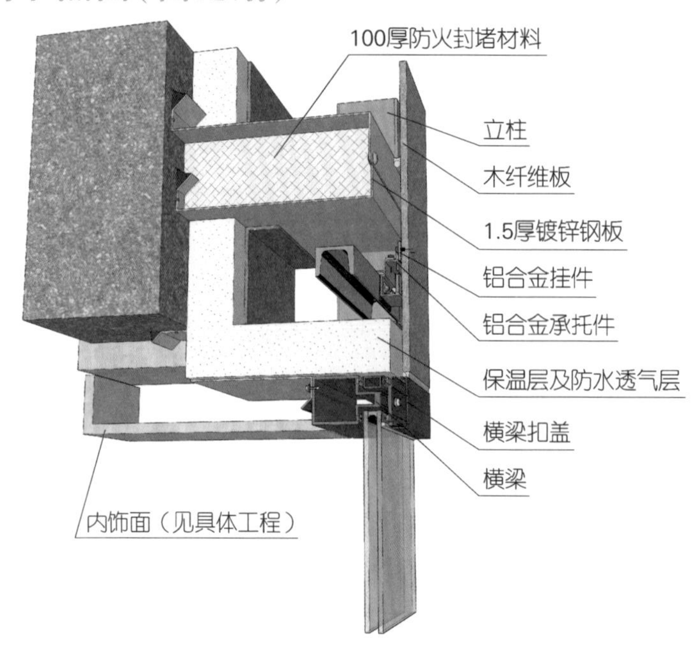

100厚防火封堵材料

立柱

木纤维板

1.5厚镀锌钢板

铝合金挂件

铝合金承托件

保温层及防水透气层

横梁扣盖

横梁

内饰面（见具体工程）

窗上口

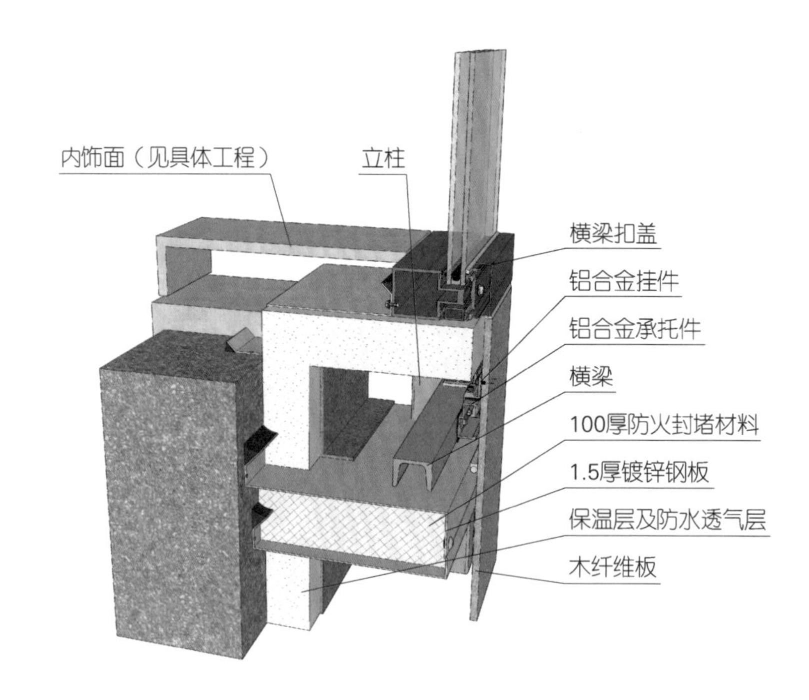

内饰面（见具体工程）

立柱

横梁扣盖

铝合金挂件

铝合金承托件

横梁

100厚防火封堵材料

1.5厚镀锌钢板

保温层及防水透气层

木纤维板

窗下口

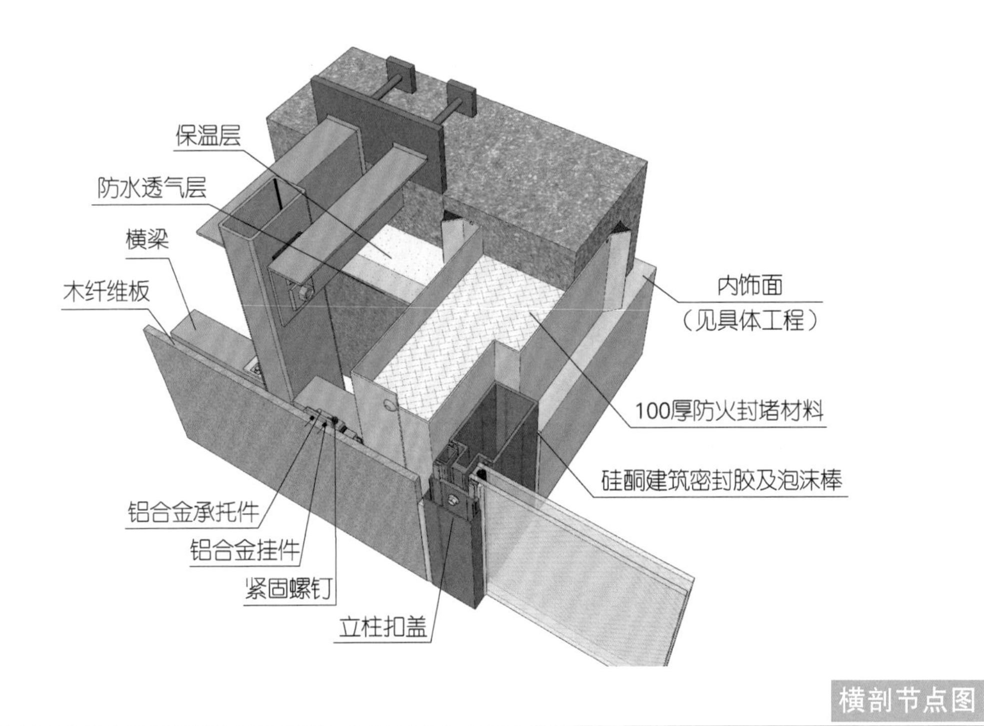

保温层

防水透气层

横梁

木纤维板

内饰面
（见具体工程）

100厚防火封堵材料

硅酮建筑密封胶及泡沫棒

铝合金承托件

铝合金挂件

紧固螺钉

立柱扣盖

横剖节点图

门横竖剖节点图 E23

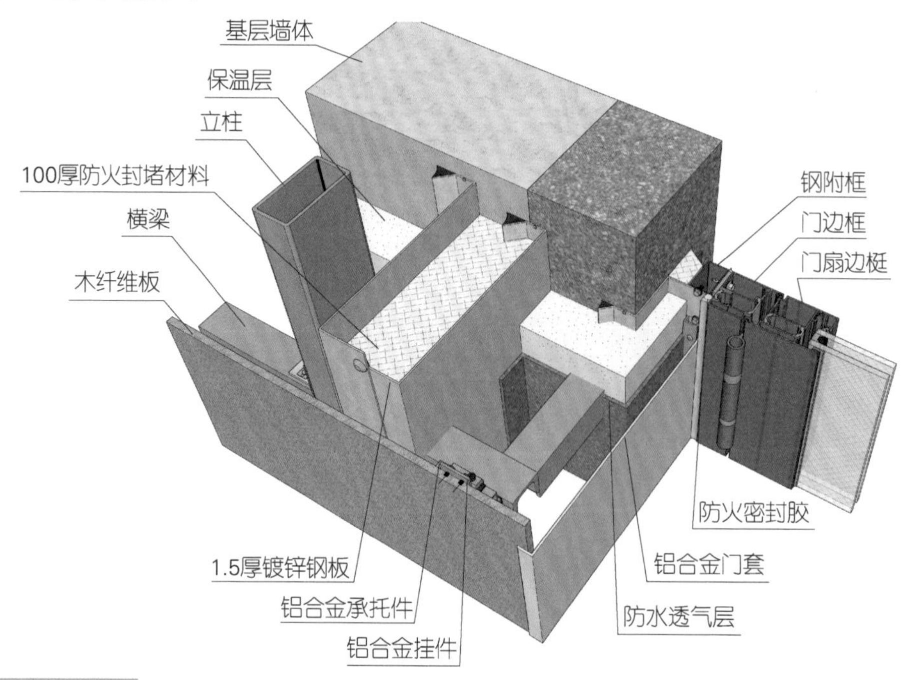

基层墙体
保温层
立柱
100厚防火封堵材料
横梁
木纤维板

钢附框
门边框
门扇边梃

防火密封胶
铝合金门套
防水透气层

1.5厚镀锌钢板
铝合金承托件
铝合金挂件

门侧横剖节点图

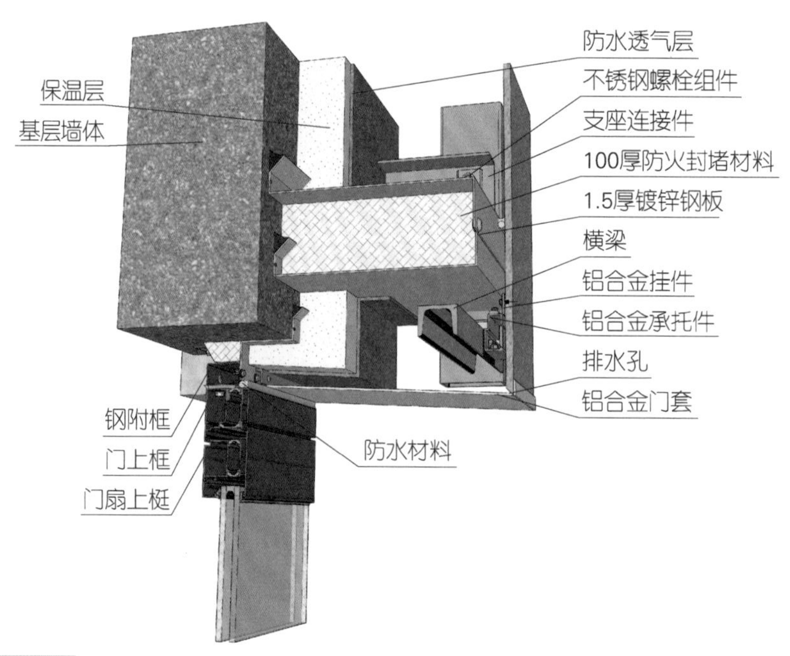

防水透气层
不锈钢螺栓组件
支座连接件
100厚防火封堵材料
1.5厚镀锌钢板
横梁
铝合金挂件
铝合金承托件
排水孔
铝合金门套

保温层
基层墙体

钢附框
门上框
门扇上梃

防水材料

门顶竖剖节点图

90°转角横剖节点图 E24

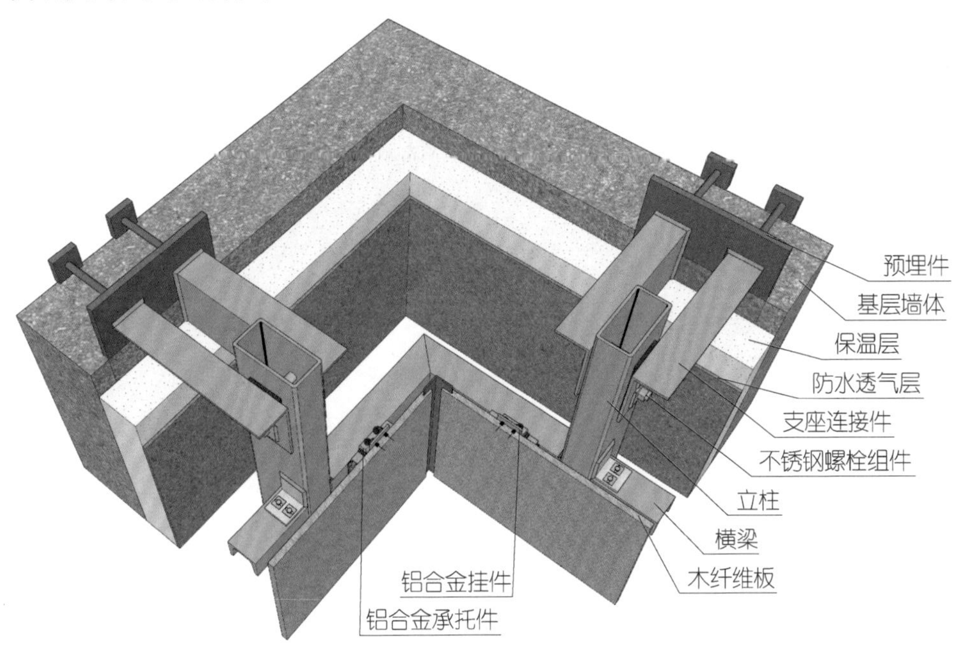

预埋件
基层墙体
保温层
防水透气层
支座连接件
不锈钢螺栓组件
立柱
横梁
木纤维板

铝合金挂件
铝合金承托件

90°阴角横剖节点图

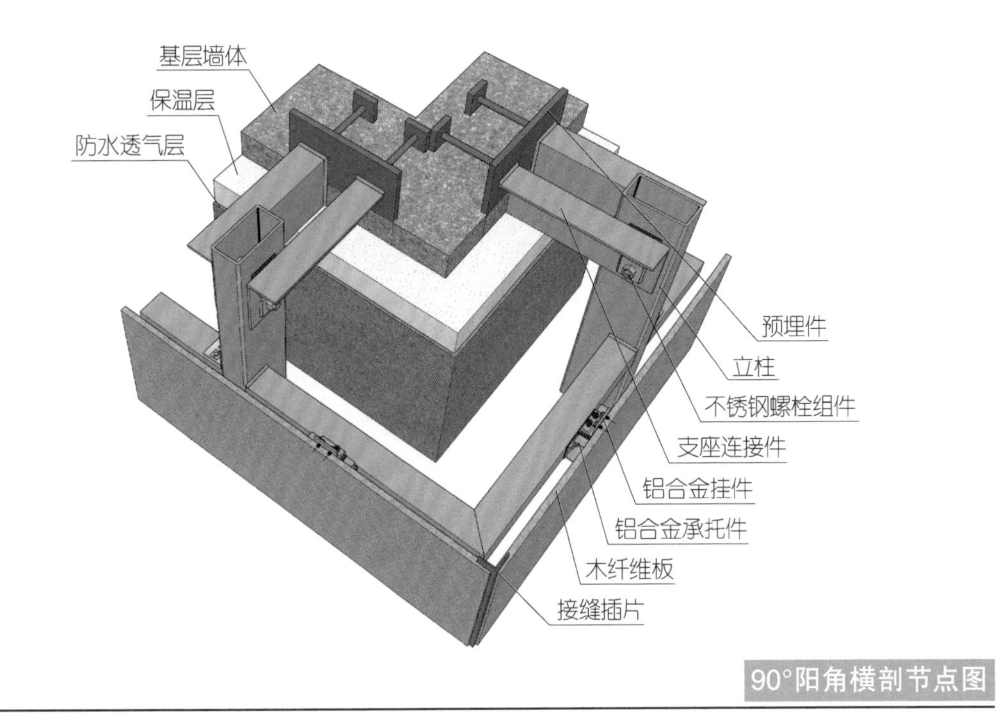

基层墙体
保温层
防水透气层

预埋件
立柱
不锈钢螺栓组件
支座连接件
铝合金挂件
铝合金承托件
木纤维板
接缝插片

90°阳角横剖节点图

135°转角横剖节点图 E25

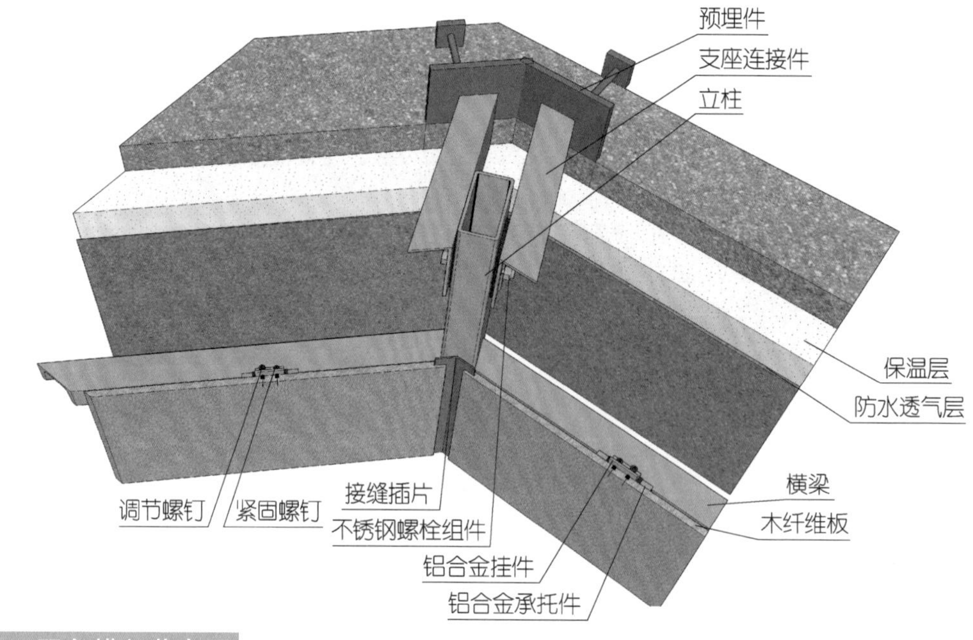

预埋件
支座连接件
立柱

保温层
防水透气层

调节螺钉 紧固螺钉
接缝插片
不锈钢螺栓组件
铝合金挂件
铝合金承托件

横梁
木纤维板

135°阴角横剖节点图

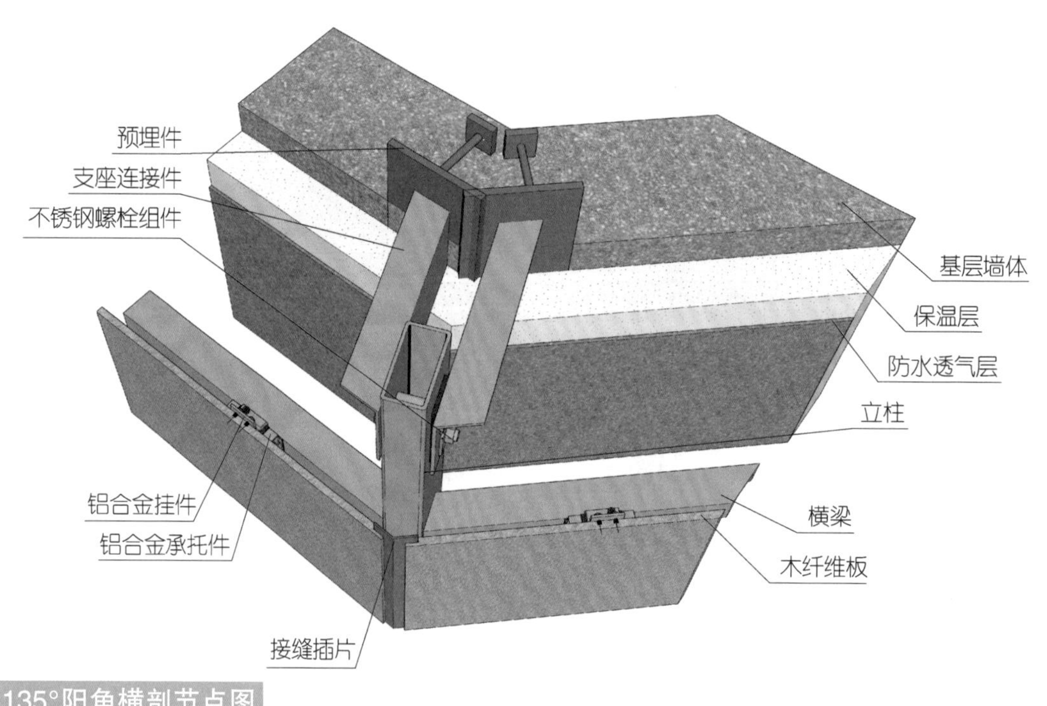

预埋件
支座连接件
不锈钢螺栓组件

基层墙体
保温层
防水透气层
立柱

铝合金挂件
铝合金承托件

横梁
木纤维板

接缝插片

135°阳角横剖节点图

女儿墙收口、勒脚收口节点图 E26

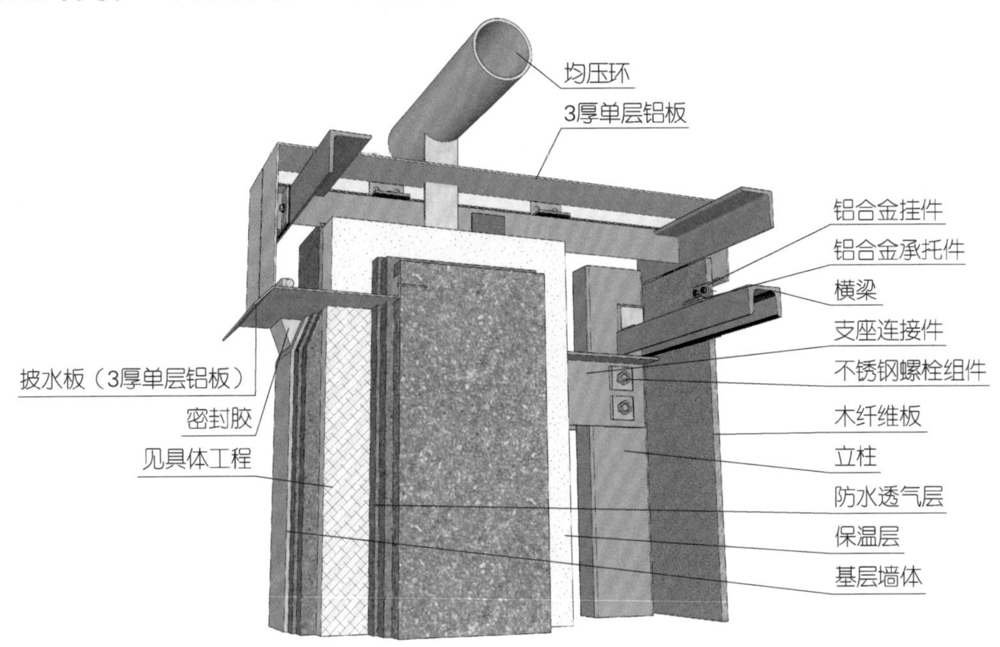

均压环
3厚单层铝板
铝合金挂件
铝合金承托件
横梁
支座连接件
不锈钢螺栓组件
木纤维板
立柱
防水透气层
保温层
基层墙体
披水板（3厚单层铝板）
密封胶
见具体工程

女儿墙收口节点图

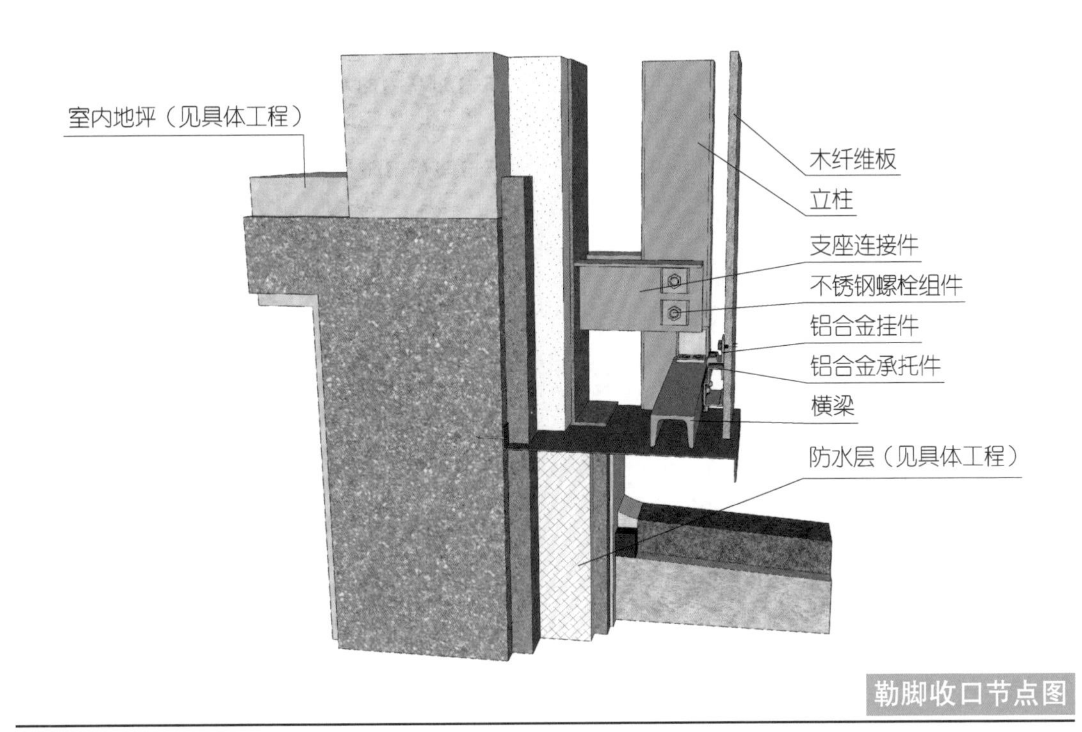

室内地坪（见具体工程）
木纤维板
立柱
支座连接件
不锈钢螺栓组件
铝合金挂件
铝合金承托件
横梁
防水层（见具体工程）

勒脚收口节点图

与室外吊顶相接竖剖节点图 E27

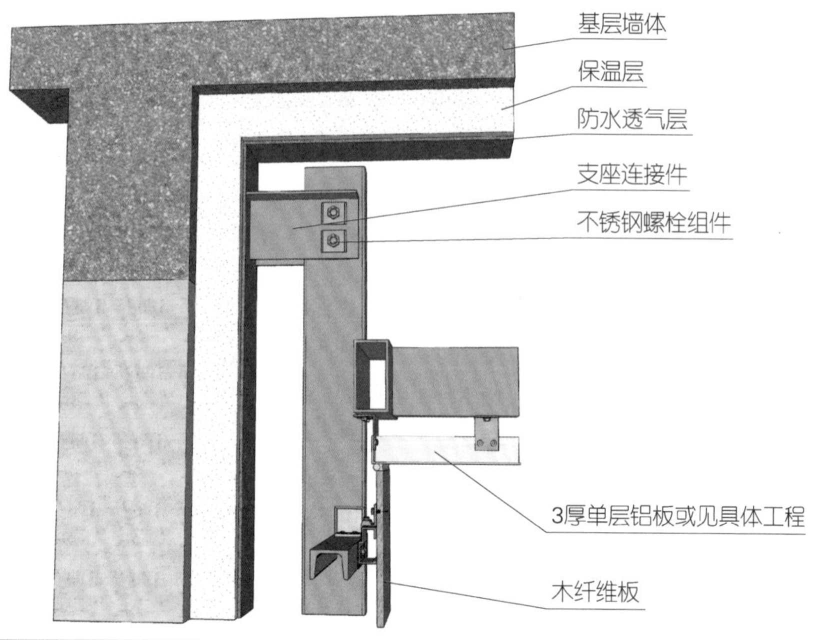

基层墙体

保温层

防水透气层

支座连接件

不锈钢螺栓组件

3厚单层铝板或见具体工程

木纤维板

与吊顶相接上收口节点图

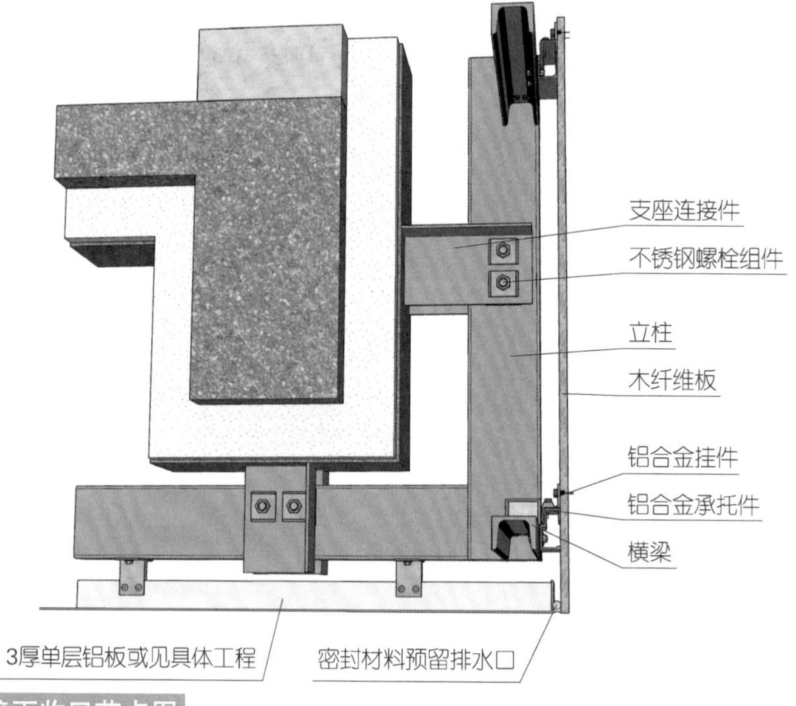

支座连接件

不锈钢螺栓组件

立柱

木纤维板

铝合金挂件

铝合金承托件

横梁

3厚单层铝板或见具体工程　密封材料预留排水口

与吊顶相接下收口节点图

侧封边、与雨篷相接节点图 E28

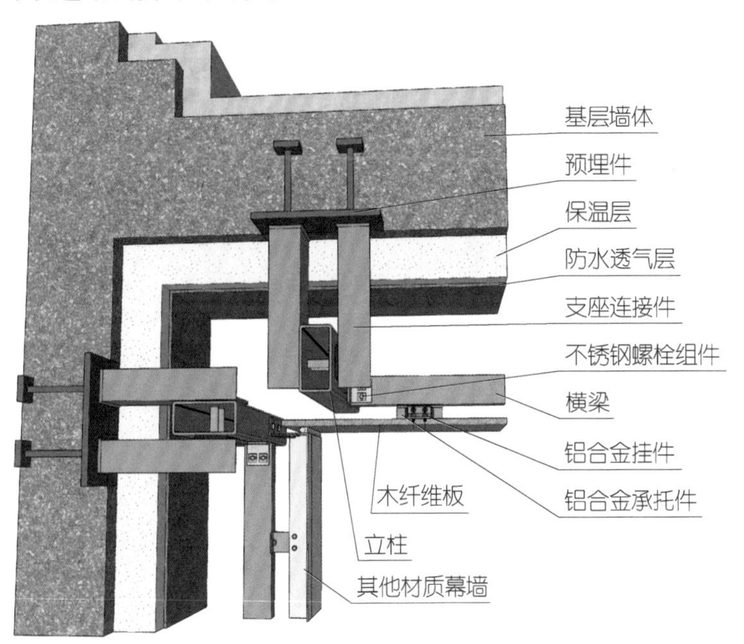

基层墙体
预埋件
保温层
防水透气层
支座连接件
不锈钢螺栓组件
横梁
铝合金挂件
铝合金承托件
木纤维板
立柱
其他材质幕墙

与雨篷相接竖剖节点图

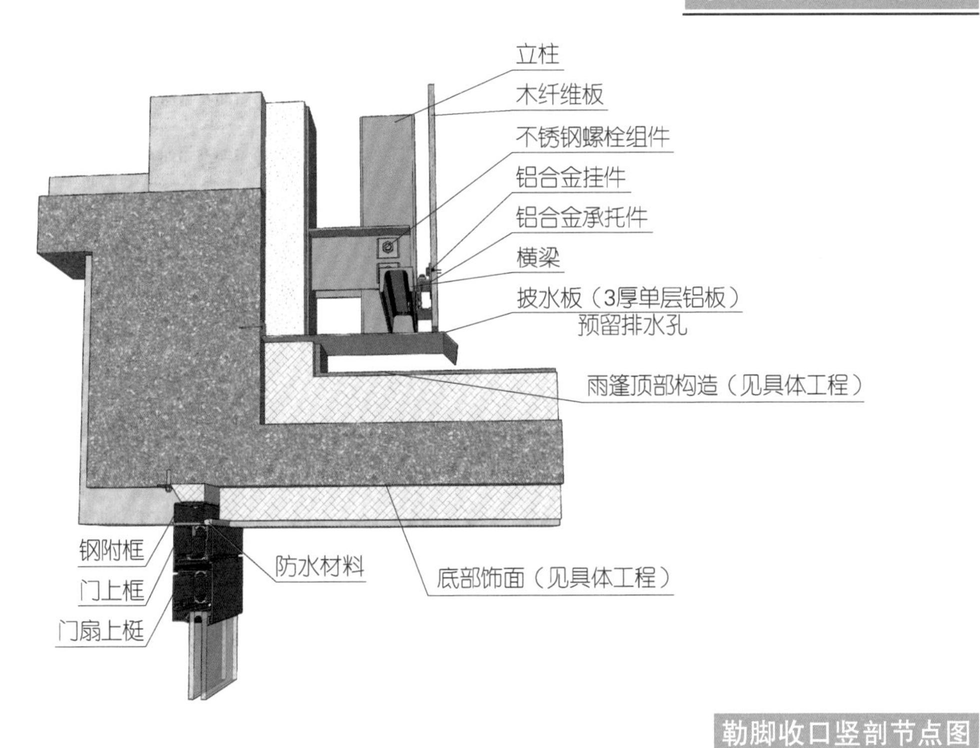

立柱
木纤维板
不锈钢螺栓组件
铝合金挂件
铝合金承托件
横梁
披水板（3厚单层铝板）
预留排水孔
雨篷顶部构造（见具体工程）
钢附框
门上框
门扇上梃
防水材料
底部饰面（见具体工程）

勒脚收口竖剖节点图

与其他材质幕墙相接横竖剖节点图 E29

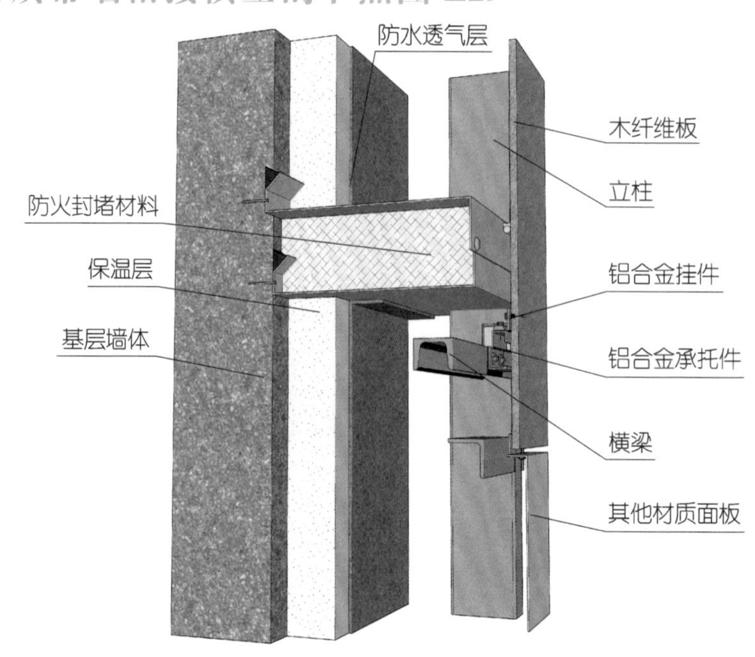

防水透气层

木纤维板

立柱

防火封堵材料

保温层

基层墙体

铝合金挂件

铝合金承托件

横梁

其他材质面板

上接口

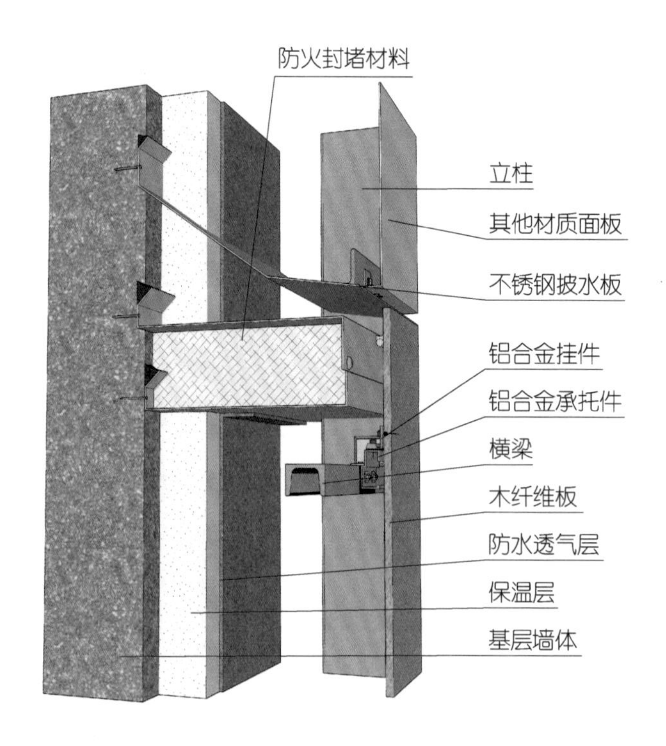

防火封堵材料

立柱

其他材质面板

不锈钢披水板

铝合金挂件

铝合金承托件

横梁

木纤维板

防水透气层

保温层

基层墙体

下接口

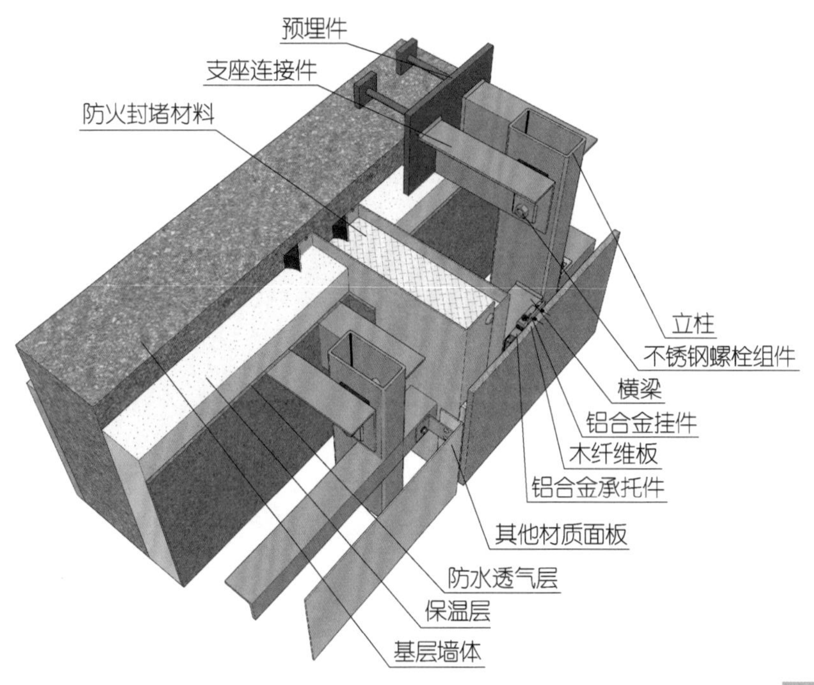

预埋件

支座连接件

防火封堵材料

立柱

不锈钢螺栓组件

横梁

铝合金挂件

木纤维板

铝合金承托件

其他材质面板

防水透气层

保温层

基层墙体

横剖节点图

变形缝节点图 E30

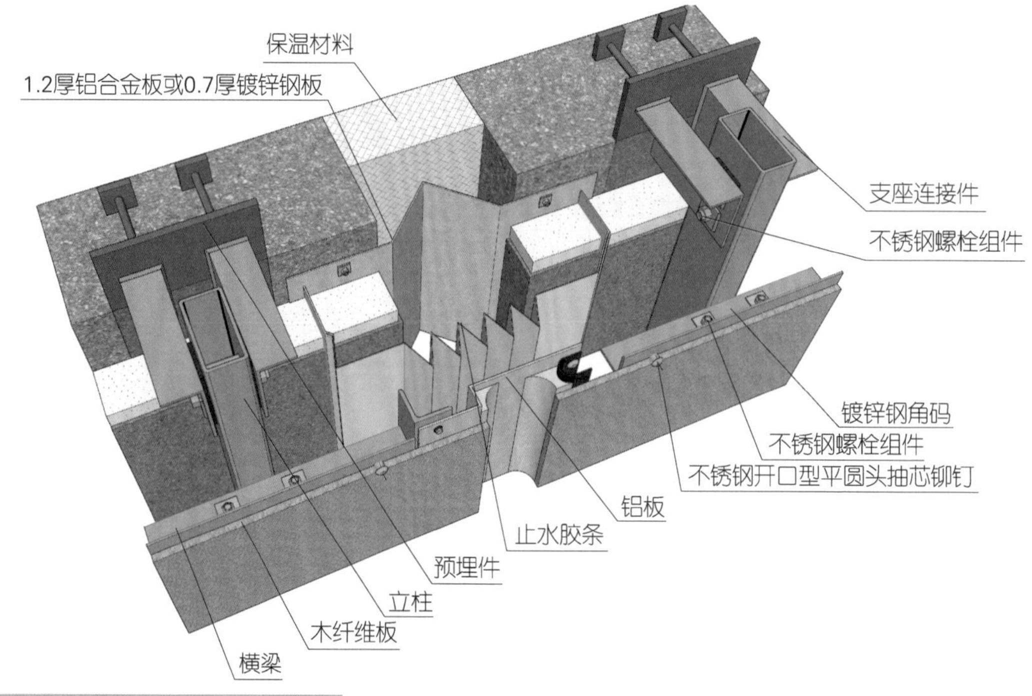

保温材料

1.2厚铝合金板或0.7厚镀锌钢板

支座连接件

不锈钢螺栓组件

镀锌钢角码
不锈钢螺栓组件
不锈钢开口型平圆头抽芯铆钉

铝板

止水胶条

预埋件

立柱

木纤维板

横梁

穿透支承连接变形缝节点图

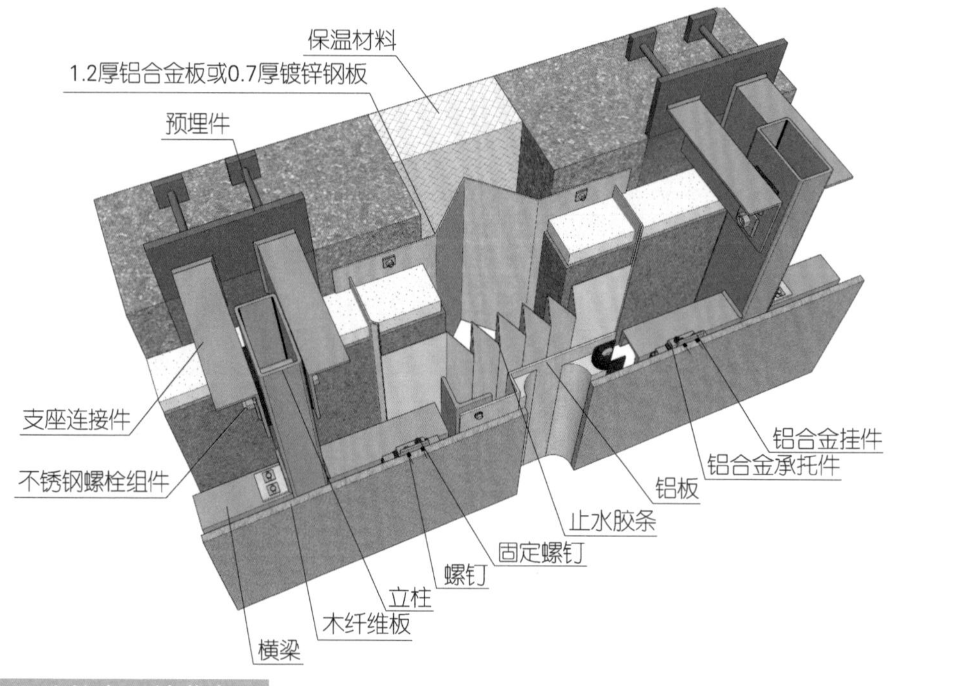

保温材料

1.2厚铝合金板或0.7厚镀锌钢板

预埋件

支座连接件

不锈钢螺栓组件

铝合金挂件
铝合金承托件

铝板

止水胶条

固定螺钉

螺钉

立柱

木纤维板

横梁

背面支承连接变形缝节点图